浙江省普通高校"十三五"新形态教材

Mechanics of Materials

材料力学

徐　锋　许晨光　崔常伟　◎主编

U0179488

ZHEJIANG UNIVERSITY PRESS
浙江大学出版社

国家一级出版社
全国百佳图书出版单位

·杭州·

图书在版编目(CIP)数据

材料力学 / 徐锋等主编. —杭州：浙江大学出版
社，2023.6

ISBN 978-7-308-23694-2

Ⅰ. ①材… Ⅱ. ①徐… Ⅲ. ①材料力学—教材 Ⅳ.
①TB301

中国国家版本馆 CIP 数据核字(2023)第 069790 号

材料力学

CAILIAO LIXUE

徐　锋　许晨光　崔常伟　主编

责任编辑	王　波
责任校对	吴昌雷
封面设计	春天书装
出版发行	浙江大学出版社
	（杭州市天目山路 148 号　邮政编码 310007）
	（网址：http://www.zjupress.com)
排　　版	杭州晨特广告设计有限公司
印　　刷	杭州捷派印务有限公司
开　　本	787mm×1092mm　1/16
印　　张	18.25
字　　数	422 千
版印次	2023 年 6 月第 1 版　2023 年 6 月第 1 次印刷
书　　号	ISBN 978-7-308-23694-2
定　　价	54.00 元

内容简介

材料力学是机械和土木等工科专业学生较早接触到的与工程实际紧密结合的技术基础课程。课程主要研究构件的强度、刚度和稳定性等承载能力并积极探索安全性与经济性的统一问题。同时,该课程还承担着培养学生的逻辑思维、力学建模和解决复杂工程问题能力的任务和目标,课程承前启后,地位举足轻重,对后续的专业课程和毕业设计等课程及实践环节均有重要影响。

本书可作为应用型本科高校机械类通用教材,全书以基本变形、强度理论、压杆稳定、平面图形的几何性质和实验等模块为核心内容,共9章和2个附录,各章均配套了丰富的线上教学视频资源,扫码即可观看。除此之外,各章伊始还明确了知识目标、能力和素养目标以及本章的重点内容,章末设立了本章小结、扩展阅读和精选测试题,形成了目标引导、知识传授、能力提高、素养外延、习得评价的全链式学习闭环。

本书提供了丰富多元的线上学习方式,与本书配套的各类平台有浙江省高等学校在线开放课程共享平台、智慧树课程平台、虚拟仿真实验教学平台和基于手机 APP 的云教材等,扫码即可加入学习。

浙江省高等学校在线
开放课程共享平台

智慧树平台

虚拟仿真实验
教学平台

云教材平台

本书还提供了全书内容总结视频,可供读者复习使用,扫码即可观看学习。

课堂内容总结
视频(上)

课堂内容总结
视频(下)

前　言

党的二十大报告提出"教育、科技、人才是全面建设社会主义现代化国家的基础性、战略性支撑"。科技进步靠人才,人才培养靠教育,教育是人才培养和科技创新的根基。随着信息技术的迅速发展,融入现代信息技术的数字化教育成为教育高质量发展的重要引擎和创新路径。相应地,教材建设也应该不断地丰富内容、资源和形态,以此强化学生的数字素养,培养学生的自主学习和创新能力。本书就是充分利用现代信息技术创新教材形态,将丰富的多媒体资源融入教材抽象的内容中,发挥新形态教材在课堂教学改革和创新方面的作用,不断提高课堂和课程教学质量。

另外,鉴于新工科、工程认证、一流课程建设和课程思政育人理念的全方位推进,塑造基础理论扎实、工程思维活跃、实践和创新能力突出、国家意识自觉的工科人才更符合新形势下工程教育的培养理念。本书的编写秉持通俗易懂之宗旨和建构主义有效教学理念,明确知识、能力和素养目标,注重知识解构及其应用,力图深入浅出地讲清材料力学"学什么"和"为什么",让读者在学习的过程中领悟学思结合的辩证性思维和科学研究的一般方法。

参加编写工作的有:台州学院徐锋(第 2 章、第 3 章、第 4 章、第 5 章、第 8 章),浙大宁波理工学院许晨光(第 1 章、第 6 章、第 7 章、第 9 章、附录 I),浙大宁波理工学院崔常伟(附录 II、习题整理和图形校核)。全书由台州学院徐锋统稿和定稿。

感谢台州学院俞静、李宁和陈希良为本书录制部分课程教学视频。感谢浙江大学出版社相关编辑老师的支持。

本书是浙江省"十三五"新形态教材建设项目成果,由编者结合本课程多年教学改革及教学实践经验编写而成。由于编者水平有限,书中难免存在疏漏和不足之处,敬请广大读者批评指正。

目录 / Contents

第1章 绪　　论

材料力学是一门研究构件承载能力的学科。本章将在明确材料力学研究对象和任务的基础上,对变形固体作相关假设,并讨论外力、内力、应力、位移、变形和应变等相关概念,给出杆件变形的四种基本形式。

1.1　材料力学的研究对象和任务

一、研究对象

工程实际中,机械或工程结构的各个组成部分,如机器中的轴、连杆、螺栓等(图1.1a),建筑物中的板、梁、柱等(图 1.1b),统称为构件。

授课视频

（a）

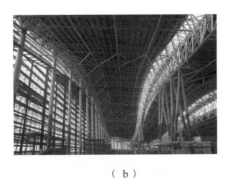

（b）

图 1.1

实际上,构件有各种不同的形状。根据其几何特征,构件大致可归纳为三类:杆、板壳和块体。其中,把纵向尺寸(长度方向)远比横向尺寸(横截面方向)大得多的构件称为杆(图 1.2a);把一个方向的尺寸(如厚度)远小于其他两个方向的尺寸的构件称为板,若平分板厚度的中面为平面,则称为平板(图 1.2b),若为曲面,则称为曲板,也就是常说的壳(图 1.2c);把三个方向尺寸相近的构件称为块体(图 1.2d)。杆是工程中最基本的构件之一,也是材料力学的主要研究对象。

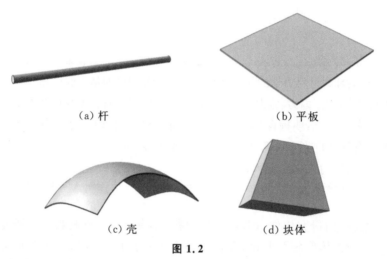

(a) 杆　　　　　　　　　　　　(b) 平板

(c) 壳　　　　　　　　　　　　(d) 块体

图 1.2

　　轴线和横截面是构成杆件的两个主要几何特征(图 1.3)。根据轴线以及横截面沿轴线变化的特点,杆件又大致分为等截面直杆(简称等直杆,图 1.4a)、等截面曲杆(简称等曲杆,图 1.4b)、变截面直杆(简称变直杆,图 1.4c)和变截面曲杆(简称变曲杆,图 1.4d)。材料力学主要研究等截面直杆。

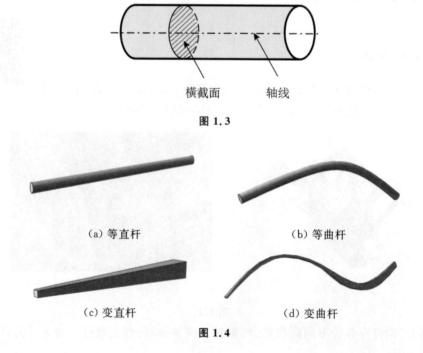

横截面　　　轴线

图 1.3

(a) 等直杆　　　　　　　　　　(b) 等曲杆

(c) 变直杆　　　　　　　　　　(d) 变曲杆

图 1.4

二、研究任务

当机械或工程结构工作时,构件将受到自重和外力等载荷作用,并发生形状和尺寸变化,即变形。把作用在构件上的载荷去除后可消失的变形称为弹性变形,不可消失的变形称为塑性变形,也称为残余变形或永久变形。

在载荷作用下,构件有一定的抵抗破坏的能力,但这种能力又是有限度的。当材料的力学效应达到某一极限值后,构件将失去正常工作的能力,这种现象称为失效。构件失效的形式主要包括以下三种。

(1)强度失效:构件因破坏而丧失承载能力。例如,绳索因强度不足而被拉断(图1.5a)。

(2)刚度失效:构件因变形超过工程允许范围而不能正常工作。例如,齿轮变形过大影响啮合,无法有效传动(图1.5b)。

(3)稳定失效:构件因压力增大到某一定值后发生突然变弯而失效,也称失稳。例如,高压输电线塔发生失稳坍塌(图1.5c)。

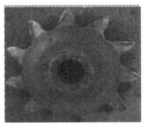

（a）强度失效　　　　　　　（b）刚度失效　　　　　　　（c）稳定失效

图1.5

为确保机械或工程结构能够正常工作,就要求构件有足够的承载能力。因此,与构件失效形式相对应,其承载能力就应该包括以下三个方面的要求。

(1)强度要求:构件应有足够抵抗破坏的能力。

(2)刚度要求:构件应有足够抵抗变形的能力。

(3)稳定性要求:构件应有足够的保持原有平衡形态的能力。

也就是说,构件承载能力是强度、刚度和稳定性能力的统称。从这个意义上讲,材料力学是研究构件承载能力的一门学科。所以要使构件安全工作,往往要同时满足以上三个方面的要求,但由于各种构件对强度、刚度和稳定性的要求程度不同,有的以强度为主,有的以刚度为主,有的则以稳定性为主,因此在构件设计时还要有所侧重。

事实上,构件的承载能力,不仅与其受力有关,还和它的形状、尺寸、组成成分、工作条件以及材料的力学性质等有关。在结构设计中,如果构件的截面面积设计得过小或材料选得太差,则构件不能满足强度、刚度或稳定性条件;反之,如果构件的截面面积设计得过大或材料选得太好,会因用料过多而造成浪费。可见,一个合理的构件设计,不但要有足够的承载能力,使其能够安全可靠地工作,还要满足降低材料消耗、减轻自身重量和节约资金等经济性要求。可以说,材料力学的任务就是要研究如何在满足强度、刚度和稳定性的前提下,选择适当的材料、合理的截面形状与尺寸,为设计既安全又经济的构件提供必要的理论基础和科学的计算方法。

要研究构件的强度、刚度和稳定性,还需要了解材料在外力作用下所表现出来的变形和破坏等方面的性能,也就是材料的力学性能(也称为力学性质),而力学性能需要用实验来测定。另外,经过简化或假设所得出的结论是否可信也需要用实验验证,特别是一些还没有成熟理论支撑的新问题,更需要借助实验方法来解决。可见,实验分析和理论研究都是材料力学解决问题的常用方法。此外,随着计算机技术的发展,利用仿真分析软件进行数值模拟也已逐渐成为材料力学行为研究的一种重要手段。

1.2　变形固体的基本假设

构件一般由固体材料制成。在外力作用下,固体的形状和尺寸将产生变化,所以也称其为变形固体或可变形固体,简称为可变形体。制造构件的材料多种多样,其内部组成或微观结构更是纷繁复杂。为抽象出力学模型,掌握与所研究的问题相关的主要属性,忽略次要属性,对可变形体作如下假设。

授课视频

一、连续性假设

这个假设认为组成固体的物质不留空隙地充满了固体的体积,即材料是连续分布的。

实际上,材料在冶炼、轧制和铸造等过程中,不可避免地存在杂质、空洞、缝隙或气泡等缺陷,其微观结构并非处处连续,但这些缺陷或空隙的大小与构件的尺寸相比通常是极其微小的,因此可以忽略它们对物体整体性能和形态的影响,从而认为固体是连续且密实的。

这一假设是对工程材料宏观性质所作的一种概括与抽象,根据此假设,表征构件受力和变形的力学参量就可以表示为各点坐标的连续函数,从而对坐标增量为无穷小时的极限分析就有了数学依据,也就有利于建立相应的数学模型且便于运用高等数学中的微积分等方法进行求解分析。

二、均匀性假设

这个假设认为固体内各点处的力学性能完全相同,即从固体上任取一部分的力学性能均相同,且都能代表整个固体的力学性能。

固体在外力作用下所表现出的机械性能称为力学性能。就常用的金属材料而言,其组成晶粒的力学性能其实并非完全相同,但由于构件或构件的任一部分中都包含了大量的晶粒,且为不规则排布,材料所呈现的整体力学性能是各晶粒力学性能的统计平均值,因此可以认为材料的力学性能是均匀的。

按照这一假设,固体的力学性能将不随坐标变化,因此,通过试样测得的力学性能可推广到整个构件。

研究表明,材料力学把构件抽象为均匀连续模型是可以满足工程要求的,但若要研究晶粒大小范围内的现象,就不宜再用均匀连续性假设。

三、各向同性假设

这个假设认为固体沿各个方向的力学性能均相同,即从物体上任取一部分沿各个方向都有相同的力学性能。

固体沿各个方向都有相同力学性能的性质称为各向同性,具有这种属性的材料称为各向同性材料,如钢材、玻璃等。固体沿各个方向有不同力学性能的性质称为各向异性,具有这种属性的材料称为各向异性材料,如木材、胶合板等。从微观上看,大多数工程材料并不是各向同性的,比如组成金属材料的晶粒,其力学性能为各向异性,但由于其数量极多且排列杂乱无序,从宏观统计平均值的观点看可假设为各向同性。

依据这一假设,固体的力学性能将不随方向变化,即表征材料特性的力学参量(如弹性模量等)与方向无关,可视为常量。

除上述三个假设之外,材料力学所研究的问题还多限于小变形情况,并通过小变形假设来推导有关理论。所谓小变形假设,是指构件在载荷作用下发生的变形量相比于构件本身的原始尺寸非常小。小变形是一个相对概念,不能片面地只以绝对变形量论"大小"。绝大多数实际构件的弹性变形都是小变形,利用小变形假设往往会使分析过程大为简化。这可从以下几方面得以体现。

(1)原始尺寸原理。由于构件的变形或因变形引起的位移都比较小,因此在分析构件的平衡和运动等问题时,可以忽略这种微小变形量,按构件的原始尺寸进行计算。例如图1.6所示结构,各杆在外力 F 作用下发生变形并导致节点 A 产生位移。若根据支架变形前的构形(指形状和尺寸)来列平衡方程,容易求解各杆的约束力。但如果在列平衡方程的同时考虑支架构形的变化,即考虑两杆约束力的方向变化,问题就会变得十分复杂且不易求解。研究结果表明,在小变形条件下,利用原始尺寸计算出的结果与产生变形后所计算出的真实解非常接近,但前者的分析过程明显简化很多。

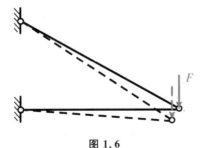

图 1.6

（2）线性化原理。在小变形前提下，由于变形量非常小，往往可以忽略其相关的高阶微小量，从而使分析方程线性化。譬如，当变形量 x 为微小量（即 $x \to 0$）时，有 $\sin x \approx x$，$\tan x \approx x$，$\cos x \approx 1$，$(1+x)^n = 1 + \dfrac{nx}{1!} + \dfrac{n(n-1)x^2}{2!} + \cdots \approx 1 + nx$ 等近似等式，这样就能把非线性问题线性化，使计算过程大大简化。再比如，研究构件变形与位移的几何关系时，为简化分析与计算，常用直线（垂线或切线）代替弧线。材料力学的这种线性化处理，实质上是一种一阶化分析方法，这确保了叠加法的成立。叠加法是材料力学研究问题的一种重要方法。

1.3　外力、内力与应力

一、外力及其分类

当研究某一构件时，来自外部周围物体对它的作用力，称为外力。外力从不同角度有不同分类（图 1.7）。比如，按外力的作用方式可分为体积力和表面力，表面力又可分为分布力和集中力。体积力是连续分布于物体内部各点的力，如物体的重力；分布力是连续作用于物体表面的力，比如作用于船体上的水压力；当外力分布面积远小于物体的表面尺寸，或沿杆件轴线分布范围远小于轴线长度时，则把它看作作用于一点的集中力，比如火车车轮对钢轨的压力。

授课视频

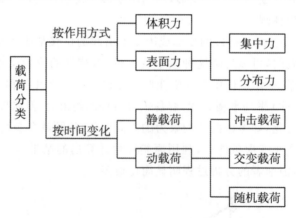

图 1.7

按载荷随时间的变化情况，又可分成静载荷和动载荷。静载荷是指缓慢地由零增加到一定数值以后基本保持不变或变化很小的载荷；动载荷是指随时间有明显变化的载荷。动载荷还可以分为瞬时突然变化的冲击载荷（比如冲床冲压工件的作用力）、周期变化的交变载荷（比如齿轮轮齿的受力），以及任意变化的随机载荷，也称为一般载荷（比如颠簸路面对行驶汽车的支承力）。本课程将重点研究静载荷。

二、内力与截面法

实际上,构件受外力之前,内部便存在分子内力,它主要是由材料的物理性质决定的,称为固有内力。而在此基础上,构件因外力作用变形而引起所谓的附加内力,才是材料力学所研究的内力。显然,内力将随着外力的增加而增加,但受材料力学性能限制,当内力到达某一限定值时构件将发生破坏。而且,同样条件下,内力越大,构件越容易破坏。既然内力会引起构件破坏,且与外力密切相关,那么,如何求解内力呢?下面以图 1.8a 所示杆上 m-m 截面的内力求解为例进行说明。

内力也是力,它与外力一样,都具有大小、方向和作用点这三个要素。因此,求解内力的关键在于如何将内力"外化",然后再采用理论力学的方法进行分析。受此启发,截面法应运而生,其核心思想是假想地用一个平面沿所要分析的截面将构件分开研究(图 1.8b)。截面法是求解内力的基本方法,求解的基本步骤可概括为以下几步。

(1)截:用假想的平面将构件截开,一分为二。

(2)取:任取其中一部分作为研究对象,舍去另一部分。

(3)代:用内力代替舍去部分对保留部分的作用。

(4)平:对保留部分列平衡方程,确定内力大小。

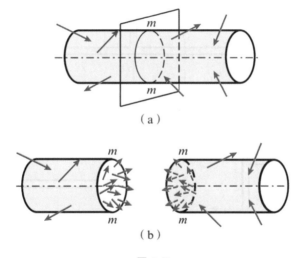

（a）

（b）

图 1.8

当用内力代替舍去部分对保留部分的作用时,这些作用在截面 m-m 上的内力实际上是一个空间任意力系(图 1.8b)。将此力系向截面与轴线的交点(轴心)简化后得到主矢和主矩(图 1.9a),它们都是矢量,且一般不与截面垂直,也不沿截面切向。把主矢与主矩都向截面法向与切向分解,得到四个基本内力分量(图 1.9b)。

(1)轴力 F_N:与轴线重合的内力分量,使杆件产生轴向变形。

(2)剪力 F_S:与横截面相切的内力分量,使杆件产生剪切变形。

(3)扭矩 T:横截面上力偶的内力分量,使杆件产生扭转变形。

(4)弯矩 M:纵截面上力偶的内力分量,使杆件产生弯曲变形。

其中,轴力 F_N 与剪力 F_S 为主矢在截面法向和切向的分量,使截面发生移动;扭矩 T 与弯矩 M 为主矩在截面法向和切向的分量,使截面发生转动。于是,右段对左段的作用,用这四种基本内力来代替即可。然后,再根据平衡条件确定它们的大小。

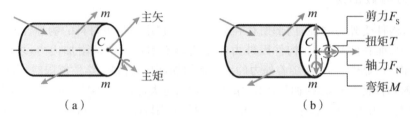

图 1.9

例题 1.1

试用截面法求图 1.10a 所示折杆在截面 E 和截面 G 上的内力。

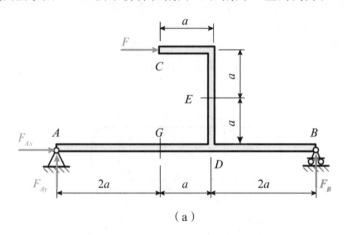

（a）

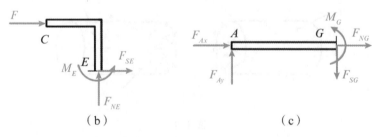

（b）   （c）

图 1.10

解:(1) 受力分析,求解约束力

对整体进行受力分析,如图 1.10a 所示,由平衡方程:

$$\sum F_x = 0, F_{Ax} + F = 0$$

$$\sum F_y = 0, F_{Ay} + F_B = 0$$

$$\sum M_A = 0, -F \cdot 2a + F_B \cdot 5a = 0$$

解得

$$F_{Ax} = -F, F_{Ay} = -\frac{2}{5}F, F_B = \frac{2}{5}F$$

其中,"一"号表示约束力的假设方向与实际方向相反,下同。

（2）截面法求内力

对截面 E,截取上部,并代之以内力如图 1.10b 所示,根据平衡方程：

$$\sum F_x = 0, F + F_{SE} = 0$$

$$\sum F_y = 0, F_{NE} = 0$$

$$\sum M_E = 0, -F \cdot a + M_E = 0$$

可得,截面 E 的轴力 F_{NE}、剪力 F_{SE} 和弯矩 M_E 分别为

$$F_{NE} = 0, F_{SE} = -F, M_E = Fa$$

对截面 G,截取左段,同样代之以内力如图 1.10c 所示,由平衡方程：

$$\sum F_x = 0, F_{Ar} + F_{NG} = 0$$

$$\sum F_y = 0, F_{Ay} - F_{SG} = 0$$

$$\sum M_G = 0, -F_{Ay} \cdot a + M_G = 0$$

又得,截面 G 的轴力 F_{NG}、剪力 F_{SG} 和弯矩 M_G 分别为

$$F_{NG} = F, F_{SG} = -\frac{2}{5}F, M_G = -\frac{4}{5}Fa$$

三、应力的概念

反映材料抵抗破坏的能力,仅由内力尚不足以表征,还必须考虑截面相关的几何性质。而采用截面法求解内力,还只是建立了内力与外力的平衡关系,分布内力系在截面内某点处的强弱程度其实还不得而知,因此构件在外载荷作用下是否会发生强度不足而破坏仍然无法判断。为此,引入内力集度的概念。

讨论:图 1.11 所示两杆,哪个更危险？

在图 1.12a 所示构件的 m-m 截面上,围绕点 B 取一微小截面,面积为 ΔA,在 ΔA 上分布的内力合力为 ΔF。定义平均应力 p_m 为

$$p_m = \frac{\Delta F}{\Delta A} \tag{1.1}$$

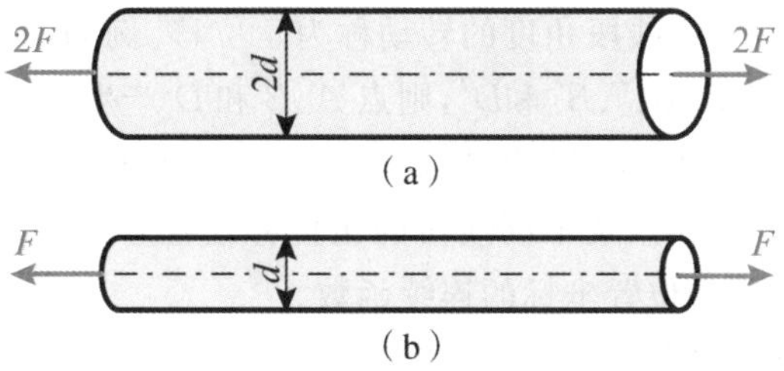

（a）

（b）

图 1.11

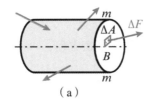 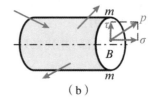

图 1.12

平均应力 p_{m} 表示在 ΔA 区域内单位面积上内力的平均集度,是一个与分布内力 ΔF 方向一致的矢量。但一般情况下,分布内力并非均匀分布。p_{m} 的大小和方向与 ΔA 的位置和大小有关,随着 ΔA 逐渐缩小,微面积区域将不断聚焦于点 B,p_{m} 的大小和方向也将随之变化并趋于一个极限值。令 ΔA 趋于零,则平均应力的极限值为

$$p = \lim_{\Delta A \to 0} \frac{\Delta F}{\Delta A} = \frac{\mathrm{d}F}{\mathrm{d}A} \tag{1.2}$$

p 称为一点处的应力,它反映了分布内力系在一点处作用的密集程度,简称内力集度。内力集度越大,构件破坏的可能性就越高。应力 p 通常是一个既不与截面垂直,也不与截面相切的矢量。将应力 p 沿截面法向和切向分解,可得法向分量和切向分量。法向分量称为正应力,用 σ 表示;切向分量称为切应力,用 τ 表示(图 1.12b)。应力 p 也因此称为一点处的全应力,且有

$$p^2 = \sigma^2 + \tau^2 \tag{1.3}$$

在国际单位制中,应力的基本单位为 Pa(帕),称为帕斯卡,$1\mathrm{Pa} = 1\mathrm{N/m^2}$。工程计算中常用单位为 MPa,$1\mathrm{MPa} = 10^6\,\mathrm{N/m^2} = 1\mathrm{N/mm^2}$。有些时候也用 GPa 表示,$1\mathrm{GPa} = 10^9\mathrm{Pa}$。

1.4 位移、变形与应变

一、位移与变形

位移即位置的改变,是构件或结构在载荷作用下发生变形后,其上各点或各截面空间位置的变化。它可分为线位移和角位移。构件内任一点位置的移动称为线位移;构件内任一线段角度的转动称为角位移。例如,图 1.13 中点 A、B 和 D 分别移动到了点 A'、B' 和 D',则点 A、B 和 D 产生了线位移;线段 AB 和 AD 各自旋转一个角度到位置 $A'B'$ 和 $A'D'$,则线段 AB 和 AD 产生了角位移。不同点的线位移以及不同线段的角位移往往各不相同。由于变形的连续性,线位移和角位移都可表示为位置坐标的连续函数。

授课视频

变形是外力作用下物体尺寸大小或几何形状的改变。构件的变形可以用线段的伸缩(线变形)或角度的增减(角变形)来表征,也就是用线变形来度量其尺寸的变化量,用角变形来度量其形状的变化量,它们分别与线段的长度和角度的大小有关。

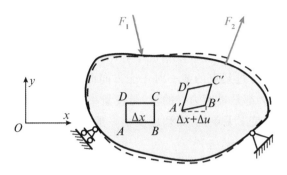

图 1.13

讨论:有变形一定会有位移吗?有位移一定会有变形吗?变形和位移有必然联系吗?

二、线应变与切应变

在相同拉力作用下,两根串联在一起的弹簧(图 1.14b),其总变形量显然要比单根弹簧(图 1.14a)的大,但这并不意味着单根弹簧抵抗变形的能力就比串联弹簧大,毕竟是同一性质的弹簧,其刚度应该一样。可见,与内力不能完全度量强度相似,仅有变形量同样不足以度量刚度。因此,有必要引入应变的概念来研究构件变形的特征。

$$(\text{a}) \qquad\qquad\qquad\qquad (\text{b})$$

图 1.14

仍以图 1.13 为例,讨论在 xy 平面内矩形 $ABCD$ 的变形情况。

已知线段 AB 的原长为 Δx,其变形后 $A'B'$ 的长度在 x 轴方向的投影为 $\Delta x + \Delta u$,即线段 AB 的变形量在 x 轴的投影为 Δu。若线段 AB 的变形是均匀的,则定义线段 AB 在 x 方向的平均线应变 ε_{xm} 为

$$\varepsilon_{xm} = \frac{\Delta u}{\Delta x} \tag{1.4}$$

若线段 AB 上各点的变形程度不同,则定义一点处 x 方向的线应变为

$$\varepsilon_x = \lim_{\Delta x \to 0} \frac{\Delta u}{\Delta x} = \frac{\mathrm{d}u}{\mathrm{d}x} \tag{1.5}$$

式中,ε_x 称为 A 点沿 x 方向的线应变或正应变,它与线变形相对应,反映 A 点沿 x 方向长度变化的程度。类似地,可定义 ε_y 和 ε_z。可见,一点处的线应变是在极限情况下导出的参量,它消除了长度的影响,只与点的位置和指定方向有关,是对过某点的某一方向而言的。

再讨论矩形 $ABCD$ 的角变形情况。变形前,正交棱边 AB 与 AD 的夹角为 $\angle BAD = \pi/2$,变形后 $A'B'$ 与 $A'D'$ 的夹角为 $\angle B'A'D'$。当 $AB \to 0$ 和 $AD \to 0$ 时,定义 A 点在 xy 平面内的切应变(也称为角应变或剪应变)为

$$\gamma_{xy} = \lim_{\substack{AB \to 0 \\ AD \to 0}} \left(\frac{\pi}{2} - \angle B'A'D' \right) \tag{1.6}$$

γ_{xy}(在常规 xy 平面内通常简写为 γ)与角变形相对应,为直角的改变量,它反映了点 A 沿 x 和 y 两个相互垂直方向上的角度变化程度。同样地,也可以定义 γ_{yz} 和 γ_{zx} 等切应变分量。可见,一点处的切应变也是在极限情况下导出的,它消除了角度的影响,只与点的位置和指定方向有关,也是对过某点的某一对正交方向而言的。

线应变 ε 与切应变 γ 都是量纲为一的量,是度量一点处变形程度的两个基本量,都可正可负也可以为零。线应变 ε 无单位,而切应变 γ 一般用弧度(rad)表示。

例题 1.2

图 1.15 所示的平行四边形虚线为矩形平板变形后的形状。其中 AD 边保持不变。试求:(1)AB 边的平均线应变;(2)A 点的切应变。

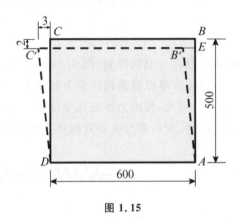

图 1.15

解:(1)求 AB 边的平均线应变

依题意,AB 边变形后的长度 AB' 为

$$\sqrt{3^2 + (500-2)^2} \approx 498.009$$

于是,AB 边的平均线应变为

$$\varepsilon_m = \frac{AB' - AB}{AB} = \frac{498.009 - 500}{500} \approx -4 \times 10^{-3}$$

式中,"一"表示缩短。

(2)求 A 点的切应变

根据定义,A 点的切应变为

$$\gamma_A = \angle BAD - \angle B'AD = \angle B'AE$$

其中,E 为 B' 向 AB 作垂线的垂足。由图示几何关系,并考虑小变形,有

$$\angle B'AE = \tan\angle B'AE = \frac{B'E}{AE} = \frac{3}{500-2} \approx 6 \times 10^{-3}\,\text{rad}$$

故 A 点的切应变为

$$\gamma_A = 6 \times 10^{-3}\,\text{rad}$$

1.5　杆件变形的基本形式

外力作用方式不同,杆件受力后产生的变形也不一样。根据受力特点及其变形特征的不同,杆件变形可分成四种基本形式。

一、轴向拉伸或压缩

这类变形是由一对大小相等、方向相反、作用线与杆件轴线重合的外力引起的(图 1.16),相应的变形特征表现为杆件长度发生伸长或缩短。液压油缸中的活塞杆、压缩机连杆、理想桁架杆、托架吊杆等都属于此类变形形式。

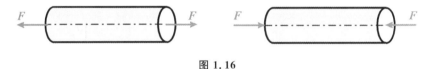

图 1.16

二、剪切

这类变形是由一对大小相等、方向相反、作用线互相平行且相距很近的横向外力引起的(图 1.17),相应的变形特征表现为相邻横截面沿外力作用方向发生相对错动。机械中的很多连接件,如销钉、铆钉、螺栓、螺钉和平键等都会发生此类变形。一般杆件在发生剪切变形时,往往还伴随其他类型的变形形式。

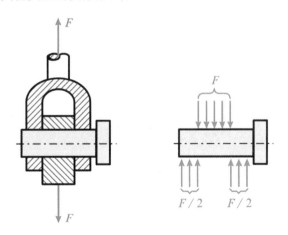

图 1.17

三、扭转

这类变形是由一对大小相等、方向相反、作用面与杆件轴线垂直的力偶引起的(图 1.18),相应的变形特征表现为任意两个横截面发生绕轴线的相对转动。电机和汽轮机的主轴、机床和汽车的传动轴,都会发生此类变形。

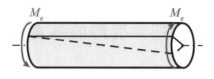

图 1.18

四、弯曲

这类变形是由一对大小相等、方向相反、作用在包含轴线的纵向平面内的力偶,或作用线垂直于杆件轴线的横向力引起的(图 1.19),相应的变形特征表现为杆件的轴线由直线变为曲线。建筑物中的横梁、起重机的吊臂、桥式起重机的大梁、门式起重机的横梁、机车的轮轴、钻床和冲床的伸臂等都会发生此类变形。构件受弯是工程中最常遇到的情况之一,发生弯曲变形时,通常还存在剪切变形。

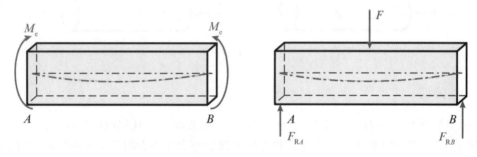

图 1.19

实际上,构件在外力作用下发生的变形,大多是以上四种基本变形形式的某种组合,称为组合变形。例如,钻床的立柱发生拉伸与弯曲的组合变形;卷扬机主轴发生弯曲与扭转的组合变形;传动轴通常发生弯曲与扭转的组合变形,但车床主轴工作时发生的是弯曲、扭转与压缩的组合变形。

本章小结

本章主要讲述了材料力学的研究对象和任务;阐明了变形固体、外力、内力、应力、位移、变形和应变等概念;重点说明了截面法的应用;介绍了杆件四种基本变形的受力特点和变形特征。

(1)材料力学是研究构件承载能力的一门学科,强度、刚度和稳定性是反映承载能力的三个方面,它们分别指构件抵抗破坏、变形和保持原有平衡形态的能力。设计既安全又经济的构件是材料力学的中心任务。

(2)连续性、均匀性、各向同性以及小变形假设是变形固体的几个基本假设。

（3）内力是在外力作用下而产生的杆件内部的相互作用力，随着外力的增加而增大，但超过材料某个极限值时材料将失效。

（4）截面法是求解截面内力的基本方法，"截—取—代—平"是截面法的基本步骤。轴力、剪力、扭矩和弯矩是四个基本内力分量。

（5）应力表示一点处内力的强弱程度，也称为内力集度，是一个与内力方向一致的矢量，沿截面法线方向的分量称为正应力，沿截面切线方向的分量称为切应力。

（6）位移是空间位置的改变，可分为线位移和角位移。变形是物体大小或形状的改变，可分为线变形和角变形。变形会导致位移，但有位移未必有变形。

（7）应变是度量变形剧烈程度的量，可分为线应变和切应变，两者都是量纲为一的量。线应变对应于长度的改变，切应变则对应于角度的改变。

（8）轴向拉压、剪切、扭转和弯曲是杆件变形的四种基本形式，组合变形是这四种基本变形的某两个或两个以上的组合。

【拓展阅读】

"泰坦尼克号"沉没之谜

一、事件概况

"泰坦尼克号"（RMS Titanic）也译称铁达尼号（图1.20），是英国白星航运公司下辖的一艘超级邮轮，排水量高达46328吨，长269.1m，宽28.2m，从龙骨到四个大烟囱的顶端有53.3m，高度相当于11层楼。它于1909年3月31日在哈兰德与沃尔夫造船厂动工建造，并在1911年5月31日下水，1912年4月2日完工试航。

图 1.20

"泰坦尼克号"可谓是当时世界上体积最庞大、内部设施最豪华的客运轮船，被称为"永不沉没的客轮"或是"梦幻客轮"。但很不幸的是，在从英国南安普敦出发跨越大西洋驶向美国纽约的处女航中，"泰坦尼克号"即惨遭厄运。1912年4月14日23时40分左右，"泰坦尼克号"与一座冰山相撞，造成右舷船首至船中部破裂，五间水密舱进水。4月15日凌晨2时20分左右，"泰坦尼克号"船体断裂成两截后沉入大西洋底3700m处（图1.21）。2224名船员及乘客中，1517人丧生，其中仅333具罹难者遗体被寻回。"泰坦尼克号"沉没事故为和平时期死伤最为惨重的一次海难。

二、沉没之谜

"泰坦尼克号"的沉没曾引起世界巨大轰动。关于其沉没原因，众说纷纭，有木乃伊诅咒说、白星航运公司骗税说、幽灵船及UFO击沉说、偷工减料说等说法。

由于技术上的原因，直到1991年，才第一次有科考队开始到水下对"泰坦尼克号"的残骸（图1.21）进行考察，并收集了残骸的金属碎片进行科学研究。通过这些碎片和沉船在海底的状况分析，"泰坦尼克号"的罹难之谜才终于被解开。

科考队员们发现了有关"泰坦尼克号"沉没的两个重要细节。一个细节说明，当时的造船工程师们只考虑到要增加钢的强度,而没有想到要增加其韧性。科考队通过残骸金属碎片与当今造船钢材的比对试验发现,由于钢材的冷脆性,残骸的金属碎片在 $-40 \sim 0℃$ 的温度下,其力学行为由韧性转变脆性(即产生韧脆转变),从而导致"泰坦尼克号"在沉没之地的水温下,由于冰山撞击而发生了灾难性的脆性断裂。而现代技术冶炼的钢材只有在 $-70 \sim -60℃$ 的温度下才会变脆。设想"泰坦尼克号"如果采用如今的造船钢材,也许可以起到一定的缓冲效果。但囿于当时的科技水平,为了增加钢的强度,往炼钢原料中增加大量硫化物导致钢的脆性大大增加,殊不知由此也酿成了"泰坦尼克号"沉没的悲剧。

图 1.21

另一个细节说明,当时的造船工程师们只考虑到了船底、船尾或船首有被撞坏的可能性。航行于深夜的"泰坦尼克号"遭遇冰山,人们发现并想躲避却为时已晚。倘若值班人员未发现冰山,让轮船直接撞击冰山,或许它受损进水的只是船首部分的舱房,而不至于整船沉没。但很遗憾的是,值班员偏偏发现了冰山,并且怀着侥幸的心理想让船转过身来躲避冰山,结果避之不及,冰山犹如一把利刃从船的侧面切入,将船拦腰斩断。于是,船的全部舱房都进水了,以致"泰坦尼克号"很快覆没于冰冷的格陵兰海中。

此外,一个海洋法医专家小组对打捞起来的"泰坦尼克号"船壳上的铆钉进行了分析并发现,固定船壳钢板的铆钉里含有异常多的玻璃状渣粒,因而使铆钉更易脆断。这一分析也表明:"泰坦尼克号"在冰山的撞击下,可能是铆钉断裂导致船壳解体,并葬身于大西洋海底。

三、问题及讨论

(1)古今中外,机械或工程结构失效的事故频有发生。请查阅相关资料,再举一例并试着了解和探究事故发生的原因。

(2)谈谈这些事故带来的警示,以及如何看待力学在所学专业中的作用。

(3)作为未来的工程师,应该秉持哪些基本素养?

本章精选测试题

一、判断题(每题 1 分,共 10 分)

题号	1	2	3	4	5	6	7	8	9	10
答案										

(1)材料力学和理论力学的研究对象不同,后者研究刚体,而前者则研究变形固体。

(2)材料力学的任务就是使构件满足强度、刚度和稳定性要求,即尽可能地安全工作即可。

(3)跳水运动中的跳板可用材料力学的理论进行研究。

(4)根据连续性假设,可以认为固体在其整个体积内是连续的。

(5)钢材、木材都是各向同性材料。

(6)轴力 F_N、剪力 F_S、扭矩 T 和弯矩 M 是内力的四个基本内力分量,前两者是截面上的内力向杆件轴心简化的主矢分量,后两者是主矩分量。

(7)强度可用内力表征。

(8)应力是反映内力的集度,而应变是反映变形的剧烈程度。

(9)如果物体内各点的应变都等于零,那么该物体就不会有位移。

(10)内力与外力有关,外力作用的位置不同可能会导致内力也随之变化。

二、选择题(每题 3 分,共 15 分)

题号	1	2	3	4	5
答案					

(1)构件的承载能力要求不包括(   )。

A.足够的强度　　　　B.足够的刚度　　　　C.足够的稳定性　　　　D.足够的韧性

(2)根据均匀性假设,可以认为构件的(   )在各点处相同。

A.材料的弹性常数　　B.应力　　　　　　C.应变　　　　　　　D.位移

(3)截面法是求解内力的基本方法,它的适用范围是(   )。

A.只限于发生弹性变形的杆件　　　　　　B.只限于等截面直杆

C.只限于发生基本变形的杆件　　　　　　D.适用于任何变形体

(4)以下说法正确的是(   )。

A.内力是应力的代数和　　　　　　　　　B.应力是内力的平均值

C.内力必然大于应力　　　　　　　　　　D.应力是内力的集度

(5) 以下关于变形与位移关系的说法,错误的是(　　)。

A.若物体内各点都没有位移,则该物体一定没有变形

B.若物体产生位移,则该物体也必定同时发生变形

C.若物体发生变形,则该物体内必定有一些点也产生位移

D.位移的大小取决于物体的变形及其约束状态

三、计算题(每题 15 分,共 75 分)

(1) 如图 1.22 所示,水平杆 B 端固定,自由端受一斜向下的集中力作用。已知:$F = 10\mathrm{kN}$,$\theta = 45°$。试求截面 C 上的内力。

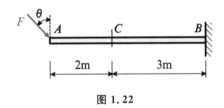

图 1.22

(2) 圆截面杆受力如图 1.23 所示,其中,外力 F 沿着杆件的轴线方向,外力偶矩 M_e 的作用面与杆件的轴线垂直。试求图中 $m\text{-}m$ 截面上的内力。

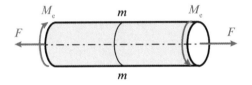

图 1.23

(3) 已知某平面结构如图 1.24 所示,试求图中 1-1、2-2 截面上的内力。已知:$q = 20\mathrm{kN/m}$,$M_e = 10\mathrm{kN \cdot m}$。

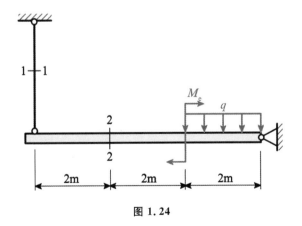

图 1.24

(4) 半径为 $R = 120\mathrm{mm}$ 的薄壁圆板,受力变形后半径的增量为 $\Delta R = 4.2 \times 10^{-4}\mathrm{mm}$,如图 1.25 所示。试求该圆板:1)沿半径方向的平均线应变 ε_r;2)沿外圆圆周方向的平均线

应变ε_θ。

（5）如图 1.26 所示，等腰直角三角板在外力作用下角点 B 沿水平向右移动到点B'，其中直角边 AC 固定。若已知 $AB = 200\text{mm}$，$BB' = 0.002\text{mm}$，试求：1）线段 AB 的平均线应变；2）AB 和 BC 两边在点 B 的角度改变。

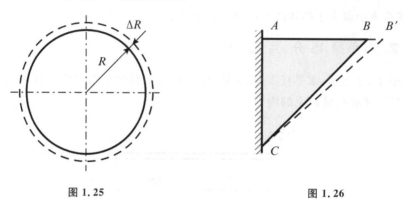

图 1. 25   图 1. 26

第2章 拉伸、压缩与剪切

知识目标:能够熟练绘制轴力图,并对轴向拉伸(压缩)、剪切与挤压变形的构件进行强度校核;熟悉两类典型材料的力学特性;能够利用几何法或能量法求解构件变形以及杆系的节点位移;能够求解拉伸(压缩)一次超静定问题,包括温度应力和装配应力。

能力与素养目标:能够识别、判断专业相关工程案例中的拉伸、压缩、剪切和挤压变形问题,建立可求解的力学模型,并用辩证性思维学习材料力学研究问题的一般方法,树立专业志趣。

本章重点:轴力图,强度校核,变形和位移。

本章共有 7 节内容,除了聚焦构件在受到轴向载荷作用下产生的变形以及强度校核问题之外,还讲述了低碳钢和铸铁这两种典型材料在轴向拉伸或压缩下表现出的力学性能,并以其力学性能参数作为判断该材料是否失效的标准,以此进行强度校核、尺寸设计和确定许可载荷等。同时,借助可变形体在载荷作用下产生的变形,研究了一次超静定问题。

本章还介绍了剪切和挤压的有关问题。虽然剪切和挤压与轴向拉伸(压缩)并非同一类变形形式,但这两类问题的计算公式较为类似,放在一起讲解有利于对比学习,其中剪切问题在扭转和弯曲相关章中亦有涉及,但研究的思路和难度与本章不同。

2.1 工程中的轴向拉伸或压缩实例

一、工程实例

工程中因承受轴向载荷引起轴向拉伸或压缩的构件在机械和土木建筑领域都比较常见,如道桥工程中的桥墩、建筑结构中的立柱、起重吊机中的钢架结构和吊钩上的钢索、机械行业中常见的发动机里面的连杆等等(图 2.1),又或者是生活中常见的吊扇、吊灯的支撑杆都可以简化为轴向拉伸或者压缩的力学模型。

图 2.1

二、力学模型的简化

轴向拉伸或压缩构件因承受轴向载荷产生了沿着轴线方向的伸长或缩短,其力学模型可以简化成如图 2.2 所示。对于等截面直杆也可以用杆件的轴线代替。

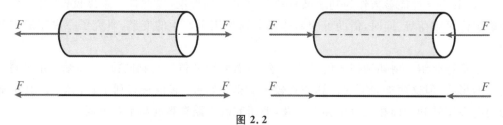

图 2.2

讨论:为什么轴向拉伸或压缩变形要求载荷一定要沿着轴线方向?

2.2 轴力和轴力图

一、轴力

轴向拉伸与压缩强调受力是沿轴线方向,否则会产生偏心,变成组合变形问题。也因为是轴向受力,所以,构件内部的内力亦称为**轴力**。轴向拉伸或压缩构件的安全问题与轴力有关,求解轴力的方法采用截面法,即:截、取、代、平(图 2.3)。

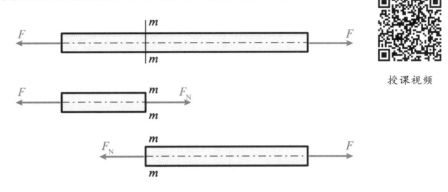

授课视频

图 2.3

(1) 截开:在所求内力的截面处,用 m-m 截面假想地将杆件截成两部分;

(2) 取出:先取出左边部分作为研究对象;

(3) 代替:用等效载荷代替舍去的右边部分对取出部分的效果,合力为F_N;

(4) 平衡:列平衡方程,求解内力,易得$F_N = F$。

用同样的方法可以取出右边部分作为研究对象,求解后发现,轴力的值相同,方向相反。这一现象也可以理解为作用力和反作用力的效果。但为了取出任意部分求解的结果完全相同,这里用正负号来反映轴力的方向。对轴力正负规定如下:

(1) 如果轴力为拉力,即轴力的方向朝着所取截面的外部,规定为正值;

(2) 如果轴力为压力,即轴力的方向朝着所取截面的内部,规定为负值。

在上述规定下,图 2.3 中不管是取哪一部分作为研究对象,同一截面上求解的轴力都是正值 F。

二、应用举例

例题 2.1

一等直杆受力如图 2.4 所示,试求解各截面轴力。

解:(1) 求解固定端约束力

由于杆件的外部载荷均沿着轴线方向,固定端的约束力也只需轴向约束力F_{RA} 即可平衡外部载荷,通过平衡方程可计算固定端的约束力为

$$F_{RA} = 10\text{kN}$$

(2) 截面法求轴力

分别在 AB、BC、CD、DE 段使用截面法(图 2.5),取出研究对象,列平衡方程即可得到相应位置的轴力,分别为

$$F_{N1} = 10\text{kN}(拉力)$$

$$F_{N2} = 50\text{kN}(拉力)$$

$$F_{N3} = -5\text{kN}(压力)$$

$$F_{N4} = 20\text{kN}(拉力)$$

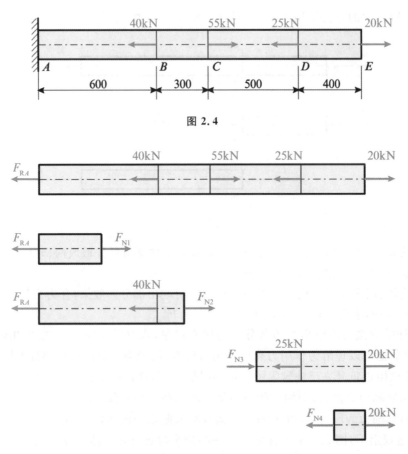

图 2.4

图 2.5

可以将上述计算结果表示在坐标系中,坐标系的横坐标代表轴线长度,纵坐标代表轴力,如图 2.6a 所示,这种表达轴力随着截面位置变化而变化的图形称为轴力图。为了简化作图过程,还可以省略坐标轴,直接将轴力的值标注在轴力图中相应位置,并在轴力图上标注正负号,如图 2.6b 所示。从轴力图中可以快速直观地读出轴力的最大值为 50kN,发生在 BC 段,对于等直杆来说,BC 段也是最危险的部分。

对上述轴力图的作图过程,总结如下:

(1)利用截面法求出各截面上的轴力后,表示在坐标系中;

(2)坐标系的水平轴代表杆件轴线,竖直轴代表相应横截面上的轴力;

(3)可省略坐标轴,但需要把轴力值、正负号、单位等信息标注在轴力图上的相应位置。

讨论:轴力图可以直接判断构件是否危险吗?为什么?

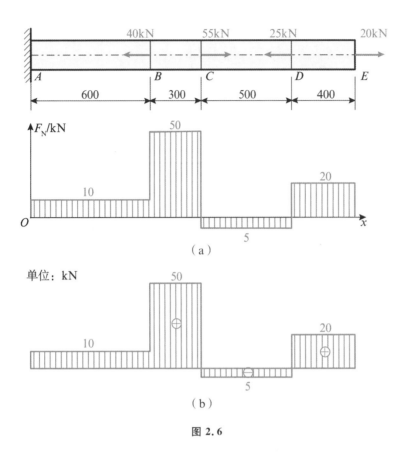

（a）

（b）

图 2.6

2.3　应力及强度校核

一、轴向拉伸(压缩)时横截面上的应力

如前所述,应力代表一个点受力的强弱程度,亦称为载荷集度,应力是判定材料强度是否满足要求的重要指标之一。对于轴向拉伸(或压缩)而言,可从图 2.7 的简单拉伸实验中发现以下现象(实线代表变形前,虚线代表变形后):

授课视频

(1)ab 和 cd 分别平行移至 $a'b'$ 和 $c'd'$,且伸长量相等;

(2)变形后横向线 ab 和 cd 仍为直线,且仍然垂直于轴线;

(3)变形前原为平面的横截面,变形后仍保持为平面,且仍垂直于轴线。这也是平面假设。

由上述实验现象可以判定,横截面上的应力分布有如下规律:

(1)横截面上只有正应力,没有切应力;

(2)横截面上的应力均匀分布。

由上述现象和规律,可得横截面上任意点的正应力公式为

$$\sigma = \frac{F_N}{A} \tag{2.1}$$

F_N 为轴力,A 为横截面面积,正应力 σ 的符号与轴力 F_N 的符号保持一致,即:拉应力为正,压应力为负。

注意:这里仅针对横截面上的应力分布情况讨论,斜截面情况详见后续章节内容。

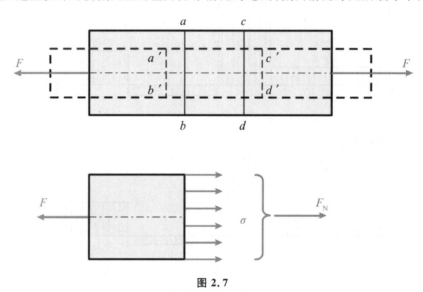

图 2.7

二、轴向拉伸(压缩)的强度校核

横截面上的正应力将作为判定轴向拉伸或压缩构件强度问题的唯一指标,这一指标消除了截面尺寸的影响,表达了某一点的载荷集度。即只要构件横截面上的最大正应力不超过材料的许用应力 $[\sigma]$,材料的强度将处于安全范围,否则将产生强度破坏。强度准则的判定表达式如下:

$$\sigma_{max} = \frac{F_N}{A} \leqslant [\sigma] \tag{2.2}$$

其中,材料的许用应力由材料的力学性能参数和安全系数共同确定,力学性能参数是材料的属性参数,安全系数的选择一般可参照相关手册选取,不同的材料有不同的力学性能参数,相同的材料在不同的设计环境中也可能因为安全系数选择的不同而有不同的许用应力。关于许用应力的相关内容将在本章 2.4 节继续讨论。

强度准则(2.2)主要用于对构件进行强度校核,即判定构件是否因强度不足而失效。此准则还可以稍作变换,产生另外两类应用:

(1)设计截面尺寸,即确定构件安全工作时的最小截面尺寸,表达式如下:

$$A \geqslant \frac{F_{Nmax}}{[\sigma]}$$

(2)确定许可载荷,即确定构件安全工作时的最大许可载荷,表达式如下:

$$F_{Nmax} \leqslant A[\sigma]$$

三、应用举例

例题 2.2

简易支撑结构如图2.8所示，ACB 为**刚性杆**，由圆杆 CD 悬挂在 C 点，B 端作用集中力 $F = 25\text{kN}$，已知 CD 杆的直径 $d = 20\text{mm}$，许用应力 $[\sigma] = 160\text{MPa}$，试：

（1）校核 CD 杆的强度；

（2）求结构的许可载荷 $[F]$；

（3）若 $F = 50\text{kN}$，设计 CD 杆的直径。

注意：刚性杆为理想模型，视为刚体，即不产生变形。

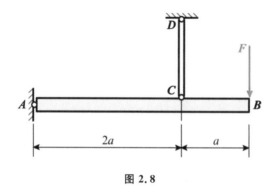

图 2.8

分析：由于 ACB 为刚性杆，整个系统只需考虑 CD 杆的强度问题，CD 杆为二力杆，需对 ACB 进行受力分析，列平衡方程求解 CD 杆所受的约束力。

解：（1）求解约束力

取 ACB 为研究对象，受力如图2.9所示。列平衡方程（仅需对 A 点取矩即可求出 CD 杆的约束力）。

$$\sum M_A = 0, F_{CD} \cdot 2a - F \cdot 3a = 0$$

得出

$$F_{CD} = \frac{3}{2}F = 37.5\text{kN}$$

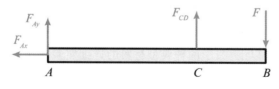

图 2.9

由于 CD 杆为二力杆，其外部约束力也就等于 CD 杆的轴力。

（2）校核 CD 杆的强度

$$\sigma = \frac{F_{CD}}{A} = \frac{37.5 \times 10^3 \text{N}}{\pi \cdot (20\text{mm})^2 / 4} = 119\text{MPa} < [\sigma]$$

所以,强度满足条件。

（3）结构的许可载荷$[F]$

计算结构的许可载荷,实际上是求 CD 杆在不发生强度失效的情况下能够承受的最大工作载荷,即

$$F_{CD} \leqslant A[\sigma]$$

$$\frac{3}{2}F \leqslant A[\sigma]$$

计算可得 $F \leqslant 33.5\text{kN}$。

（4）若 $F = 50\text{kN}$,设计 CD 杆的直径

$F = 50\text{kN}$ 已经大于结构的许可载荷（33.5kN）,若仍要求结构满足强度条件,需要改变 CD 杆的尺寸,要求满足

$$A \geqslant \frac{F_{CD}}{[\sigma]} = \frac{\frac{3}{2}F}{[\sigma]} = \frac{\frac{3}{2} \times 50 \times 10^3\,\text{N}}{160\text{N/mm}^2}$$

由此推出 $d \geqslant 24.4\text{mm}$,可取值 25mm。

本题小结:

（1）此例题很好地说明了材料力学的任务除了保证安全之外,还可以设计并优化结构尺寸以实现经济性。

（2）计算务必注意单位换算与统一,应力的单位一般用 MPa,所以各公式中力的单位为 N,面积单位为mm^2。

2.4　两种典型材料拉伸和压缩时的力学性能

强度校核中用到的许用应力是材料固有的力学属性,一般不会随着材料的形状、载荷等外界条件的改变而改变。这种力学属性可以由实验测定,为了比较不同材料的实验结果,国家标准中对试样形状、加载速度、实验环境等都有统一规定。本节将选取两类典型材料——低碳钢和铸铁,介绍其在拉伸和压缩时表现出的力学性能。低碳钢和铸铁的主要成分组成中,因含

授课视频

碳量的不同而产生了性能上的差异,一般低碳钢是指含碳量在 0.3% 以下的碳素钢,而铸铁的含碳量一般在 2% 以上。关于两种典型材料的详细实验操作规程参见附录 Ⅱ 实验。

一、试验准备

1.试验条件

（1）常温:室内温度。

（2）静载:以缓慢平稳的方式加载。

（3）标准试件:采用国家标准统一规定的试件。

2.试验设备

电子万能试验机,如图 2.10 所示。

图 2.10

3.试样

拉伸试样(图 2.11a):$l_0 = 10d_0$ 或 $l_0 = 5d_0$;压缩试样(图 2.11b):$h/d = 1.5 \sim 3.0$,其中,l_0 为试样的标距,d_0 为试样标称直径。

（a）拉伸试样　　　　　　　　　　　　（b）压缩试样

图 2.11

拉伸与压缩试验前,均需要用游标卡尺测量试样直径,用以计算其横截面面积。其中在拉伸试验前还需将试样划线、等分,用来为断口位置的补偿作准备。

二、低碳钢拉伸实验

低碳钢在受到试验机施加的缓慢变化的轴向载荷 F 后,将会在试验段产生对应的伸长量 Δl,F 与 Δl 之间产生的对应关系在坐标系中形成的曲线可称之为拉伸曲线图,但是这种拉伸曲线图未能消除试样尺寸影响,造成的结果就是不同直径或长度的试样,在相同载荷作用下,产生的变形是不同的。

授课视频

而对于轴向拉伸构件而言,横截面应力 $\sigma = F/A$,且由于横截面受力均匀,各处的纵向变形也可视为均匀,所以横截面任意点的纵向线应变 $\varepsilon = \Delta l/l$ 成立,若分别以 σ 和 ε 为纵、横坐标,作出应力－应变之间的关系,则可以有效消除尺寸对实验曲线的影响,这种关系曲线称之为应力－应变曲线。

讨论:应力－应变曲线与力－位移曲线相比有什么优势?

1.试验曲线及特征

低碳钢拉伸试验的应力－应变曲线如图 2.12 所示,这条曲线具有明显的 4 个阶段。

(1) 弹性阶段(Ob 段):弹性阶段又可细分为线弹性阶段(Oa 段)和非线性弹性阶段(ab 段),在 Oa 段内,应力和应变关系可以表示为确定的数学关系:

$$\sigma = E\varepsilon \tag{2.3}$$

这一关系称为拉伸或压缩的胡克定律,其中,E 是直线 Oa 的斜率,称为弹性模量,这个参数是和材料有关的比例常数。由于应变 ε 的量纲为一,所以弹性模量 E 和应力 σ 的量纲相同,常用 GPa 表示。线弹性阶段的最高点 a 对应的应力σ_p 称为比例极限,也就是说,当应力在比例极限范围内时,胡克定律成立。

当应力超过比例极限后,还存在一小段非线性弹性阶段(ab 段),此时应力和应变不再有线性关系,但仍然在弹性极限范围内,发生的仍然是弹性变形,若在此时卸载,变形仍然可以完全恢复。b 点对应的应力σ_e 称为弹性极限。需要说明的是,ab 这一非线性弹性阶段比较短,工程上常常不再严格区分。

(2) 屈服阶段(bm 段):屈服阶段内,应力在很小的范围内波动,应变就会显著增加,这种现象称为屈服,也叫流动。应力首次下降前的最大应力视为上屈服极限,屈服阶段内的最小应力(图 2.12 中 c 点)视为下屈服极限。上屈服极限一般不稳定,其值和试样形状、加载速度等因素有关,而下屈服极限则相对稳定,能够反映材料性能,所以一般把下屈服极限称为屈服极限,以σ_s 表示。

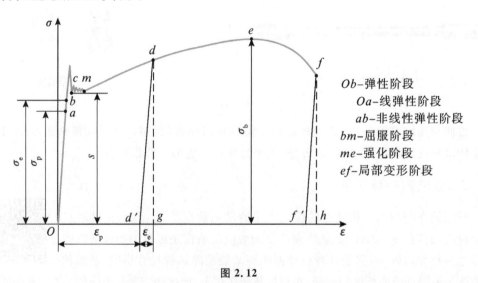

Ob-弹性阶段
Oa-线弹性阶段
ab-非线性弹性阶段
bm-屈服阶段
me-强化阶段
ef-局部变形阶段

图 2.12

屈服阶段最大的特点是:载荷的小幅变动就引起了显著的塑性变形。由于大量塑性变形将影响构件的正常工作,所以将屈服极限σ_s 作为衡量材料强度的重要指标。

(3) 强化阶段(me 段):此阶段,应力和应变再次出现了同向变化,也就是载荷的增加导致了变形的继续增大,也可以理解为材料再次具有了抵抗变形的能力,这种现象称为材料的强化。强化阶段的最高点 e 对应的应力称为强度极限,以 σ_b 表示。

若在强化阶段的某个位置(如 d 点)开始慢慢卸载,应力和应变之间的关系将沿着 dd' 回落到 d'。这种在卸载时,应力与应变按直线变化的规律称为卸载定律。若在卸载后再次加载,应力与应变关系又会大致沿着 $d'd$ 回到 d 点后,再沿着 def 变化,可见卸载后再次加载,材料的比例极限和弹性极限都得到了提高,但塑性变形和伸长量都会有所降低,这种现象称为冷作硬化。冷作硬化现象经退火后即可消除。但工程中也有利用冷作硬化来提高材料弹性极限的案例,比如钢筋的冷拔工艺和零件表面的喷丸处理等。

(4) 局部变形阶段(ef 段):曲线过了最高点 e 以后,开始逐渐回落,此时在试样的某一局部出现截面尺寸变细的现象,也叫缩颈现象。试样的局部变细,导致横截面上的应力急剧增大,超过了材料断裂的极限应力,试样被拉断。

讨论:既然在强化阶段,材料再次具有抵抗变形的能力,为何不以强度极限作为衡量塑性材料强度的指标?

调研:请课外调研冷作硬化的消除方法以及实际应用案例。

注解:关于曲线回落的解释 —— 由于截面尺寸减小,使得试样继续伸长的拉力也相应减少,但实验初始输入的是试样的原始尺寸,所以,利用原始横截面面积计算的应力随之下降,造成试样曲线回落。

2.伸长率和断面收缩率

(1)伸长率:

$$\delta = \frac{l_1 - l}{l} \times 100\%$$

(2)断面收缩率:

$$\psi = \frac{A - A_1}{A} \times 100\%$$

式中:l、l_1、A、A_1 分别为试样标距原长、试验后长度、原截面面积和缩颈处最小截面面积(具体的测量方法详见附录 Ⅱ 实验)。

伸长率和断面收缩率都是衡量材料塑性性能的指标。其中,伸长率越大,说明材料的变形程度也就越大,$\delta > 5\%$ 的材料称为塑性材料,$\delta < 5\%$ 的材料为脆性材料,低碳钢的伸长率约为 $20\% \sim 30\%$,是典型的塑性材料,铸铁、玻璃等则是典型的脆性材料。

三、低碳钢压缩实验

低碳钢压缩时的应力－应变曲线如图 2.13(实线)所示。

实验结果表明:低碳钢压缩时也会有弹性阶段和屈服阶段,而且弹性模型 E、比例极限 σ_p、弹性极限 σ_e 和屈服极限 σ_s 等力学性能参数与低碳钢拉伸时的参数大致相同。但由于低碳钢的塑性较好,压缩实验中,随着载荷增加,试样越压越扁,截面尺寸不断增加,抗压能力也在不断提高,应力－应变曲线在屈服阶段后将持续上升,不会出现像低碳钢拉伸时的强度极限。

授课视频

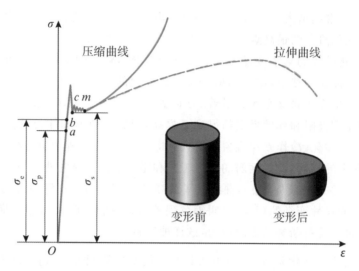

图 2.13

由于低碳钢在拉伸和压缩时表现出的力学性能以及主要参数大致相同,因此在测定这些参数时可以选择拉伸实验即可,同时,还可以根据低碳钢这种拉压性质大致相同的力学特性合理选择其使用场景。低碳钢拉伸和压缩试验过程典型阶段的特性及其力学性能参数总结如表 2.1 所示。

表 2.1　低碳钢拉伸和压缩曲线的主要特征及参数

类别	特征阶段		主要特点	现象	对应参数
拉伸压缩	弹性阶段	线弹性阶段	应力一应变线性增加,$\sigma = E\varepsilon$,可恢复的弹性变形	无明显现象	σ_p
		非线性弹性阶段	应力一应变非线性增加,可恢复的弹性变形	无明显现象	σ_e
拉伸压缩	屈服阶段		波浪线,应力的微小增加产生较大应变	45°方向滑移线(不明显)	σ_s
拉伸	强化阶段		承载能力继续增加	卸载定律,冷作硬化	σ_b
拉伸	局部变形阶段		承载能力下降	局部变细或缩颈	/

讨论:低碳钢压缩失效的参数也选屈服极限σ_s吗?为什么?

四、铸铁的拉伸和压缩实验

1. 试验曲线及特征

铸铁拉伸和压缩时没有像低碳钢那样明显的四个阶段,由于铸铁是典型的脆性材料,所以不管是压缩还是拉伸,其断裂破坏前产生的变形或应变都很小。而且两类曲线也没有明显的线性阶段,所以弹性模量的测定常以割线的斜率代替(图 2.14a),也称为割线弹性模量。

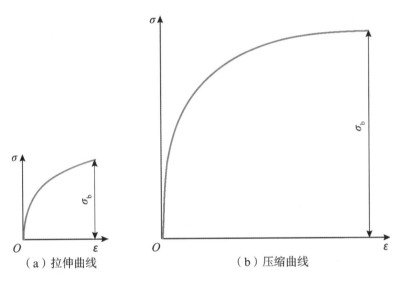

图 2.14

铸铁断裂时的最大应力称为强度极限,以 σ_b 表示。实验中发现,铸铁拉伸和压缩时的强度极限截然不同,且相差很大。铸铁的抗压强度极限大概是抗拉强度极限的 4～5 倍。由于铸铁在断裂前的变形很小,也没有屈服阶段,所以,可以认为铸铁材料在断裂破坏之前都可以正常工作,也因此把铸铁的强度极限作为衡量其强度的唯一指标。

铸铁在拉伸和压缩时的断面形状也截然不同,拉伸时由于横截面拉应力达到强度极限而在横截面发生破坏,压缩时,断面的法线与轴线大致成45°倾角,说明试样因相对错动而破坏。(理论分析详见第 7 章应力应变状态相关内容)

铸铁抗压而不抗拉的特性也决定了其使用场景的不同,与低碳钢相比,虽然塑性能力较差,但抗压能力强,坚硬耐磨,且价格便宜,被广泛应用于机床床身、底座、缸体或轴承座等受压环境中。铸铁拉伸和压缩试验过程典型阶段的特性及其力学性能参数总结如表2.2所示。

表 2.2　铸铁拉伸和压缩曲线的主要特征及参数

类别	阶段特征	主要特点	现象	对应参数
拉伸／压缩	弹性阶段	弹性范围较小,$\sigma = E\varepsilon$	无明显现象	σ_e
拉伸／压缩	断裂之前	强度极限之前无明显变形	无明显现象	σ_b

2.试验后的试样

低碳钢和铸铁在拉伸和压缩实验后的试样如图 2.15 所示,注意观察试样断口情况。

图 2.15

讨论:铸铁拉伸和压缩时,判断其失效的标准是什么?这一标准的值相近吗?

五、失效、安全因数和许用应力

为保证机械或工程结构正常工作,构件要有足够的承载能力,使其强度、刚度或稳定性得以满足,否则就会失效。

失效的形式主要有屈服和断裂两种,一般情况下,塑性材料常发生屈服失效,脆性材料常发生断裂失效。判定屈服失效的标准选择屈服极限σ_s,而判定断裂失效的标准选择强度极限σ_b。假设,构件在载荷作用下,其内部的实际应力为σ,则要满足强度要求,需要

$$\sigma \leqslant \sigma_s$$

或者

$$\sigma \leqslant \sigma_b$$

但由于实验测定的屈服极限或强度极限是多个实验结果的平均值,因实验结果的离散性往往会存在一定偏差,再加上材料的使用环境可能不同,对材料的要求也有区别,因此,为了确保构件设计得足够安全,往往将测定的实验平均值除以一个大于 1 的因数,即

$$[\sigma] = \frac{\sigma_s}{n}$$

或者

$$[\sigma] = \frac{\sigma_b}{n}$$

其中,$[\sigma]$称为许用应力或许可应力,n称为安全系数或安全因数。安全系数的选择与材料特性、载荷状况、设计环境等都有关系,一般可以根据行业手册建议的值选取。在一般制造业中,静载情况下,塑性材料可取 1.2～2.5,脆性材料可取 2～3.5。

所以,为保证构件不失效,即能够正常工作的基本要求是,构件内部的最大真实应力在许可应力范围之内,即

$$\sigma_{max} \leqslant [\sigma] \tag{2.4}$$

六、应用举例

例题 2.3

拉伸试验机结构如图 2.16 所示,假设试验机杆 1 和试样 2 材料同为低碳钢,其 $\sigma_p = 200\text{MPa}$,$\sigma_s = 240\text{MPa}$,$\sigma_b = 400\text{MPa}$。试验机最大拉力为 100kN。

(1)用此试验机作拉断试验,试样直径最大可达多少?

(2)若设计时取试验机安全系数 $n = 2$,则杆 1 横截面面积应为多少?

(3)若试样直径为 10mm,欲测弹性模量 E,则所加载荷至少达到多少?

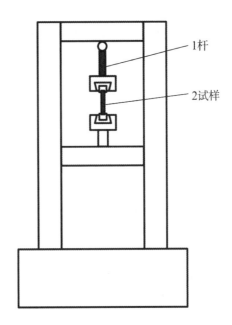

图 2.16

解:(1)试验机的最大拉力为 100kN,也就是试样断裂的极限载荷不能超过 100kN,根据材料的破坏准则,试样在 100kN 的拉力作用下,其内部的极限应力应满足下式要求:

$$\sigma = \frac{F_{\max}}{A} \geqslant \sigma_b$$

由上式可以确定

$$A = \frac{\pi d^2}{4} \leqslant \frac{F_{\max}}{\sigma_b} = \frac{100 \times 10^3 \, \text{N}}{400 \, \text{N/mm}^2}$$

计算可得 $d \leqslant 17.8\text{mm}$。

(2)杆 1 是保证试验机安全工作不失效的构件之一,也就是在试验机以最大载荷 100kN 工作时,杆 1 仍然不发生屈服破坏。从图 2.16 可以看出,试验机施加的最大载荷与杆 1 所受载荷相同,因此,根据安全工作的准则,应满足下式要求:

$$\sigma_1 = \frac{F_{\max}}{A_1} \leqslant \frac{\sigma_s}{n}$$

由上式可以确定：$A_1 \geqslant \dfrac{F_{\max}}{\sigma_{\mathrm{s}}/n} = \dfrac{100 \times 10^3\,\mathrm{N}}{(\dfrac{240\mathrm{N}}{\mathrm{mm}^2})/2} = 833\,\mathrm{mm}^2$。

（3）弹性模量是材料的应力应变曲线在比例极限范围内的斜率，因此，要测定弹性模量，需要使试样内部的应力至少达到比例极限，也就是要满足下式要求：

$$\sigma = \frac{F}{A_1} \geqslant \sigma_{\mathrm{p}}$$

由上式可以确定：$F \geqslant \sigma_{\mathrm{p}} A_1 = 200\,\dfrac{\mathrm{N}}{\mathrm{mm}^2} \times \dfrac{\pi\,(10\mathrm{mm})^2}{4} = 15.7 \times 10^3\,\mathrm{N} = 15.7\mathrm{kN}$。

2.5　轴向拉伸（压缩）时的变形

一、变形问题

构件在轴向力作用下将沿着轴线方向（也叫纵向）伸长或缩短，同时，横截面方向（也叫横向）尺寸也将缩短或伸长。如图 2.17 所示，等直截面构件在轴向载荷 F 作用下，纵向尺寸由 l 变成 l_1，横截面方向尺寸由 b 变成了 b_1。

由于轴向拉伸或压缩构件横截面上的应力均匀分布，所产生的变形亦均匀连续，所以在纵向方向产生的应变和横向方向产生的应变可以分别表达如下：

授课视频

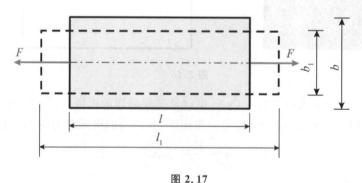

图 2.17

纵向应变：

$$\varepsilon = \frac{\Delta l}{l} = \frac{l_1 - l}{l}$$

横向应变：

$$\varepsilon' = \frac{\Delta b}{b} = \frac{b_1 - b}{b}$$

实验发现：当应力在比例极限范围内时，横向应变与纵向应变的比值是常数，即

$$\mu = -\frac{\varepsilon'}{\varepsilon} \tag{2.5}$$

这个比值称为泊松比。大多数材料的横向变形和纵向变形总是反向的，也就是如果纵向伸长，横向往往缩短，反之亦然。对于常规材料，μ 的取值范围为 $0 \sim 1/2$，只有极少数材料（如黄铁矿等）会出现横向变形与纵向变形同向的奇特现象。泊松比和弹性模量一样，属于材料固有的力学性能参数。表 2.3 给出了几种常见材料的 E 和 μ。

表 2.3　几种常见材料的弹性模量和泊松比

材料名称	E/GPa	μ
合金钢	$186 \sim 206$	$0.25 \sim 0.30$
碳钢	$196 \sim 216$	$0.24 \sim 0.28$
铝合金	70	0.33
灰铸铁	$78.5 \sim 157$	$0.23 \sim 0.27$

调研：请课外调研横向变形与纵向变形同向的相关材料。

从典型材料的力学性能试验中发现，当应力在比例极限内，即 $\sigma \leqslant \sigma_p$ 时，应力和应变之间存在胡克定律，即 $\sigma = E\varepsilon$，结合轴向拉伸或压缩变形的应力公式 $\sigma = F_N/A$，以及应变公式 $\varepsilon = \Delta l/l$，可得

$$\frac{F_N}{A} = E\frac{\Delta l}{l}$$

化简后得到轴向拉伸或压缩变形时的变形计算公式如下：

$$\Delta l = \frac{F_N l}{EA} \tag{2.6}$$

上式表明构件的变形不但与其所承受的载荷以及截面尺寸有关，还与构件的原长和材料的种类有关。式中 EA 称为抗拉（压）刚度，可以看出，在载荷和原长相同的情况下，抗拉刚度越大，产生的变形越小。

二、应用举例

例题 2.4

图 2.18 所示为一变截面圆杆 ABCD。已知 $F_1 = 20\text{kN}$，$F_2 = 35\text{kN}$，$F_3 = 35\text{kN}$，$l_1 = l_3 = 300\text{mm}$，$l_2 = 400\text{mm}$，$d_1 = 12\text{mm}$，$d_2 = 16\text{mm}$，$d_3 = 24\text{mm}$，弹性模量 $E = 210\text{GPa}$。试求：

(1) Ⅰ-Ⅰ、Ⅱ-Ⅱ、Ⅲ-Ⅲ 截面的轴力并作轴力图；

(2) 杆的最大正应力 σ_{max}；

(3) B 截面的位移及 AD 杆的变形。

解：(1) 利用截面法，分别从 Ⅰ-Ⅰ、Ⅱ-Ⅱ、Ⅲ-Ⅲ 截面位置截开（图 2.19a），取出研究对象，利用平衡方程可求：

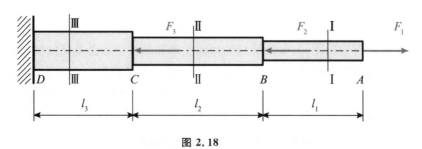

图 2.18

$$F_{RD} = -50kN, F_{N1} = 20kN, F_{N2} = 15kN, F_{N3} = -50kN$$

画其轴力图如图 2.19b 所示。

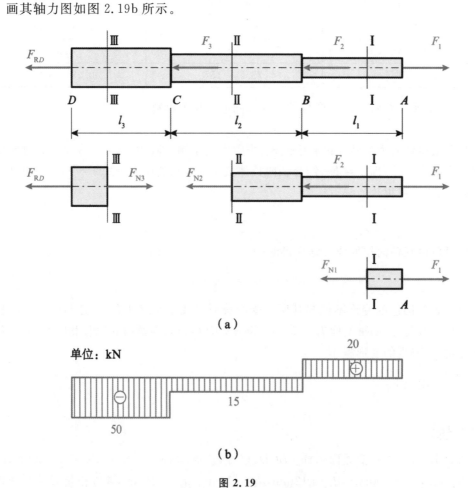

（a）

单位：kN

（b）

图 2.19

（2）最大轴力发生在 CD 段，但由于 CD 直径较大，所以，最大应力的发生位置仍需分别计算比较。

$$\sigma_{AB} = \frac{F_{N1}}{A_1} = 176.8MPa$$

$$\sigma_{BC} = \frac{F_{N2}}{A_2} = -74.6MPa$$

$$\sigma_{CD} = \frac{F_{N3}}{A_3} = -110.5\text{MPa}$$

所以，最大应力发生在 AB 段，即 $\sigma_{max} = \sigma_{AB} = 176.8\text{MPa}$。

注意：在没有明确材料拉压性质是否不同时，最大内力和最大应力均取绝对值最大。

（3）由于构件的左端为固定端，B 截面的位移由 DC 和 BC 的变形量叠加引起，即

$$u_B = \Delta l_{CD} + \Delta l_{BC}$$

$$\Delta l_{CD} = \frac{F_{N3}l_3}{EA_3} = -0.158\text{mm}$$

$$\Delta l_{BC} = \frac{F_{N2}l_2}{EA_2} = -0.142\text{mm}$$

$$u_B = -0.3\text{mm}$$

而整个构件的变形则由 AB、BC 和 CD 三部分的变形叠加产生，即

$$\Delta l_{AD} = \Delta l_{CD} + \Delta l_{BC} + \Delta l_{AB}$$

$$\Delta l_{AB} = \frac{F_{N1}l_1}{EA_1} = 0.253\text{mm}$$

$$\Delta l_{AD} = -0.047\text{mm}$$

上述式中的负号代表缩短，正号代表伸长。

讨论：上述计算公式中的各个参数取什么单位，才能直接得到以上结果？

例题 2.5

图 2.20a 所示简易起吊装置中 AB 和 AC 杆的弹性模量 $E = 200\text{GPa}$，$A_1 = 2172\text{mm}^2$，$A_2 = 2548\text{mm}^2$。求当 $F = 130\text{kN}$ 时节点 A 的位移。

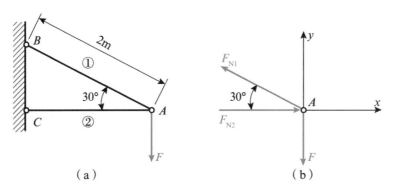

图 2.20

分析：A 点位移由 AB 和 AC 的变形引起，应先求两杆的变形，再确定位移。

确定节点位移的方法：假设解除 A 点铰链，每个杆件在内力作用下自由伸长或缩短，再以伸长后的长度作圆弧，相交于某一点，这个点则是 A 点位移的真实解，但由于计算不便，且在小变形的范围内，可用切线（垂线）代替弧段，图 2.21 中 AA_3 就是 A 点位移的近似解，小变形范围内，近似解与精确解之间的误差较小，符合工程应用的需要。

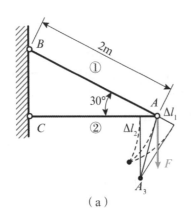 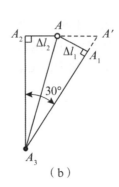

（a）　　　　　　　　　　（b）

图 2.21

解：(1) 取 A 点为研究对象，受力如图 2.20b 所示，列平衡方程，易得

$$F_{N1} = 2F(\text{拉力})$$

$$F_{N2} = 1.732F(\text{压力})$$

① 杆伸长，② 杆缩短，变形量为

$$\Delta l_1 = \frac{F_{N1} l_1}{E A_1} = 1.198 \text{mm}$$

$$\Delta l_1 = \frac{F_{N2} l_2}{E A_2} = 0.765 \text{mm}$$

（2）确定位移。节点位移的确定方法如图 2.21 所示。

由图 2.21 可求 A 点位移 AA_3：

$$A_2 A' = A_2 A + A A' = \Delta l_2 + \frac{\Delta l_1}{\cos 30°}$$

$$A_2 A_3 = \frac{A_2 A'}{\tan 30°} = \frac{\Delta l_2}{\tan 30°} + \frac{\Delta l_1}{\sin 30°}$$

$$AA_3 = \sqrt{(AA_2)^2 + (A_2 A_3)^2} = 3.78 \text{mm}$$

三、应变能

图 2.22 所示为低碳钢拉伸实验的内力－变形关系曲线，构件受轴向拉力 F 作用产生变形，同时也让 F 在其作用方向上产生了一段位移，所以，外力会做功，外力做的功转换为构件变形储存的能量。这种因变形而储存的能量称为应变能。从图 2.22 可以看出，在比例极限范围内，载荷与变形之间呈线性关系变化，由于载荷做功可以由载荷与位移所围成的面积来计算（如图 2.22 中的三角形阴影面积），所以，做功表达式如下：

$$W = \frac{1}{2} F \Delta l$$

对于缓慢变化的静载荷而言，外力所做的功可以看作全部用于构件变形所储存的应变能 V_ε（这里忽略了微乎其微的动能和热能变化），也就是

$$V_\varepsilon = W = \frac{1}{2} F \Delta l$$

结合轴向拉压构件的变形公式

$$\Delta l = \frac{F_{\text{N}} l}{EA}$$

轴向拉压应变能公式又可以表达为

$$V_{\varepsilon} = W = \frac{F_{\text{N}}^2 l}{2EA} \tag{2.7}$$

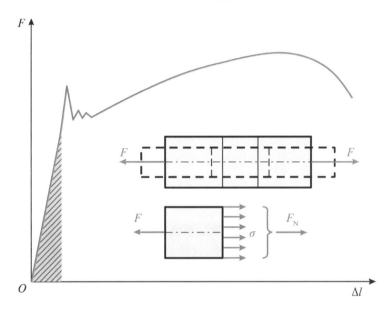

图 2.22

下面仍以例题 2.5 为例讲述应变能如何用于求解位移问题。

在例题 2.5 中,随着节点位移的产生,外力 F 也会做功,且外力做的功应等于两根杆件的应变能之和。但由于 F 竖直向下,只能在竖直方向的位移上做功,所以有下式成立:

$$\frac{1}{2} F \, | A_2 A_3 | = \frac{F_{\text{N1}}^2 l_1}{2E A_1} + \frac{F_{\text{N2}}^2 l_2}{2E A_2}$$

求出两根杆件的内力 F_{N1}、F_{N2} 后,代入上式,即可求得 A 点的竖直位移 $| A_2 A_3 |$,然后在三角形 $AA_2 A_3$ 中利用勾股定理,就能求出 A 点位移。

2.6　超静定问题

一、拉伸(压缩)超静定问题

在理论力学的学习中知道:由于研究对象是刚体,只能通过静力平衡方程分析"未知量数目不超过独立平衡方程数目"的静定结构问题,而对于"未知量数目超过独立平衡方程数目"的超静定结构却无能为力。在工程应用中,超静定结构常常用来提高整体结构的安全性能,如图 2.23 所示,若结构只由 ①、② 两根杆件组成,通过节点 A 的受力分析会发现,两根杆件的约束力通过静力平衡方程即可求解。若增加一根杆件 ③(图 2.24a),系统结构的安全性会得到提高,但同时也发现,由于系统最多可以列两个静力平衡方程,解不出 3 个未知约束力,这就是超静定问题。

授课视频

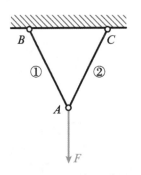
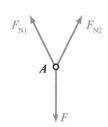

图 2.23

超静定问题的次数由未知量数目与独立平衡方程数目的差值决定,如图 2.24 中,未知约束力有 3 个,独立平衡方程数只有 2 个,这就是一次超静定问题。本节仅对一次超静定问题进行讨论。

二、应用举例

例题 2.6

图 2.24a 所示结构中 $AB = AC = l$,F、α 已知,三根杆件的截面面积均为 A,弹性模量均为 E,试求各杆的轴力。

解:(1) 对节点进行受力分析如图 2.24b 所示,列平衡方程如下:

$$\sum F_x = 0, F_{N1} = F_{N2}$$

$$\sum F_y = 0, F_{N1} \cdot \cos\alpha + F_{N2} \cdot \cos\alpha + F_{N3} - F = 0$$

可见,这属于一次超静定问题。

(2) 利用变形协调条件,建立补充方程

要想求出三个未知约束力,还需要寻求补充方程,补充方程需要借助杆件之间的变形协调关系。三根杆件在载荷 F 作用下均产生了变形,但因节点铰链约束,变形后仍然连接在一起。利用 2.5 节中确定节点位移的方法可以确定这里节点 A 的位移。具体步骤如下:

1)假想地解除铰链,让三根杆件自由伸长变形;

2)从 ①、② 两根杆件伸长后的位置A_1 和A_2 分别作垂线,找到交点A';

3)连接AA'。

如图 2-24c 所示,其中AA_1、AA_2、AA'分别代表了 ①、②、③ 三根杆件的伸长量。由于

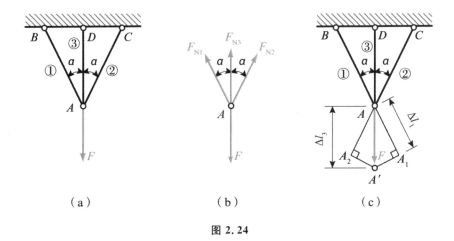

图 2.24

结构对称，①、②两根杆件的伸长量相同，且它们与 3 杆的伸长量存在下列关系：

$$\Delta l_1 = \Delta l_3 \cos\alpha$$

这种因杆件变形协调之间的关系而建立起来的方程称为变形协调方程。变形协调方程是求解超静定问题的重要桥梁，通过这个桥梁就可以找到关于①、③两根杆件内力之间的关系，如下式：

$$\Delta l_1 = \Delta l_2 = \frac{F_{N1}l}{EA}$$

$$\Delta l_3 = \frac{F_{N3}l\cos\alpha}{EA}$$

$$F_{N1} = F_{N3}\cos^2\alpha$$

上述表示变形与内力关系的方程称为物理方程，物理方程与变形协调方程结合即可得到补充方程。

（3）补充方程与静力平衡方程联立求解约束力

将补充方程与静力平衡方程联立，即可求解约束力如下：

$$F_{N1} = F_{N2} = \frac{F\cos^2\alpha}{1 + 2\cos^3\alpha}$$

$$F_{N3} = \frac{F}{1 + 2\cos^3\alpha}$$

从上述实例可以总结一次超静定问题的求解步骤如下：

（1）对结构受力分析，列静力平衡方程；

（2）找到节点位移，确定变形协调关系；

（3）结合物理方程，建立补充方程；

（4）将补充方程与静力平衡方程联立，即可求解未知约束力。

上述步骤中，第二步确定变形协调关系最为关键，也是超静定问题求解过程中的难点。

三、温度应力和装配应力

除了上述超静定案例之外,还有因温度变化以及制造误差引起的超静定问题。

1.温度应力

热胀冷缩现象体现了温度变化对物体形状和体积的影响,如图 2.25a 这种静定结构,即使温度变化,构件仍然可以自由伸长或缩短,不会因为温度变化而产生附加内力。而 2.25b 这类超静定结构则会因为温度变化产生附加内力,从而产生附加应力。这种因温度原因引起的附加应力称为温度应力。

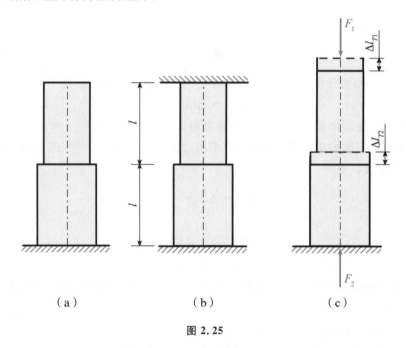

（a）　　　　　　　（b）　　　　　　　（c）

图 2.25

讨论:为什么图 2.25b 中的结构是超静定结构?

温度变化所引起的伸缩量可表示为下式:

$$\Delta l_T = \alpha_T \Delta T l \tag{2.8}$$

式中,α_T 为材料的线膨胀系数(简称线胀系数),ΔT 为温度的变化量,l 为构件原长。

温度应力在超静定结构中也可能会造成构件失效,所以,有必要对这类问题所引起的内力或应力问题进行求解,下面仍以图 2.25b 为例进行讨论。

例题 2.7

假设阶梯形钢柱的两端在常温下被固定(图 2.25b),上下两段的长度均为 l,截面面积分别为 A_1、A_2,钢柱的线胀系数为 α_T,弹性模量为 E,试求当温度升高 ΔT 以后,钢柱上下两段的温度应力(忽略钢柱自重影响)。

解:(1)受力分析,列静力平衡方程

虽然钢柱两端固定,但没有其他外部载荷,仅考虑温度原因,两端的受力是一对大小相等、方向相反且与轴线重合的平衡力,即

$$F_1 = F_2 = F$$

(2)利用变形协调条件,建立补充方程

变形协调条件是解题的关键和难点。假设解除上端约束,让钢柱在温度变化下自由伸长,上下两段的伸长量分别为 Δl_{T1} 和 Δl_{T2}。但事实上,由于钢柱两段固定并未伸长,所以,变形协调条件为:钢柱因温度升高的总伸长量等于两端产生的附加压力造成的钢柱总缩短量,有下式成立:

$$\Delta l_1 + \Delta l_2 = \Delta l_{T1} + \Delta l_{T2}$$

式中,Δl_1 和 Δl_2 分别为钢柱上下两段因附加压力产生的缩短量。

将力与变形之间的物理关系以及因温度变化产生的变形表达式代入上式可得

$$\frac{F_1 l}{EA_1} + \frac{F_2 l}{EA_2} = \alpha_T \Delta T \cdot 2l$$

求得

$$F = \frac{2\alpha_T \Delta T \cdot EA_1 A_2}{A_1 + A_2}$$

2. 装配应力

如图 2.26a 所示结构,三根杆件需要通过铰链连接起来,③ 杆的长度按生产要求应加工为 l,才能保证三根杆件有效连接在一起。但实际生产中,加工误差总是在所难免,假设③ 杆的制造误差为 δ(为了清晰表述问题,这里的误差做了夸大处理),这时要把三根杆件连接起来就会出现:③ 杆被拉长、①、② 两杆被压短。若将三根杆件强行装配在一起,必然会引起杆内应力,这种应力就称为装配应力。装配应力的大小和制造误差的大小有关,而且装配应力是在没有外部载荷作用下就产生的,装配应力很有可能造成构件失效,所以,有必要对这类问题所引起的应力问题进行求解,下面就以图 2.26a 为例进行讨论。

例题 2.8

如图 2.26a 所示,已知 l 和 α,且三根杆件的截面面积均为 A,弹性模量均为 E,③ 杆的制造误差为 δ(图中视觉上做了夸大处理),试求各杆的装配应力。

解:(1)受力分析(图 2.26c),列静力平衡方程

$$\sum F_x = 0, F_{N1} = F_{N2}$$

$$\sum F_y = 0, F_{N3} - F_{N1} \cdot \cos\alpha - F_{N2} \cdot \cos\alpha = 0$$

可见,这属于一次超静定问题。

(2)利用变形协调条件,建立补充方程

①、② 两根杆件被压缩,且因为结构对称,两杆的压缩量也相同,利用前面关于确定节点位移的方法,通过"解除铰链 → 自由变形 → 作垂线 → 找交点"的思路即可确定 ①、② 两根杆件的变形协调位置 A',③ 杆最后被拉长的位置也位于 A'(图 2.26b),则变形协调关

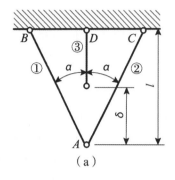 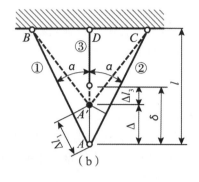 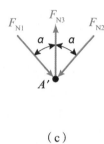

图 2.26

系如下：

$$\Delta l_3 + \Delta = \delta$$

其中，

$$\Delta = \frac{\Delta l_1}{\cos\alpha}$$

$$\Delta l_1 = \frac{F_{N1}\dfrac{l}{\cos\alpha}}{EA}$$

$$\Delta l_3 = \frac{F_{N3}l}{EA}$$

由以上表达式可得补充方程如下：

$$\frac{F_{N3}l}{EA} + \frac{F_{N1}l}{EA}\frac{1}{\cos^2\alpha} = \delta$$

（3）补充方程与静力平衡方程联立求解装配应力

将补充方程与静力平衡方程联立，即可求解装配内力如下：

$$F_{N1} = F_{N2} = \frac{EA\delta\cos^2\alpha}{(1 + 2\cos^3\alpha)l}$$

$$F_{N3} = \frac{2EA\delta\cos^3\alpha}{(1 + 2\cos^3\alpha)l}$$

继而求得三根杆件的装配应力为

$$\sigma_1 = \sigma_2 = \frac{E\delta\cos^2\alpha}{(1 + 2\cos^3\alpha)l}$$

$$\sigma_3 = \frac{2E\delta\cos^3\alpha}{(1 + 2\cos^3\alpha)l}$$

2.7 剪切与挤压

剪切与挤压这两类变形常发生在连接件中，其受力特点和变形形式与轴向拉伸或压缩虽有较大区别，但从工程实际的实用计算公式和分析方法来看，与轴向拉伸或压缩颇为相似。把这部分内容放在本章的最后一节,有益于对比学习。

一、剪切与挤压实例

齿轮与轴配合连接的传动部件中,常以键来传递载荷(图 2.27a、b),若对键进行受力分析发现,两侧作用了大小相等、方向相反且相距很近的一对载荷 F(图 2.27c)。这样的载荷将可能使键发生两种变形:剪切和挤压。剪切是由于这一对载荷 F 作用,使键的左右两边的部分侧面沿着 n-n 截面发生相对错动的变形;挤压是由于载荷 F 作用,使键在左右两个部分侧面 mn 上发生因相互压紧而产生的变形。不管是剪切还是挤压都有可能造成键的失效。

授课视频

除了键连接会出现剪切与挤压变形之外,螺栓、铆钉和销等连接也会产生类似情况(图 2.28)。

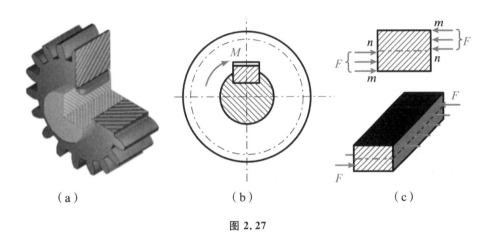

| （a） | （b） | （c） |

图 2.27

讨论:如果一对载荷的距离较远,剪切变形还会发生吗?

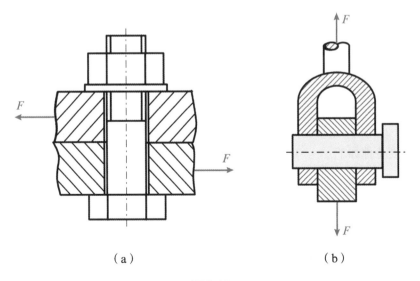

| （a） | （b） |

图 2.28

二、剪切的实用计算

以铆钉为例(图 2.29a),连接处可能发生三种破坏形式:

(1) 剪切破坏:铆钉因外载荷 F 作用沿其中部剪切面发生错动,致其失效。

(2) 挤压破坏:铆钉与钢板在相互接触面上因挤压变形产生松动,致其失效。

(3) 拉伸破坏:钢板在有孔的截面处因拉应力较大,致其失效。

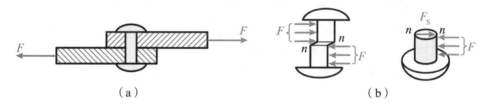

图 2.29

若取铆钉为研究对象,如图 2.29b 所示,可由截面法确定剪切面上的内力,假设剪切面上的切应力均匀分布,则剪切面上的切应力公式可以表达如下:

$$\tau = \frac{F_s}{A} \tag{2.9}$$

式中,F_s 为剪切力,A 为剪切面面积。但实际上剪切面上的切应力分布并非均匀,由上式计算的结果可以理解为"平均切应力",并作为工程应用的实用计算公式。为了在使用公式时不会因为近似计算产生较大偏差,在建立强度条件时,一方面尽可能地模拟试样的加载条件确定材料的极限切应力,一方面将实验所得的极限应力除以安全系数得到许用切应力。其强度条件如下:

$$\tau = \frac{F_s}{A} \leqslant [\tau] \tag{2.10}$$

另外,在图 2.29 中,铆钉的外圆周与孔接触的一侧还承受了挤压力,在这一侧实际接触的挤压面上,应力分布比较复杂,在工程应用的实用计算中,也是假设挤压面上的应力均匀分布,挤压应力公式表示如下:

$$\sigma_{bs} = \frac{F}{A_{bs}} \tag{2.11}$$

式中,F 为挤压力,A_{bs} 为挤压实用计算面积。需要特别强调的是:挤压实用计算面积并不一定是挤压力实际作用的面积,铆钉、销轴等圆柱形构件的挤压实用计算面积使用半圆周的投影面(图 2.30b,$A_{bs} = dh$),键块等构件则为实际接触面(图 2.30a,$A_{bs} = lh/2$)。

挤压强度条件如下:

$$\sigma_{bs} = \frac{F}{A_{bs}} \leqslant [\sigma_{bs}] \tag{2.12}$$

讨论:在类似铆钉这种圆柱形连接的挤压应力计算中,最大应力发生在哪里?用投影面面积代替实际接触面进行强度校核合理吗?

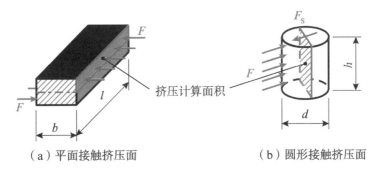

（a）平面接触挤压面　　　　　　（b）圆形接触挤压面

图 2.30

三、应用举例

例题 2.9

一铆钉接头用四个铆钉连接两块钢板（图 2.31）。钢板与铆钉材料相同，铆钉直径 d = 16mm，钢板尺寸为 $b = 100$mm，$\delta = 10$mm，$F = 90$kN，铆钉的许用应力是 $[\tau] = 120$MPa，$[\sigma_{bs}] = 120$MPa，钢板的许用拉应力 $[\sigma] = 160$MPa。试校核铆钉接头的强度。

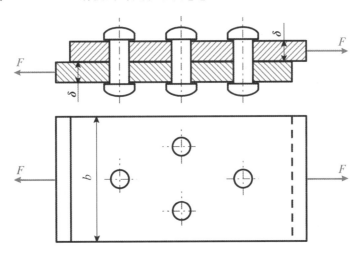

图 2.31

分析：整个结构可能产生的强度问题由三种原因引起，即铆钉被剪切、铆钉或连接孔被挤压以及钢板被拉伸。

解：铆钉的受力和钢板的轴力图如图 2.32 所示。

（1）校核铆钉的剪切强度

每个铆钉受力为 $F/4$，每个铆钉剪切面上的剪力亦为 $F/4$。由此可得

$$\tau = \frac{F_s}{A} = \frac{\dfrac{F}{4}}{\dfrac{\pi d^2}{4}} = 112\text{MPa} < [\tau]$$

所以,铆钉的剪切强度满足要求。

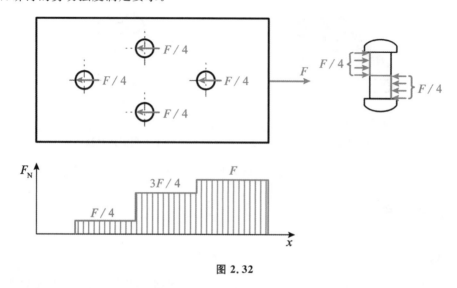

图 2.32

（2）校核铆钉或连接孔的挤压强度

每个铆钉或连接孔所受的挤压力为 $F/4$,由此可得

$$\sigma_{bs} = \frac{F}{A_{bs}} = \frac{\frac{F}{4}}{\delta d} = 141 \text{MPa} < [\sigma_{bs}]$$

所以,铆钉或连接孔的挤压强度满足要求。

（3）校核钢板的拉伸强度

1-1 和 2-2 两个截面上的轴力和面积均不同,分别校核:

$$\sigma_1 = \frac{F_{N1}}{A_1} = \frac{F}{(b-d)t} = 107 \text{MPa} < [\sigma]$$

$$\sigma_2 = \frac{F_{N2}}{A_2} = \frac{\frac{3F}{4}}{(b-2d)t} = 99.3 \text{MPa} < [\sigma]$$

所以,钢板的拉伸强度满足要求。

综上,该结构满足强度要求。

讨论:以上公式中的各个参数以什么单位代入,才能直接得到上述结果?

本章小结

本章讲述了拉伸（压缩）、剪切和挤压等变形形式,研究问题的思路可以归纳为"外力分析 — 内力分析（画内力图）— 应力（或变形）分析 — 强度校核",这个研究问题的逻辑思路将贯穿后面所要涉及的大部分章节内容。本章需要重点掌握的知识点如下：

（1）轴向拉伸与压缩变形需要注意"轴向"二字，否则可能会演变成为组合变形形式。

（2）强度条件的建立不仅可以校核构件的安全，还可以设计构件截面尺寸或者确定结构能够承载的最大载荷，从而解决安全与经济的辩证统一问题。

（3）材料的力学性能是材料的重要属性，判定塑性材料和脆性材料失效的应力极限分别为屈服极限（σ_s）和强度极限（σ_b），许用应力来自应力极限与安全系数的比值。

（4）构件的变形常会产生相应的位移，节点位移的求解遵循"三步法"。超静定问题也需要借助因变形产生的协调条件找到补充方程。

（5）剪切与挤压的实用计算公式是近似公式，其表达和分析方法与轴向拉伸和压缩相似。其中，挤压面积并不一定都是实际接触面积。

表 2.4　本章公式及符号梳理

公式	符号
$\sigma = \dfrac{F}{A}$, $\tau = \dfrac{F_S}{A}$, $\sigma_{bs} = \dfrac{F}{A_{bs}}$, $\sigma = E\varepsilon$, $\Delta l = \dfrac{Fl}{EA}$	$\sigma, \tau, \sigma_{bs}, E, \mu, \varepsilon$ $\sigma_p, \sigma_e, \sigma_s, \sigma_b$

请在合适位置添加上述表格中各个公式及符号所代表的意义。

【拓展阅读】

大国重器:华夏"第一挖"

一、案例简介

液压挖掘机是一种大型多功能机械,在建筑、交通运输、水利施工、采矿、现代化军事工程等各个领域中都有十分广泛的应用,是各种土石方施工中不可缺少的主要机械设备。徐工700吨液压挖掘机(图2.33)是徐工十年深耕结出的硕果,它向世界展示了我国高端装备制造业的魅力与雄心,该挖掘机首次实现了我国在超大型液压挖掘机领域关键技术的集中突破,被誉为"神州第一挖"!徐工700吨级超大挖掘机的研发成功,标志着我国成为世界上继德国、日本、美国后,第四个具备700吨级以上液压挖掘机研发制造能力的国家。

图2.33

徐工700吨液压挖掘机机身总长23.5m,斗宽5m,由两台1700马力的电动机驱动,一铲斗能够挖煤60吨,铲斗最大推压力243吨,拥有自主专利52项。该挖掘机采用"双动力组件耦合控制系统",能对自身的高压系统进行智能实时监控,发生故障时还可以进行自我诊断。

二、案例中的力学模型

挖掘机工作装置的工作原理:工作装置主要由动臂、斗杆、铲斗等三部分铰接而成(图2.34),动臂起落、斗杆伸缩和铲斗转动都用往复式双作用液压缸控制,挖掘机的主要结构中有多个构件可以简化为二力构件,看作轴向拉伸与压缩变形来研究。

伸臂　动臂　液压缸　斗杆　铲斗

图 2.34

三、分析方法

(1)理论计算:理论计算是应用现有的定律、定理及规律对研究的问题进行分析推理,找出符合规律的公式,计算得到特定的结果。在求解复杂工程问题时,往往需要对所要研究的对象抽象力学模型,抽象力学模型的过程中常常需要忽略一些对计算结果可能不会产生太多影响的次要因素,力求计算模型简单可行,但模型的简化越厉害,计算结果偏离真实解的可能性就越大,所以,适度并合理处理力学模型是理论计算得到正确解的前提条件之一。

(2)实验验证:理论计算结果是否正确,可以通过实验来验证,验证试验一般是对研究对象有了一定了解,并形成了一定认识或提出了某种假设,为验证这种假设或在此假设前提下得到的理论计算结果是否正确而进行的一种试验。

(3)仿真分析:仿真技术是应用仿真硬件和仿真软件通过仿真实验,借助某些数值计算和问题求解,反映系统行为或过程的仿真模型技术。仿真计算是对所建立的仿真模型进行数值实验和求解的过程,不同的模型有不同的求解方法。要想通过模拟仿真得出正确、有效的结论,必须对仿真结果进行科学分析(图2.35)。

四、问题及讨论

(1)试分析挖掘机结构中的轴向拉伸或压缩构件,并给出力学简化模型。

(2)通过调查分析,对力学简化模型赋予力学参数,并通过理论计算,分析其强度和变形。

（3）利用三维软件建立挖掘机结构中的轴向拉伸或压缩构件的三维模型，并利用仿真分析方法（不限仿真分析软件），对模型进行数值模拟。

（4）对比理论计算和数值模拟结果，总结复杂工程中所包含的力学问题的多元解决方法。

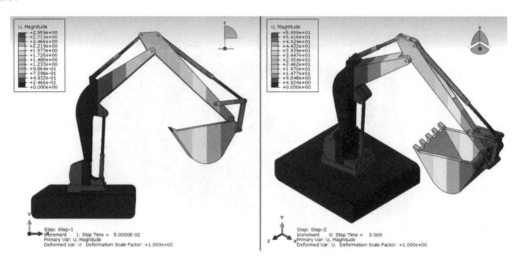

图 2.35

本章精选测试题

一、判断题(每题 1 分,共 10 分)

题号	1	2	3	4	5	6	7	8	9	10
答案										

(1)轴向拉伸或压缩杆件的轴力大小与杆件的横截面尺寸有关。

(2)低碳钢拉伸试验中,当 $\sigma > \sigma_s$ 时,试件将发生断裂破坏。

(3)轴力越大,杆件越容易被拉断,因此轴力的大小可以用来判断杆件的强度。

(4)研究杆件的应力与变形时,载荷可按力的可传性原理进行移动。

(5)轴向拉伸或压缩构件,由于横截面上的内力分布均匀,所以可用平均应力表示一点的应力。

(6)当连接件与被连接件的接触面为圆柱面时,挤压计算面积是实际接触面积。

(7)超静定问题借助静力平衡方程就能求解出全部约束力。

(8)在应力不超过屈服极限时,应力与应变成正比,胡克定律成立。

(9)只有超静定结构才可能产生温度应力和装配应力。

(10)铸铁是典型的脆性材料,拉压力学性能有较大差异,其抗压强度极限大于抗拉强度极限。

二、选择题(每题 3 分,共 15 分)

题号	1	2	3	4	5
答案					

(1)两个不同材料制成的等直杆,承受的拉力相同,横截面和长度相同,则两杆产生的内力和应力分别( )。

    A.相同,相同   B.不同,相同   C.相同,不同   D.不同,不同

(2)受力构件如图 2.36 所示,将 F 由位置 B 移到 C,则( )。

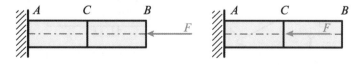

图 2.36

    A.固定端 A 的约束力不变   B.杆件的内力不变,但变形相同

    C.杆件的变形不变,但内力不同   D.杆件 AB 段的内力和变形均保持不变

（3）用三种不同材料制成尺寸相同的试件，在相同的试验条件下进行拉伸实验，得到应力一应变曲线如图2.37所示。比较三条曲线，可知拉伸强度最高、弹性模量最大、塑性最好的材料分别是（　　　）。

A. a、b、c

B. b、c、a

C. b、a、c

D. c、b、a

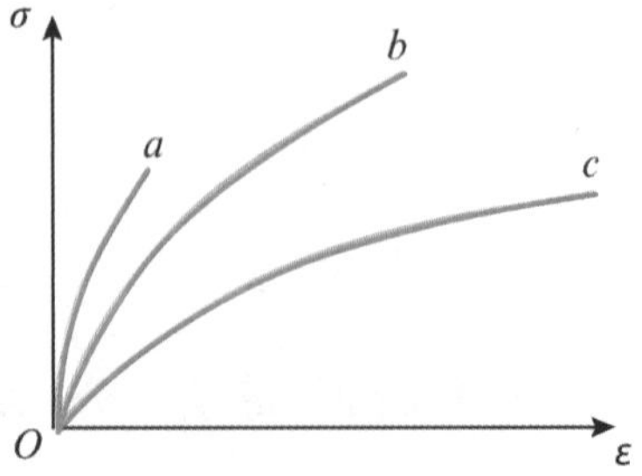

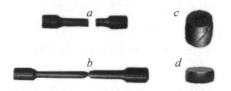

图 2.37

（4）低碳钢拉伸或压缩时的应力公式 $\sigma = F_N/A$ 的使用范围是（　　　）。

A. 比例极限内　　　　B. 弹性极限内　　　　C. 屈服极限内　　　　D. 强度极限内

（5）试判断图2.38所示各试件的材料是低碳钢还是铸铁。（　　　）

图 2.38

A. a、c 为铸铁；b、d 为低碳钢　　　　　　B. a、b 为铸铁；c、d 为低碳钢

C. a、d 为铸铁；b、c 为低碳钢　　　　　　D. b、d 为铸铁；a、c 为低碳钢

三、计算题（每题 15 分，共 75 分）

题号	1	2	3	4	5
答案					

（1）图2.39所示结构中，圆杆 AC 为Q235钢，许用应力$[\sigma]=170$MPa，弹性模量 $E=200$GPa；圆杆 AB 为铸铁，许用拉应力为$[\sigma_t]=50$MPa，许用压应力为$[\sigma_c]=280$MPa，弹性模量 $E=100$GPa，$F=100$kN，试：

1）设计 AB、AC 的直径；2）若两根杆件的直径均为 30mm，确定 A 点的节点位移。

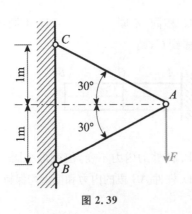

图 2.39

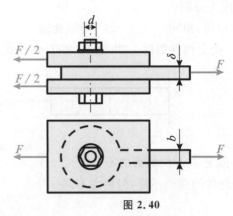

图 2.40

（2）厚度为 8mm 的两块盖板与拉杆通过螺栓连接，如图 2.40 所示，各零件材料相同，$[\sigma] = 80\text{MPa}, [\tau] = 60\text{MPa}, [\sigma_{bs}] = 160\text{MPa}, \delta = 15\text{mm}, F = 120\text{kN}$，试：

　　1）设计螺栓直径；

　　2）设计拉杆宽度 b。

（3）图 2.41 为双压手铆机的示意图，其活塞杆的力学模型已简化，已知 $F_1 = 10\text{kN}, F_2 = 4\text{kN}, F_3 = 6\text{kN}, AB, BC$ 长度均为 100mm，横截面面积均为 100 mm^2，弹性模量 $E = 200\text{GPa}, [\sigma] = 160\text{MPa}$。试：

　　1）作活塞杆的轴力图；

　　2）校核该活塞杆的强度；

　　3）求活塞杆的总变形量。

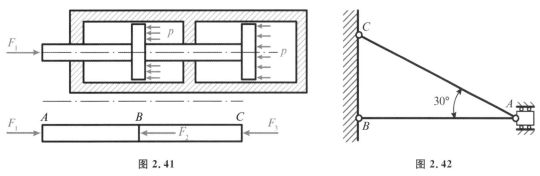

图 2.41　　　　　　　　　　　　图 2.42

（4）图 2.42 所示两杆均为钢杆，弹性模量 $E = 200\text{GPa}, \alpha_T = 12.5 \times 10^6 ℃^{-1}$。两杆的横截面面积均为 $A = 1000\text{mm}^2$。若 AC 杆的温度降低 20℃，而 AB 杆的温度不变，试求两杆的应力。

（5）如图 2.43 所示卧式拉床，油缸内径 $D = 186\text{mm}$，活塞杆直径 $d_1 = 65\text{mm}$，材料为 20Cr 并经过热处理，$[\sigma] = 130\text{MPa}$。缸盖由 6 个 M20 的螺栓与缸体连接，M20 螺栓的内径 $d = 17.3\text{mm}$，材料为 35 钢，经热处理后 $[\sigma] = 110\text{MPa}$。试按活塞杆和螺栓的强度确定最大油压 p。

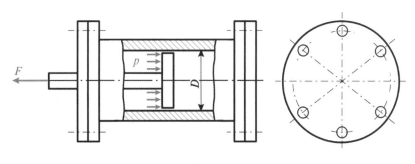

图 2.43

第3章　扭　　转

本章共四节内容,主要聚焦轴类构件扭转变形时的强度和刚度问题。扭转变形的横截面上只有切应力,没有正应力,这一特点与轴向拉伸或压缩变形构件的横截面上只有正应力、没有切应力的情况正好相反。所以,扭转切应力将是受扭构件建立强度准则的重要参数。此外,受扭构件还以单位长度扭转角衡量其扭转变形的程度,其也是刚度校核的重要参数。本章研究问题的整体思路仍遵循"外力 — 内力 — 应力(变形)— 校核"的研究方法。

3.1　概述

一、工程实例

工程上,常常把以扭转为主要变形的构件称为轴。其中传动轴最为常见,几乎所有的机械结构中都有传动轴,传动轴是产生扭转变形的典型构件之一。如图 3.1a、b 所示为变速箱内部主要结构,就是由多根传动轴通过齿轮啮合实现变速。当然,有些传动轴除了扭转变形之外 ,还会因为齿轮啮合时的径向载荷产生弯曲变形,所以,这类轴也常被看作组合变形问题来研究。本章主要研究等直圆截面构件的扭转变形,涉及的齿轮传动轴也暂不考虑弯曲问题。除此之外,工程中还有像车床光杆、攻丝丝锥(图 3.1c、d)等构件也都是受扭构件。

二、力学模型

如图 3.2 所示为扭转变形的力学模型,特点如下:

(1)受力特点:构件两端垂直于其轴线的平面内作用一对大小相等、方向相反的外力偶矩。

(2)变形特点:横截面绕轴线发生相对转动,出现扭转变形。

因外力偶矩而产生的内力分量称为扭矩。任意两个横截面之间产生的相对转角 φ 称为扭转角,扭转角是衡量扭转变形程度的参数。

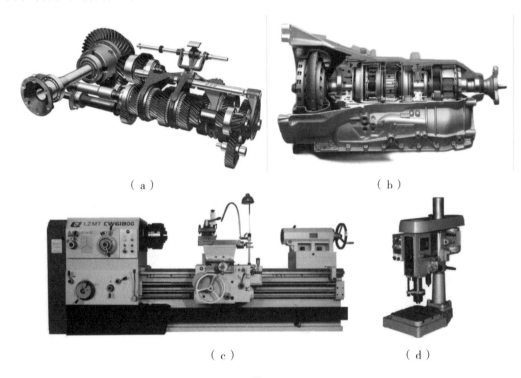

（a）　　　　　　　　　　（b）

（c）　　　　　　　　　　（d）

图 3.1

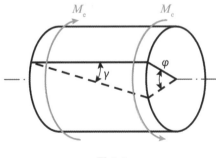

图 3.2

讨论:图 3.2 中的 γ 代表什么含义?

3.2　扭矩和扭矩图

一、外力偶矩计算

工程中,一些轴类构件上作用的外力偶矩往往并不直接给出,通常都是由传动轴所传递的功率(P)和其转速(n)转换而来。如图 3.3 所示为一传动机构,已知传动轴 AB 传递的功率 P(单位:kW,1kW = 1000N·m/s),转速 n(单位:r/min,即转 / 分钟),所传递的外力偶矩 M_e 就需要通过计算得到。

授课视频

由理论力学知识知道:若传动轴在外力偶矩 M_e 的作用下转动 $\mathrm{d}\varphi$ 角度,则力偶 M_e 做功可以表示为 $\mathrm{d}W = M_e\mathrm{d}\varphi$,其功率表达式如下:

$$P = \frac{\mathrm{d}W}{\mathrm{d}t} = M_e\frac{\mathrm{d}\varphi}{\mathrm{d}t} = M_e\omega$$

其中角速度与转速的关系可以表达为

$$\omega = 2\pi n/60(\mathrm{rad/s})$$

将角速度的表达式代入功率表达式,并整理可得,传动轴的传递功率 P、转速 n 与外力偶矩 M_e 的关系为

$$M_e(\mathrm{N \cdot m}) = 9549\frac{P(\mathrm{kW})}{n(\mathrm{r/min})} \tag{3.1}$$

需要特别注意的是公式中的各参数的单位,其中功率单位为 kW,转速单位为 r/min,计算得到的外力偶矩单位是 N·m。

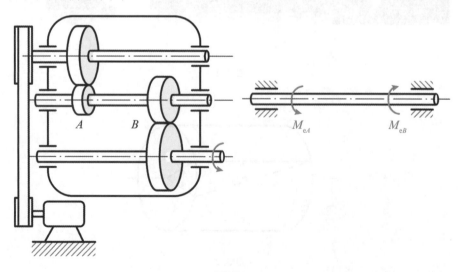

图 3.3

二、扭矩的计算

从第 2 章轴向拉伸与压缩问题的学习中发现,材料力学研究问题的一般步骤可以归纳为"外力 — 内力 — 应力(变形)— 校核"。所以,在已知传动轴的外力偶矩以后,还需要确定其内力,继而通过应力或变形来校核构件的安全。

为了确定受扭构件横截面上的内力,可采用截面法(截、取、代、平)求解,如图 3.4 所示等直截面圆轴两端作用两个等值反向的外力偶矩(单位 kN·m),若求任意横截面 m-m 上的内力,可以假想沿着 m-m 截面截开,然后取出其中的一部分作为研究对象,用等效的载荷代替舍去的部分对取出部分的效果,最后用平衡方程容易求出 m-m 截面上的内力。

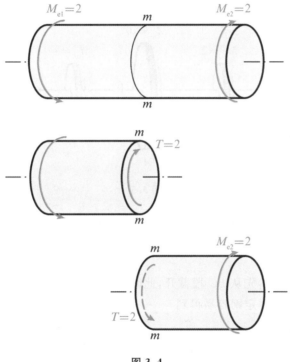

图 3.4

从图 3.4 可见,在截取研究对象时,不管是取左边还是右边,都可以由截面法求出 m-m 截面上内力的大小为 2kN·m,这是一个和外力偶矩等值反向的力偶矩,也就是扭矩,用符号 T 表示。但同时也发现,取左边和右边所得到的扭矩的转向是相反的。为了让扭矩的值不但能反映大小还能反映其在横截面内的转向,可以使用右手定则来给扭矩的值赋予正负。

右手定则:以右手握轴,四指的方向与横截面内扭矩的转向保持一致,此时,如果大拇指方向指向横截面外部,则扭矩为正,若大拇指方向指向横截面内部,则扭矩为负。

以右手定则判断图 3.4 中 m-m 截面的扭矩可得:不管取左边还是右边作为研究对象,其扭矩均为 $T = -2 \text{kN·m}$。

右手定则给扭矩的值赋予了正负,正负值的确定不但消除了截取左侧或右侧作为研究对象对扭矩转向的影响,同时也从正负号中直接判定了截面上扭矩的转向问题。

讨论:使用截面法求解内力时应该如何截、从哪截?

三、应用举例

以例题 3.1 演示扭矩求解过程及其扭矩图的作法。

例题 3.1

如图 3.5 所示,某传动轴上有 5 个齿轮,每个齿轮传递的外力偶矩已在图中给出,单位 kN·m,试计算传动轴上的最大扭矩,并指出其位置。

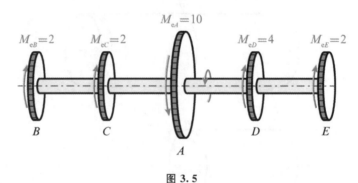

图 3.5

分析:使用截面法计算扭矩时,常会出现不知如何截、从哪截的困境。一般情况下,对于复杂轴类构件,可以选择从左端或右端依次截取,截开以后,取哪边作为研究对象,其基本原则是方便计算。

解:本题从左端开始,先从 BC 段截开,此时,取左侧作为研究对象,计算较为简便(图 3.6a),由平衡方程和右手定则容易得到
$$T_{BC} = 2\text{kN} \cdot \text{m}$$

从 BC 段截开时,所取的截面位置只要不超过 B 和 C,计算结果均相同,说明在整个 BC 段内的扭矩均保持恒值。

依次从左侧截开 CA、AD 和 DE 三段,用截面法可逐次计算各个截面的扭矩,分别为
$$T_{CA} = 4\text{kN} \cdot \text{m}$$
$$T_{AD} = -6\text{kN} \cdot \text{m}$$
$$T_{DE} = -2\text{kN} \cdot \text{m}$$

所以,该传动轴的最大扭矩为 $T_{AD} = -6\text{kN} \cdot \text{m}$,发生在 AD 段。

当然,也可以从右侧开始截取研究对象,例如用 2-2 截面从 AD 中间截开后,取右边为研究对象(图 3.6a),列平衡方程:
$$\sum M = 0, T_{AD} - M_D - M_E = 0$$

可得:$T_{AD} = 6\text{kN} \cdot \text{m}$。

然而由平衡方程求出的值仅能反映大小,不能反映转向,这里计算得到的正值仅表示

图中所画出的扭矩转向是正确的,若要判断扭矩正负,仍需右手定则。通过右手定则可知 $T_{AD} = -6\text{kN} \cdot \text{m}$。

与第 2 章中的轴力图类似,如果以水平轴代表轴线,竖直轴代表相应横截面上的扭矩,就能把扭矩的分布情况清晰直观地表达在坐标系中,这就是扭矩图(图 3.6b)。

但也发现在画扭矩图之前,通过对各段"截、取、代、平"并判断正负的过程仍然烦琐且易错,下面介绍一种快速作图法。

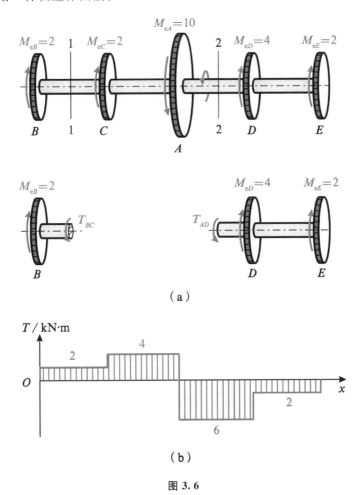

（a）

（b）

图 3.6

把图 3.5 中的外力偶矩的作用位置和方向与图 3.6b 中的扭矩图对比,会发现以下有意思的规律:

(1) 外力偶矩所在位置,扭矩图有突变;

(2) 突变方向与箭头方向保持一致;

(3) 突变幅度等于外力偶矩的值。

利用这三个规律可以快速作出扭矩图,无须再对每一段使用截面法和右手定则,作图效率和正确率将大幅提高。

下面讨论主动轮与从动轮的合理布局问题。

如果将图 3.5 中的主动轮 *A* 移到轴的端部(图 3.7a),利用快速作图法可以作出扭矩图,如图 3.7b 所示。对比图 3.6b 和图 3.7b,会明显发现轴上的最大扭矩变大了,由此造成的结果就是轴的危险程度增大,而要使该情况下的设计满足安全需求,就要改变材料或者尺寸,这无疑提高了设计成本,背离了安全与经济的统一原则。

所以,在齿轮传动轴的设计过程中,若结构允许,应尽可能让轴内扭矩分布均匀,或使轴内的最大扭矩降低,才更合理。

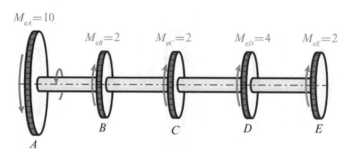

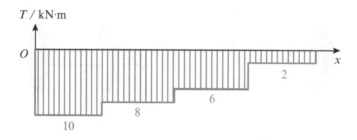

图 3.7

讨论:尝试将图 3.5 中的主动轮调换到其他位置,并利用快速作图法判断主动轮与从动轮的合理布局。

3.3   等直圆截面杆件扭转时的应力和强度条件

一、扭转变形现象及平面假设

假如在圆轴变形前的表面作两条圆周线和两条纵向线,如图 3.8a 所示,扭转变形后发现:

(1) 各圆周线绕轴线相对转过一个角度,但大小、形状以及两条圆周线的间距均未发生变化。

(2) 在小变形情况下,两条纵向线仍可以看作直线,且转过了一个微小

授课视频

的角度。

（3）圆轴表面由圆周线和纵向线围成的方形变成了菱形。

根据上述现象，可以假设：扭转变形前原为平面的横截面变形后仍保持为平面，形状和大小均不变，横截面半径也仍为直线，且相邻两横截面之间的距离不变，这一假设称为圆轴扭转时的平面假设。按照该假设，圆轴扭转变形时，其横截面就像刚性平面一样绕轴线转过了一个角度，且横截面和包含轴线的纵向截面上都没有正应力。下面将以此假设为前提，推演等直圆截面构件扭转时，横截面上的应力计算公式。

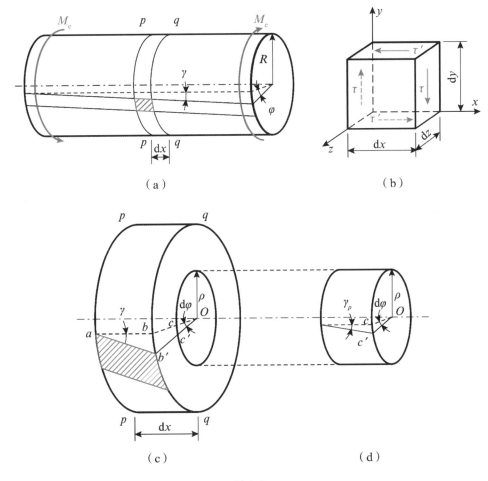

图 3.8

二、切应力互等定理

假设在圆轴表面取出边长分别为 dx、dy 和 dz 的单元体（图 3.8b），单元体的左右两个侧面分别代表了两个横截面的一部分。由扭转变形现象和平面假设可知，横截面上没有正应力，否则轴向会伸长或缩短，那么横截面上就只有切应力 τ，切应力 τ 与扭矩密切相关。为保持单元体 y 方向平衡，左右两个侧面上分布着大小相等、方向相反的切应力，但也由

此形成了一个顺时针转动的力偶 M_e，值为

$$M_e = \mathrm{d}F_s \cdot \mathrm{d}x = (\tau \cdot \mathrm{d}y\mathrm{d}z)\mathrm{d}x$$

由"力偶只能和力偶平衡"可知，单元体的上下两个侧面也必须要有一对大小相等、方向相反的切应力 τ'，才可能形成一个与 M_e 平衡的力偶 M_e'，同时也保持 x 方向平衡。

$$M_e' = \mathrm{d}F_s'\mathrm{d}y = (\tau'\mathrm{d}x\mathrm{d}z)\mathrm{d}y$$

所以

$$M_e = M_e' = (\tau\mathrm{d}y\mathrm{d}z)\mathrm{d}x = (\tau'\mathrm{d}x\mathrm{d}z)\mathrm{d}y$$

由此可得

$$\tau = \tau'$$

上式表明，在两个相互垂直的平面上，切应力总是成对出现，且数值相等，它们都同时垂直于两个平面的交线，方向共同指向或背离平面的交线。这就是切应力互等定理。切应力互等定理将在第 5 章推演弯曲变形横截面上的切应力以及第 7 章应力应变状态的研究中经常用到。

三、等直圆杆扭转时的应力

1. 变形几何关系

从圆轴中取出长为 $\mathrm{d}x$ 的微段，如图 3.8c，并从这一微段中再次取出半径为任意长度 ρ 的部分，如图 3.8d。图 3.8c 中，距离为 $\mathrm{d}x$ 的截面 q-q 相对于截面 p-p 绕轴旋转了 $\mathrm{d}\varphi$ 角度，使半径 Ob 转至 Ob' 位置。同时也使纵向线段 ab 转过了一个微小的角度 γ，γ 就是 a 点的角应变，也叫切应变。

讨论：为什么 γ 就是 a 点的角应变？

比较 3.8c 和 3.8d 图发现：扭转角 $\mathrm{d}\varphi$ 相同，但切应变 γ 变成了 γ_ρ，切应变的这一变化从 $\overset{\frown}{bb'}$ 和 $\overset{\frown}{cc'}$ 两段弧长的变化就可以看出。在图 3.8d 中，弧长 $\overset{\frown}{cc'}$ 的表达式可以表示为

$$\gamma_\rho\mathrm{d}x = \overset{\frown}{cc'} = \rho\mathrm{d}\varphi$$

将上式稍作变化，即可得下式：

$$\gamma_\rho = \rho\frac{\mathrm{d}\varphi}{\mathrm{d}x} \tag{a}$$

式中 $\frac{\mathrm{d}\varphi}{\mathrm{d}x}$ 是扭转角沿轴线长度方向的变化率。对一个给定的截面（譬如 q-q 截面）来说 $\frac{\mathrm{d}\varphi}{\mathrm{d}x}$ 为常数。从式（a）中可以看出，横截面上任一点处的切应变 γ_ρ 与该点到圆心的距离 ρ 成正比。

讨论：为什么对一个给定的截面来说 $\frac{\mathrm{d}\varphi}{\mathrm{d}x}$ 为常数？

2. 物理关系

γ_ρ 表示了横截面上离圆心距离为 ρ 的任意一点的切应变。与轴向拉压实验中看到的

胡克定律 $\sigma = E\varepsilon$ 相似,圆轴扭转实验中也发现:当切应力不超过材料的剪切比例极限时,切应变 γ 与切应力 τ 之间也存在线性变化关系,这就是剪切胡克定律,可以表示为

$$\tau = G\gamma \tag{3.2}$$

式中,G 为剪切弹性模量。若以 τ_ρ 表示横截面上距圆心为 ρ 处的切应力,则由剪切胡克定律可得

$$\tau_\rho = G\gamma_\rho \tag{b}$$

将式(a)代入式(b),得

$$\tau_\rho = G\rho \frac{\mathrm{d}\varphi}{\mathrm{d}x} \tag{c}$$

式(c)中,$\frac{\mathrm{d}\varphi}{\mathrm{d}x}$ 和 G 对给定截面来说均为常数,所以也表明横截面上任意点的切应力 τ_ρ 与该点到圆心的距离 ρ 成正比。因为 γ_ρ 发生在垂直于半径的平面内,所以 τ_ρ 也与半径垂直,由此可以作出切应力在横截面上的分布状况,如图 3.9 所示。

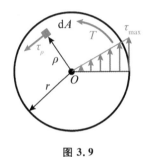

图 3.9

3.静力学关系

在横截面上距圆心为任意距离 ρ 处取微元面积 $\mathrm{d}A$(图 3.9),这一微元面积上的内力可以表示为

$$\mathrm{d}F = \tau_\rho \mathrm{d}A$$

$\mathrm{d}F$ 对圆心 O 取矩,得

$$\mathrm{d}T = \tau_\rho \mathrm{d}A \cdot \rho$$

式中,$\mathrm{d}T$ 仅代表这一微元面积上的内力对圆心 O 的矩,所有内力矩的总和即形成了横截面上的扭矩 T,由此建立扭矩与切应力之间的关系:

$$T = \int_A \rho \tau_\rho \mathrm{d}A \tag{d}$$

将式(c)代入式(d),得

$$T = \int_A G\rho^2 \frac{\mathrm{d}\varphi}{\mathrm{d}x}\mathrm{d}A = G \frac{\mathrm{d}\varphi}{\mathrm{d}x}\int_A \rho^2 \mathrm{d}A \tag{e}$$

上式中令 $I_P = \int_A \rho^2 \mathrm{d}A$,称为横截面对圆心 O 点的极惯性矩,则式(e)简化为

$$T = G \frac{\mathrm{d}\varphi}{\mathrm{d}x} I_P \tag{f}$$

将式(c)联合式(f),即可得

$$\tau_\rho = \frac{T\rho}{I_P} \qquad\qquad (3.3)$$

这就是圆轴扭转时横截面上任意点的切应力公式。

讨论：在(e)式中，$G\dfrac{\mathrm{d}\varphi}{\mathrm{d}x}$ 为什么可以提到积分号的外面？

四、极惯性矩

式(3.3)中的极惯性矩 I_P 是截面的几何性质参数，仅与截面形状和尺寸有关，表达式如下：

$$I_P = \int_A \rho^2 \mathrm{d}A \qquad\qquad (g)$$

如图 3.10 中，将微元面积 $\mathrm{d}A$ 以微圆环表示如下

$$\mathrm{d}A = 2\pi\rho\mathrm{d}\rho \qquad\qquad (h)$$

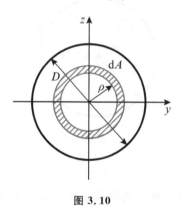

图 3.10

将(h)式代入(g)式，得到

$$I_P = \int_0^{\frac{d}{2}} 2\pi\rho^3 \mathrm{d}\rho = \frac{\pi d^4}{32}$$

可以看出，对于某一给定的截面来说，扭矩 T 和极惯性矩 I_P 都是常数，所以公式(3.3)再次印证了横截面上任意点的切应力 τ_ρ 与该点到圆心的距离 ρ 成线性变化的关系，与图3.9 中表达的结果一致。

如果横截面形状为圆环，外径为 D，内径为 d，则

$$I_P = \int_{\frac{d}{2}}^{\frac{D}{2}} 2\pi\rho^3 \mathrm{d}\rho = \frac{\pi D^4}{32} - \frac{\pi d^4}{32} = \frac{\pi D^4}{32}(1-\alpha^4)$$

其中，$\alpha = d/D$。

五、等直圆轴扭转时的强度条件

对于圆形截面来说，ρ 的最大值为 R，所以最大切应力发生在圆截面的外圆周处，表达式如下：

$$\tau_{\max} = \frac{TR}{I_P}$$

若令 $W_t = \dfrac{I_P}{R}$，则上式可表示为

$$\tau_{\max} = \frac{T}{W_t} \tag{3.4}$$

式中，W_t 称为抗扭截面系数，仅与截面的几何尺寸有关，对于直径为 D 的圆形截面来说

$$W_t = \frac{I_P}{D/2} = \frac{\pi D^3}{16}$$

若截面为圆环，由于最大切应力仍然发生在空心截面的外圆周处，所以

$$W_t = \frac{I_P}{D/2} = \frac{\pi D^3}{16}(1-\alpha^4)$$

需要说明的是：上述所有公式的推演过程是以平面假设为前提和基础的。实验发现只有对等直圆截面构件，平面假设才能成立。所以，上述公式也只适用于等直圆截面杆件，如果是圆截面尺寸随轴线变化不明显的锥形杆件，也可以近似使用这些公式。另外，由于公式推演过程中使用了剪切胡克定律，所以上述公式也必须在剪切比例极限内才适用。

为了确保受扭圆轴安全工作，必须使轴内的最大切应力 $\tau_{\max}$ 不超过材料的许可切应力 $[\tau]$，因此，等直圆轴扭转时的强度条件为

$$\tau_{\max} = \frac{T_{\max}}{W_t} \leqslant [\tau] \tag{3.5}$$

需要说明的是：上述公式和强度条件仍仅适用等直圆截面杆件，但如果研究的对象变成了阶梯轴（图 3.11），虽然对于整根阶梯轴来说，截面发生了变化，但对于 AB 或 BC 段来说，每一段仍然是等直圆截面杆，所以上述公式和强度条件对每一段仍是适用的。也由于阶梯轴的截面尺寸发生了变化，各段的抗扭截面系数 W_t 也会不同，所以最大切应力 $\tau_{\max}$ 就不一定发生在扭矩最大的部位，要综合考虑扭矩和抗扭截面系数的影响，确定能使切应力取得最大的位置。

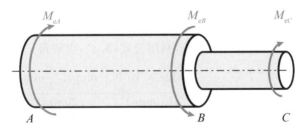

图 3.11

六、应用举例

例题 3.2

如图 3.12 所示，传动轴的转速 $n = 360\text{r/min}$，其传递的功率 $P = 15\text{kW}$。$D = 30\text{mm}$，$d = 20\text{mm}$，$[\tau] = 100\text{MPa}$。试：

（1）计算 CB 段横截面上的最大和最小切应力；

（2）校核传动轴的强度。

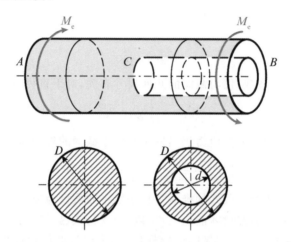

图 3.12

分析：传动轴 AC 部分为实心圆轴，CB 部分为空心圆轴，由于截面形状和尺寸不同，抗扭截面系数也不相同，在校核传动轴的强度时，要寻求整根轴上最大切应力发生的位置。

解：（1）扭矩计算

首先计算外力偶矩

$$M_{\mathrm{e}} = \left(9549 \times \frac{15}{360}\right)\mathrm{N \cdot m} = 398\mathrm{N \cdot m}$$

由于传动轴仅受到一对外力偶矩 M 作用，所以，其 AB 段扭矩 $T = M_{\mathrm{e}} = 398\mathrm{N \cdot m}$。

（2）计算 CB 段横截面上的最大和最小切应力

最大切应力发生在截面的外圆周处，代入最大切应力公式，得

$$\tau_{\max} = \frac{T}{W_{\mathrm{t}}} = \frac{T}{\dfrac{\pi D^3}{16}(1-\alpha^4)} = \frac{398 \times 10^3 \mathrm{N \cdot mm}}{\dfrac{\pi(30\mathrm{mm})^3}{16}\left[1-\left(\dfrac{20\mathrm{mm}}{30\mathrm{mm}}\right)^4\right]} = 93.6\mathrm{MPa}$$

最小切应力发生在截面的内圆周处，利用公式（3.3），求解得

$$\tau_{\min} = \frac{T\rho}{I_{\mathrm{P}}} = \frac{T\dfrac{d}{2}}{\dfrac{\pi D^4}{32}(1-\alpha^4)} = \frac{398 \times 10^3 \mathrm{N \cdot mm} \times \dfrac{20}{2}\mathrm{mm}}{\dfrac{\pi(30\mathrm{mm})^4}{32}\left[1-\left(\dfrac{20\mathrm{mm}}{30\mathrm{mm}}\right)^4\right]} = 62.4\mathrm{MPa}$$

（3）校核传动轴的强度

AC 段的最大切应力值为

$$\tau_{\max} = \frac{T}{W_{\mathrm{t}}} = \frac{T}{\dfrac{\pi D^3}{16}} = \frac{398 \times 10^3 \mathrm{N \cdot mm}}{\dfrac{\pi(30\mathrm{mm})^3}{16}} = 75\mathrm{MPa}$$

综合比较 AC 和 BC 段发现，传动轴上的最大切应力发生在 BC 段的外圆周处。

$$\tau_{\max} = 93.6\mathrm{MPa} < [\tau]$$

所以，满足强度要求。

3.4 等直圆截面杆扭转时的变形和刚度条件

一、等直圆轴扭转时的变形计算

在推演扭转变形的切应力公式过程中,出现过下面的公式[第 3.3 节式 (f)]:

$$T = G \frac{\mathrm{d}\varphi}{\mathrm{d}x} I_\mathrm{P}$$

把公式稍作变化,可得

$$\frac{\mathrm{d}\varphi}{\mathrm{d}x} = \frac{T}{GI_\mathrm{P}}$$

或者

$$\mathrm{d}\varphi = \frac{T}{GI_\mathrm{P}}\mathrm{d}x \tag{i}$$

$\dfrac{\mathrm{d}\varphi}{\mathrm{d}x}$ 表示了扭转角沿轴线长度方向的变化率,对式(i) 在长度方向上积分,便能得到相距为 l 的两个截面间的扭转角 φ 的表达式为

$$\varphi = \int_0^l \frac{T}{GI_\mathrm{P}}\mathrm{d}x \tag{j}$$

若相距为 l 的两个截面间的 T、G、I_P 均不变,则两截面间扭转角为

$$\varphi = \frac{Tl}{GI_\mathrm{P}} \tag{3.6}$$

由式(3.6)可知,GI_P 越大则扭转角 φ 越小,GI_P 称为圆轴的抗扭刚度。这一公式仍然只适用于等直圆截面杆件,若遇到如图 3.11 所示的阶梯轴,可以在每个阶梯段利用上述公式,所形成的扭转角则是每段产生的扭转角的代数和,表达式如下:

$$\varphi = \sum_{i=1}^{n} \frac{T_i l_i}{GI_{\mathrm{P}i}} \tag{3.7}$$

讨论:抗扭刚度和抗拉(压)刚度有什么区别和相似之处?

二、等直圆轴扭转时的刚度条件

工程中承受扭转的轴类构件,除了需要满足强度条件外,一般还要求扭转变形不能超过工程许可值,也就是变形不能过大,否则可能产生振动、噪声以及加工精度不足等问题。但由于式(3.6)中的扭转角是相距为 l 的两个横截面之间产生的角度,与轴的长度有关,很难作为判定扭转变形是否符合要求的参数,为了消除长度影响,通常取单位长度扭转角

（单位：rad/m）作为判定参数，表达式如下：

$$\varphi' = \frac{\mathrm{d}\varphi}{\mathrm{d}x} = \frac{T}{G I_P}$$

扭转的刚度条件就是限制轴的单位长度扭转角的最大值不超过许可值，即

$$\varphi'_{max} = \frac{T_{max}}{G I_P} \leqslant [\varphi']$$

上述计算结果的单位是 rad/m，但工程中，常以（°）/m 作为 $[\varphi']$ 的单位，为了在刚度校核中保持单位统一，可以把上式转化为

$$\varphi'_{max} = \frac{T_{max}}{G I_P} \cdot \frac{180°}{\pi} \leqslant [\varphi'] \tag{3.11}$$

三、应用举例

例题 3.3

闸门启闭机的传动轴材料为 45 号钢，剪切弹性模量 $G = 80\text{GPa}$，许用切应力 $[\tau] = 88\text{MPa}$，许用单位长度扭转角 $[\varphi'] = 0.5°/\text{m}$，使圆轴转动的电动机功率为 16kW，转速为 3.86r/min，试根据强度条件和刚度条件设计圆轴直径。

解：（1）扭矩计算

$$M_e(\text{N} \cdot \text{m}) = 9549 \times \frac{P(\text{kW})}{n(\text{r/min})} = 9549 \times \frac{16\text{kW}}{3.86 \text{ r/min}} = 39.58\text{kN} \cdot \text{m}$$

外力偶矩即为传动轴扭矩，即 $T = M_e = 39.58\text{kN} \cdot \text{m}$。

（2）由强度条件确定圆轴的直径

由强度条件 $\tau_{max} = \frac{T_{max}}{W_t} \leqslant [\tau]$ 可得

$$W_t \geqslant \frac{T_{max}}{[\tau]}$$

$$\frac{\pi D^3}{16} \geqslant \frac{T_{max}}{[\tau]} = \frac{39.58 \times 10^6 \text{N} \cdot \text{mm}}{88\text{MPa}}$$

$$D \geqslant \sqrt[3]{\frac{(39.58 \times 10^6 \times 16)}{\pi \times 88}} = 132\text{mm}$$

（3）由刚度条件确定圆轴的直径

由刚度条件 $\varphi'_{max} = \frac{T_{max}}{G I_P} \times \frac{180°}{\pi} \leqslant [\varphi']$ 可得

$$I_P \geqslant \frac{T_{max}}{G[\varphi']} \times \frac{180°}{\pi}$$

$$\frac{\pi D^4}{32} \geqslant \frac{T_{max}}{G[\varphi']} \cdot \frac{180°}{\pi} = \frac{39.58 \times 10^3 \text{N} \cdot \text{m}}{80 \times 10^9 \text{ N/m}^2 \times 0.5°/\text{m}} \times \frac{180°}{\pi}$$

$$D \geqslant \sqrt[4]{\frac{(39.58 \times 10^3 \text{N} \cdot \text{m} \times 32)}{\pi \times 80 \times 10^9 \text{ N/m}^2 \times 0.5°/\text{m}}} \times \frac{180°}{\pi} = 0.155\text{m} = 155\text{mm}$$

综合考虑强度和刚度条件，圆轴直径 $D \geqslant 155\text{mm}$ 才能满足条件，这里可以取 160mm。

例题 3.4

传动轴如图 3.13a 所示。主动轮 A 输入功率 $P_A = 360\text{kW}$，从动轮 B、C 和 D 输出功率分别为 110kW、110kW 和 140kW，转速 $n = 500\text{r/min}$，$[\tau] = 70\text{MPa}$，$[\varphi'] = 2°/\text{m}$，$G = 80\text{GPa}$。试：

（1）作该轴的扭矩图；

（2）设计该轴的直径；

（3）分析轴上的齿轮分布是否合理。

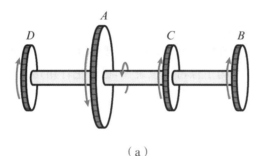

（a）

（b）

图 3.13

解：（1）画扭矩图

首先计算各个齿轮上作用的外力偶矩

$$M_{eA} = 9549\frac{P_A}{n} = 9549 \times \frac{360\text{kW}}{500\text{r/min}} = 6875.3\text{N} \cdot \text{m}$$

$$M_{eB} = M_{eC} = 2100.8\text{N} \cdot \text{m}$$

$$M_{eD} = 2673.7\text{N} \cdot \text{m}$$

利用快速作图法，画出扭矩图如图 3.13b 所示，由扭矩图可知，最大扭矩发生在 AC 段，$T_{\max} = 4201.6\text{N} \cdot \text{m}$。

（2）设计轴的直径

若要满足强度要求，则必须有下式成立：

$$\tau_{\max} = \frac{T_{\max}}{W_t} \leqslant [\tau]$$

其中，$W_t = \dfrac{\pi D^3}{16}$，则

73

$$W_t = \frac{\pi D^3}{16} \geqslant \frac{4201.6 \times 10^3 \text{N} \cdot \text{mm}}{70 \text{N/mm}^2}$$

计算可得:$D \geqslant 67.4$mm。

若要满足刚度要求,则必须有下式成立:

$$\varphi'_{\max} = \frac{T_{\max}}{G I_P} \cdot \frac{180°}{\pi} \leqslant [\varphi']$$

其中,$I_P = \frac{\pi D^4}{32}$,则

$$I_P = \frac{\pi D^4}{32} \geqslant \frac{4201.6 \times 10^3 \text{N} \cdot \text{mm} \times 180°}{80 \times 10^3 \text{N/mm}^2 \times \pi \times 2/(1000\text{mm})}$$

计算可得:$D \geqslant 62.6$mm。

若构件要同时满足强度和刚度要求,则直径取值 $D \geqslant 67.4$mm,可取 70mm。

注意:上述计算过程中,为了保持单位统一,已经把许用切应力 70MPa 和剪切弹性模量 80GPa 转换为以 N/mm² 为单位的参数。

（3）齿轮分布是否合理

暂不考虑功能与结构设计问题,仅从扭矩分布的合理性来判定,可将主动轮 A 放在两端或与齿轮 C 调换位置,调换后的扭矩图如图 3.14 所示。

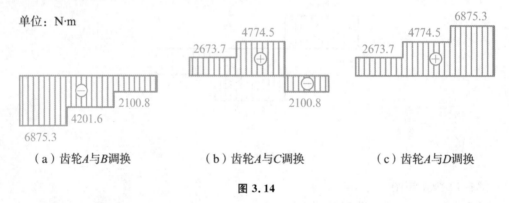

单位:N·m

（a）齿轮A与B调换　　　　（b）齿轮A与C调换　　　　（c）齿轮A与D调换

图 3.14

改变主动轮的位置后,从三种不同情况下的扭矩图发现:最大扭矩均大于图 3.13 给出的齿轮分布情况下的最大扭矩,所以,原结构中的齿轮分布是合理的。

四、实心与空心圆截面的比较

从受扭圆轴截面上的切应力分布状况来看(图 3.15a),不管截面上的扭矩有多大,最大切应力总是发生在圆截面的外圆周处,而圆心及其周围的应力都比较小。可以根据切应力的这种分布规律,合理设计截面形状,比如把圆心附近的材料转移至边缘,就形成了空心轴。

空心圆轴是否比实心圆轴更有优势,下面通过计算来验证。

假设空心轴和实心轴的截面面积相同,在保证用料和重量不变的情况下,比较两种不同截面的极惯性矩。

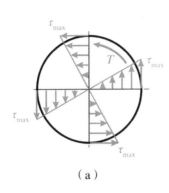 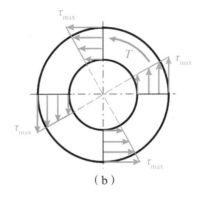

（a） （b）

图 3.15

设空心轴和实心轴的直径分别为D_1和D_2,且空心轴内外径之比$\alpha = 0.6$,则由两截面面积相同可得

$$\frac{\pi D_1^2}{4}(1 - \alpha^2) = \frac{\pi D_2^2}{4}$$

计算得到

$$D_2 = 0.8\,D_1$$

比较两者的极惯性矩,可得

$$\frac{I_{P1}}{I_{P2}} = \frac{\dfrac{\pi D_1^4}{32}(1 - \alpha^4)}{\dfrac{\pi D_2^4}{32}} = 2.125$$

比较两者的抗扭截面系数,可得

$$\frac{W_{t1}}{W_{t2}} = \frac{\dfrac{\pi D_1^3}{16}(1 - \alpha^4)}{\dfrac{\pi D_2^3}{16}} = 1.7$$

可以看出:在保持材料用量相同的情况下,空心圆截面杆件的极惯性矩和抗扭截面系数均大于实心圆截面杆件,那么在相同载荷作用下,空心圆截面杆件所产生的最大切应力和单位长度扭转角都比较小。也就是说:若使两种不同截面的杆件在载荷相同的情况下具有相同的抵抗破坏与变形的能力,空心圆截面杆可以少用一些材料,这不但实现了经济性目标,也实现了轻量化设计。飞机、轮船、机床中的某些传动轴就常采用空心设计。

但是,是否采用空心轴,并不能仅从节省材料、减轻重量等角度考量,还要考虑加工工艺的难易程度和成本问题。比如直径较小的细长轴,加工成空心轴时,则会因为工艺复杂,反而增加成本,且可能因为空心的壁厚较薄而造成稳定性问题。另外,空心圆轴的体积较大,占用的空间也就较大,不宜在小型结构空间中使用。所以,是否采用空心设计,要根据工程实际情况,辩证统一地看待问题。

本章小结

本章讲述了轴类构件的扭转变形，从整体内容的研究思路来看，再次印证了材料力学研究问题的一般步骤为"外力分析 — 内力分析（内力图）— 应力（变形）分析 — 强度（刚度）校核"，这个研究问题的逻辑思路仍将贯穿后面所要涉及的大部分章节内容。本章需要重点掌握的知识点如下：

（1）本章研究的对象为圆截面直杆，推演各公式时，以平面假设为前提，且公式的应用范围是切应力不超过剪切比例极限。

（2）圆轴扭转时，其横截面上仅有切应力，没有正应力，但并不意味着斜截面上也是如此，关于斜截面上的应力分布情况将在后续内容中继续学习。

（3）圆轴扭转时，横截面上任一点的切应力与该点到圆心的距离成正比，且切应力的方位与该点所在的直径垂直，方向与截面上的扭矩方向保持一致。最大切应力在横截面的外圆周处。

（4）扭转角表示任意两个截面间转过的角度，表示圆轴扭转变形的程度，在刚度校核中，为了消除长度影响，使用了单位长度扭转角，且要注意单位问题。

（5）由于扭转变形时横截面上切应力的分布规律，可以考虑将圆心周围的材料移至外部边缘，因此，在用料相同的情况下，空心轴比实心轴更有优势。但在实际工程应用中，是否使用空心结构，还要辩证地考虑其他因素影响。

（6）构件扭转变形时，除了要满足强度要求，还要满足刚度要求，不管是安全校核、确定最大承载能力还是尺寸设计，都要兼顾强度和刚度要求。

（7）极惯性矩是截面的几何性质，仅与截面形状与尺寸相关；抗扭截面系数也是仅与尺寸相关的参数；抗扭刚度则由材料的剪切弹性模量 G 和截面属性 I_P 的乘积确定，可以与抗拉（压）刚度 EA 对比学习。

表 3.1　本章公式及符号梳理

公式	符号
$\tau_\rho = \dfrac{T\rho}{I_P}, \tau_{\max} = \dfrac{T}{W_t}, \tau_{\max} = \dfrac{T_{\max}}{W_t} \leqslant [\tau], \varphi = \dfrac{TL}{GI_P}$ $\varphi'_{\max} = \dfrac{T_{\max}}{GI_P} \cdot \dfrac{180}{\pi} \leqslant [\varphi'], \tau = G\gamma, I_P = \dfrac{\pi D^4}{32}$ $I_P = \dfrac{\pi D^4}{32}(1-\alpha^4), W_t = \dfrac{\pi D^3}{16}, W_t = \dfrac{\pi D^3}{16}(1-\alpha^4)$	$G, \tau_\rho, \tau, \varphi, \varphi', W_t, I_P, GI_P$

请在合适位置添加上述表格中各个公式及符号代表的意义。

【拓展阅读】

行走在崛起之路的中国汽车工业

一、产销量持续增长,连续多年稳居全球第一

1949 年新中国成立时,现代汽车制造工业还是空白;1953 年,在苏联支持下,新中国的汽车工业开始起步;1978 年改革开放,中国年度汽车总产量为 14.9 万辆,其中轿车只有 2611 辆;2009 年,中国汽车年度总产量 1379.1 万辆,超越美国,成为世界最大的汽车制造国和最大的汽车市场,2009 年的总产量是 1978 年的 93 倍,轿车总产量是 1978 年的 2800 多倍。自 2009 年开始,中国汽车产销总量已经连续 14 年稳居全球第一。2022 年,尽管受疫情散发频发、芯片结构性短缺、动力电池原材料价格高位运行、局部地缘政治冲突等诸多不利因素冲击,但在购置税减半等一系列稳增长、促消费政策的有效拉动下,中国汽车市场在逆境下整体复苏向好,汽车产销分别完成 2702.1 万辆和 2686.4 万辆,同比分别增长 3.4％ 和 2.1％,2012—2022 年中国汽车销量如图 3.16 所示。

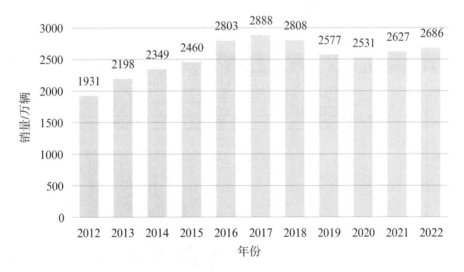

图 3.16

近年来,中国品牌乘用车市场占有率一路攀升,2022 年中国品牌乘用车销量 1176.6 万辆,同比增长 22.8％。市场份额达到 49.9％,上升 5.4 个百分点。各大品牌市场份额如图 3.17 所示。

二、技术发展迅速,新能源汽车独领风骚

新能源汽车(NEV)是以非常规汽车燃料为动力源或以传统燃料为基础的新型汽车动力装置。与传统能源汽车相比,新能源汽车中的汽车零部件数量大幅减少,电池、电机和

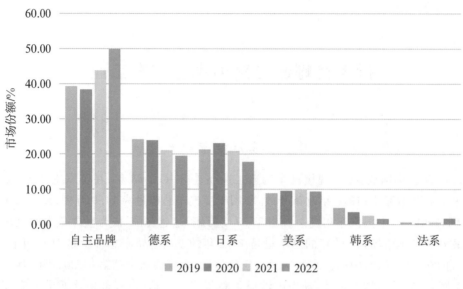

图 3.17

电控成为新能源汽车的三大核心部件。近年来，中国品牌车企紧抓新能源、智能网联转型机遇，推动汽车电动化、智能化升级和产品结构优化，得到广大消费者青睐。同时，企业国际化的发展也在不断提升品牌影响力，在未来，新能源汽车市场的发展趋势主要是降低成本、性能数据以及电子技术优化。中国新能源汽车销售数据及预测如图 3.18 所示。

图 3.18

三、汽车核心零部件中的扭转变形问题

传统燃油车的核心三大件是发动机、底盘和变速器(图 3.19)。但不管是燃油车还是新能源车，变速器都是其核心部件之一。变速器是一套用于协调发动机转速和车轮实际行驶速度的变速装置，它可以改变传动比，扩大驱动轮扭矩和转速的变化范围，以适应变化的

行驶条件,同时使发动机在功率较高而油耗较低的工况下工作,也可以在发动机旋转方向不变的情况下,使汽车能倒退行驶,还能够利用空挡,中断动力传递,使发动机能够起动、怠速,并便于变速器换挡或进行动力输出。

变速器是由变速传动机构和操纵机构组成,变速传动机构则由齿轮、轴和轴承等传动件组成。其中,轴的几何尺寸的确定通过满足材料的强度和刚度要求来实现。

图 3.19

四、讨论及调研

(1) 在一般汽车结构中,除了传动轴之外还有其他零部件可能发生扭转变形吗?

(2) 试建立传动轴的力学简化模型,并对力学简化模型赋予力学参数,通过理论计算,分析其强度和变形。

(3) 利用三维软件建立传动轴的三维模型,并利用仿真分析方法(不限仿真分析软件),对模型进行数值模拟。

(4) 对比理论计算和数值模拟结果,总结复杂工程中的力学问题的多元解决方法。

(5) 基于扩展阅读材料,更新并分析截至目前我国汽车行业主要数据变化情况,尝试分析目前我国汽车行业发展中的技术难题和主要趋势,浅谈与所学专业之间的关系。

本章精选测试题

一、判断题(每题 1 分,共 10 分)

题号	1	2	3	4	5	6	7	8	9	10
答案										

(1)圆轴扭转时,横截面上既有正应力,又有切应力。

(2)不管是拉伸还是扭转变形的构件,内力越大的部位越危险。

(3)扭转切应力公式 $\tau_\rho = \dfrac{T\rho}{I_{\mathrm{P}}}$ 只适用于等直圆截面杆,对于圆截面沿轴线变化缓慢的小锥度杆,也可以近似使用这一公式。

(4)扭矩仅与杆件受到的外力偶矩有关,而与材料及其横截面的大小、形状无关。

(5)受扭等截面圆轴,若将轴的长度增加一倍,其他条件不变,则轴两端面的相对扭转角也将增大一倍。

(6)在用料相同的情况下,空心圆轴的抗扭截面系数比实心圆轴大。

(7)若受扭实心圆轴的直径增大 2 倍,则最大切应力将下降为原来的 1/8。

(8)建立圆轴扭转切应力公式时,平面假设给出了圆轴扭转的变形规律。

(9)工程中承受扭转的圆轴,既要满足强度要求,又要限制单位长度扭转角的最大值。

(10)受扭圆轴横截面上任一点切应力的值与该点离圆心的距离成正比,且方位垂直半径,方向与扭矩的方向保持一致。

二、选择题(每题 3 分,共 15 分)

题号	1	2	3	4	5
答案					

(1)如图 3.20 所示,空心圆截面直杆扭转变形时横截面上的切应力分布情况正确的是(   )。

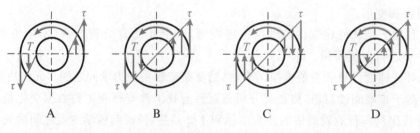

图 3.20

（2）等截面圆轴上装有四个皮带轮,外力偶矩如图 3.21 所示,单位 kN·m,如何安排皮带轮的位置才比较合理,正确答案为(　　)。

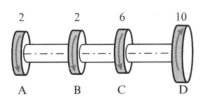

图 3.21

A. 将 C 轮与 D 轮调换

B. 将 B 轮与 D 轮调换

C. 将 B 轮与 C 轮调换

D. 将 B 轮与 D 轮调换,然后再将 B 轮与 C 轮调换

（3）材料不同的两根受扭圆轴,其直径和长度均相同,在扭矩相同的情况下,最大切应力和扭转角之间的关系为(　　)。

A. $\tau_1 = \tau_2, \varphi_1 = \varphi_2$

B. $\tau_1 \neq \tau_2, \varphi_1 \neq \varphi_2$

C. $\tau_1 \neq \tau_2, \varphi_1 = \varphi_2$

D. $\tau_1 = \tau_2, \varphi_1 \neq \varphi_2$

（4）用截面法求扭矩时,无论取哪一段作为研究对象,其同一截面的扭矩(　　)。

A. 大小相等,正负号相同

B. 大小不等,正负号相同

C. 大小相等,正负号不同

D. 大小不等,正负号不同

（5）汽车传动主轴所传递的功率不变,当轴的转速降低为原来的二分之一时,传动轴所受的外力偶矩较之转速降低前将(　　)。

A. 增加为原来的两倍

B. 增加为原来的四倍

C. 减少为原来的一半

D. 不改变

三、计算题(每题 15 分,共 75 分)

（1）如图 3.22 所示为某组合机床主轴箱内第 1 轴的示意图,轴上有 A、B、C 三个齿轮,A 和 C 的输出功率分别为 0.8kW、3kW,B 的输入功率为 3.8kW,力学简化计算模型已给出,若第 1 轴的转速为 $n = 180$ r/min,且 $[\tau] = 40$MPa,$[\varphi'] = 1.5(°)/m$,$G = 80$GPa。试:

1）作该轴的扭矩图;

2）从满足强度和刚度两个方面的要求来设计该轴的直径。

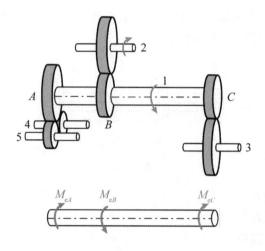

图 3.22

（2）图 3.23 为某实心圆形截面齿轮传动轴示意图，转速 $n = 500$ r/min，主动轮 A 的输入功率为 $P_A = 380\text{kW}$，从动轮 B 和 C 的输出功率分别为 $P_B = 150\text{kW}$ $P_C = 230\text{kW}$，且 $[\tau] = 70\text{MPa}$，$[\varphi'] = 1(°)/\text{m}$，$G = 80\text{GPa}$，试：

1）作该轴的扭矩图；

2）设计该轴的直径；

3）讨论主动轮与从动轮应如何安排才更合理。

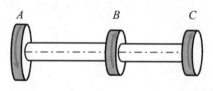

图 3.23

（3）阶梯形实心圆轴如图 3.24 所示，AB 段直径为 40mm，BD 段直径为 70mm，轴上 A、C、D 三处装有带轮。已知由 D 处带轮输入的功率为 30kW，A 处带轮输出的功率为 13kW，轴作匀速转动，转速 $n = 200\text{r/min}$，材料的许用切应力 $[\tau] = 60\text{MPa}$，$G = 80\text{GPa}$，许用扭转角 $[\varphi'] = 2(°)/\text{m}$。试：

1）作该轴的扭矩图；

2）校核轴的强度和刚度。

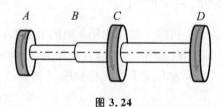

图 3.24

（4）机床变速箱中间轴 AB 如图 3.3 所示，AB 轴所传递的功率为 $P = 5.5\text{kW}$，转速 n

＝200r/min,材料为45钢,$[\tau]$＝40MPa。若该轴为实心圆轴,试按强度条件设计轴的直径。

（5）图3.25所示,2轴的转速n＝120r/min,B轮输入功率P＝45kW,功率的一半通过锥形齿轮传给垂直轴1,另一半由水平轴3输出。已知D_1＝240mm,D_2＝600mm,d_1＝60mm,d_2＝100mm,d_3＝80mm,$[\tau]$＝20MPa。试对各轴进行强度校核。

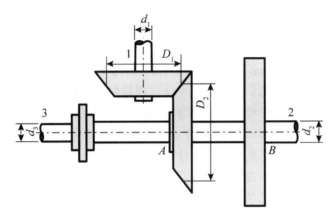

图 3.25

第4章　弯曲内力

知识目标：能够求解弯曲变形的梁上任意横截面上的剪力和弯矩，并建立剪力方程和弯矩方程，绘制剪力图和弯矩图，能够根据剪力图或弯矩图反推载荷图。

能力与素养目标：能够识别、判断专业相关工程案例中的弯曲变形问题，建立可求解的力学模型，并用辩证性思维学习材料力学研究问题的一般方法。

本章重点：绘制剪力图和弯矩图。

弯曲变形是本书讲授的最后一种基本变形，相比拉伸（压缩）、剪切和扭转这三种基本变形而言，弯曲变形问题的研究要复杂得多，所以，弯曲变形问题将分为三章内容讲解，分别为弯曲内力、弯曲应力和弯曲变形。但研究问题的逻辑思路仍然遵循"外力 — 内力 — 应力（变形） — 校核"的主线。

4.1　基本概念

一、工程实例

工程中常见的汽车底盘中的车架结构、桥梁的桥面、房屋建筑中的横梁等都是以弯曲变形为主的结构（图4.1），以弯曲变形为主的构件称为梁，梁上所作用的载荷以及变形可以简化为图4.2所示的力学模型。

授课视频

这一力学模型的受力及变形特点如下：

（1）受力特征：外力（或外力偶）的作用线（或作用面）在纵向对称面内。

（2）变形特征：变形前为直线的轴线，变形后成为一条在该纵向对称面内的平面曲线。这种弯曲称为平面弯曲。

二、模型简化

工程中的梁一般结构复杂，承受的载荷类型和约束类型也各不相同，在研究梁的内力之前，清晰建立梁的力学计算模型，才可能有效研究梁的内力问题。机械结构中，常见的轴

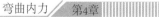

图 4.1

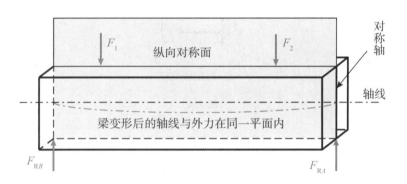

图 4.2

与轴承间的配合(图 4.3a)可以简化为固定铰支座或可动铰支座,一般的夹持固定结构(图 4.3b)可以简化为固定端或插入端,简化后的支座类型以及约束力的表示方法如图4.4 所示。梁的简化模型还可以取梁的轴线代替。

根据支座类型的不同,会形成常见的三种简化梁模型:简支梁、外伸梁和悬臂梁(图 4.5)。

简支梁:一端为固定铰支座,另一端为可动铰支座。

外伸梁:也是由固定铰支座和可动铰支座支撑,但与简支梁不同的是,外伸梁有一端或两端伸出了支座之外。

悬臂梁:一端固定,另一端自由。

三种形式的梁都属于静定结构,在已知外部载荷的情况下,可以由静力平衡方程确定约束力,继而确定梁的内力。简支梁和外伸梁的两个铰支座之间的距离称为跨度,悬臂梁的跨度则是固定端与自由端之间的距离。

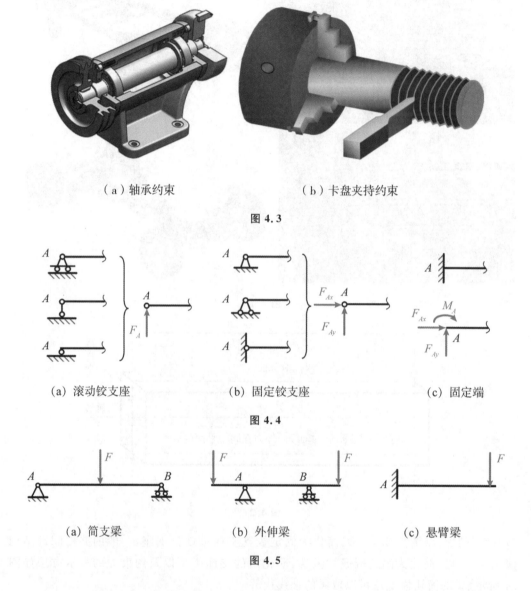

（a）轴承约束　　　　　　　　（b）卡盘夹持约束

图 4.3

(a) 滚动铰支座　　　　　(b) 固定铰支座　　　　　(c) 固定端

图 4.4

(a) 简支梁　　　　　(b) 外伸梁　　　　　(c) 悬臂梁

图 4.5

三、梁横截面上的内力

以例题 4.1 来研究梁的内力是如何产生的,以及产生了什么样的内力。

例题 4.1

简支梁如图 4.6a 所示,已知 F、a、l,求距 A 端 $x(x < a)$ 处横截面上内力。

解:(1)求约束力

取研究对象,画受力图(图 4.6b),列平衡方程如下

$$\sum F_x = 0, F_{Ax} = 0$$

$$\sum F_y = 0, F_{Ay} - F + F_B = 0$$

$$\sum M_A = 0, F_B \cdot l - F \cdot a = 0$$

易得：$F_{Ax} = 0, F_{Ay} = \dfrac{F(l-a)}{l}, F_B = \dfrac{Fa}{l}$。

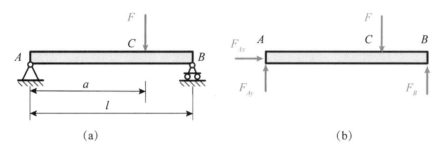

图 4.6

（2）求内力

利用截面法（截、取、代、平）求解距离 A 端 x 处截面上内力（图 4.7），分别为

$$F_S = F_{Ay} = \frac{F(l-a)}{l}$$

$$M = F_{Ay} \cdot x = \frac{F(l-a)}{l} x$$

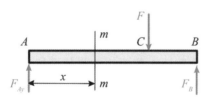

图 4.7

可见，梁横截面上的内力由两部分组成：一部分是作用线平行于横截面的内力，对截面有剪切作用，称为剪力，以符号 F_S 表示；另一部分是作用面垂直于横截面的内力偶矩，对截面有弯曲作用，称为弯矩，以符号 M 表示。剪力和弯矩是弯曲变形的梁横截面上的两类内力。

从例题 4.1 还可以看出，随着 m-m 截面所取的位置不同，剪力和弯矩一般会沿着轴线方向不断变化。

四、剪力和弯矩的符号规定

截面法求各类基本变形的内力时都会遇到一个共性问题,就是当截取的研究对象不同时(取左边和取右边),得到的内力大小相同,方向相反,为了解决这类问题,和前面所学的轴力和扭矩一样,这里也对弯曲中出现的剪力和弯矩规定正负。

(1)剪力符号规定(图4.8):所取截面上的剪力如果使截取出的部分有顺时针转动趋势,则规定此剪力为正;所取截面上的剪力如果使截取出的部分有逆时针转动趋势,则规定此剪力为负。图4.7中,不管取左边还是取右边,截面上的剪力均为正值。

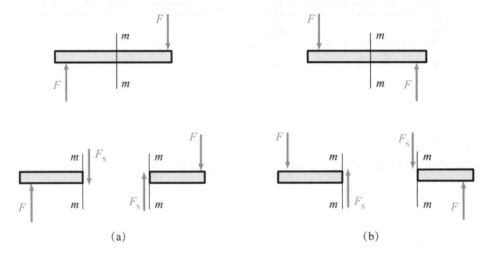

图 4.8

(2)弯矩符号规定(图4.9):所取截面上的弯矩如果使截取出的部分有上凹下凸变形趋势,则规定此弯矩为正;所取截面上的弯矩如果使截取出的部分有下凹上凸变形趋势,则规定此弯矩为负。图4.7中,不管取左边还是取右边,截面上的弯矩均为正值。

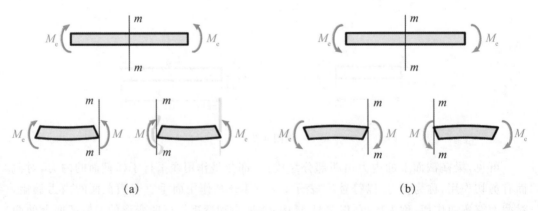

图 4.9

五、应用举例

例题 4.2

外伸梁及已知条件如图 4.10a 所示,求指定截面 1-1、2-2、3-3 上的剪力和弯矩。

解:(1) 求约束力

取研究对象,画受力图(图 4.10b),列平衡方程如下:

$$\sum M_A = 0, F_D \cdot 400 - F \cdot 600 = 0$$

$$\sum F_y = 0, F_D - F_{Ay} - F = 0$$

求得:$F_D = 300\text{N}, F_{Ay} = 100\text{N}, F_{Ax} = 0$。

注意:对于大部分弯曲变形的构件来说,由于载荷的作用方向比较特殊,往往可以从外部载荷直观判断水平方向约束力的值。

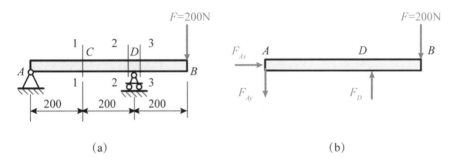

(a)   (b)

图 4.10

(2) 求剪力和弯矩

分别从 1-1、2-2、3-3 三处截开,并利用截面法求解。

1-1 截面:截开后取左边为研究对象(图 4.11a),以剪力和弯矩代替舍去部分对留下这部分的效果,通过列平衡方程,容易求出剪力的大小为 100N,弯矩的大小为 20N·m,由于 1-1 截面上的剪力 F_S 向上,具有使取出的这部分逆时针转动的效果,应为负值,而截面上的弯矩此时有使这部分产生上凸下凹变形的效果,也应为负值,所以有

$$F_{S1} = -100\text{N}$$

$$M_1 = -20\text{N} \cdot \text{m}$$

2-2 截面:以相似的方法,截取 2-2 截面左边部分(图 4.11b),可得

$$F_{S2} = -100\text{N}$$

$$M_2 = -40\text{N} \cdot \text{m}$$

3-3 截面:截取 3-3 截面右边部分,计算较为简便(图 4.11c),可得

$$F_{S3} = 100\text{N}$$

$$M_3 = -40\text{N} \cdot \text{m}$$

下面,取 3-3 截面左边部分做尝试,注意取左边时,需要带上 D 处的约束力,左边部分

89

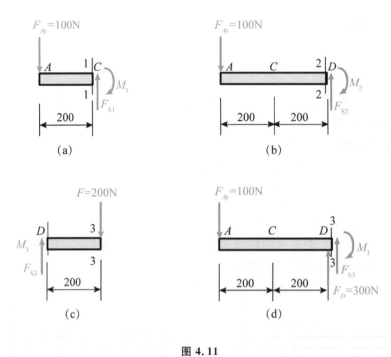

图 4.11

的受力如图 4.11d 所示。利用平衡方程容易求出剪力和弯矩的值分别为 100N 和 40N·m，由于 3-3 截面上的剪力 F_S 向下，具有使取出的这部分顺时针转动的效果，应为正值，而截面上的弯矩此时有使这部分产生上凸下凹变形的效果，应为负值，所以，取左边为研究对象，仍然求出了相同的结果。

　　从 2-2 和 3-3 截面上的剪力和弯矩值发现：两个截面位置相距很近，但内力并不相同，虽然弯矩没有变化，但剪力发生了突变，且剪力变化的差值与 D 处约束力的值相同，也就是说在集中力作用的位置，左右两侧截面上的剪力会发生突变，突变的值和集中力的值大小相同。这一规律并非偶然，将在后续内容中继续展开相关讨论。

4.2　剪力方程和弯矩方程、剪力图和弯矩图

　　一般情况下，剪力和弯矩均会随着截面位置的变化而变化，如果把轴线方向的长度以变量 x 表示，则任意截面上的剪力和弯矩可以表示为 x 的函数，即

$$F_s = F_s(x)$$
$$M = M(x)$$

授课视频

上面两式称为剪力方程和弯矩方程，它们是用函数关系表达了剪力和弯矩沿着梁轴线长度方向的变化规律。如果把这种变化规律或方程表示在坐标系中，则形成了剪力图和

弯矩图。剪力图和弯矩图能够更直观地观察弯曲变形的梁的内部受力情况,以便于清晰发现危险位置并进行安全校核等。

下面以示例说明如何建立剪力方程和弯矩方程,并画出剪力图和弯矩图。

例题 4.3

如图 4.12 所示外伸梁及已知条件,试列出此梁的剪力方程和弯矩方程,并绘制剪力图和弯矩图。

分析:不管是求指定截面上的剪力和弯矩,还是建立剪力方程和弯矩方程,都是以正确求解未知约束力为前提的。另外,一般情况下,坐标系均以梁的左端为零点,方程表达了任意截面上的剪力和弯矩,也就是给出一个 x 的值,代入方程即可确定离左端距离为 x 的截面上的剪力和弯矩。列方程时也是遵循"截、取、代、平"原则,只不过截面的位置是离左端距离为 x 的任意截面。任意截面上的剪力和弯矩的正负判定与前面求解指定截面上的剪力和弯矩相同。

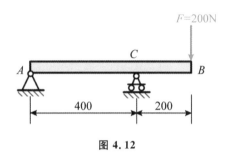

图 4.12

解:(1)求解约束力

具体求解过程参考例题 4.2,约束力求得:$F_D = 300\text{N}, F_{Ay} = 100\text{N}, F_{Ax} = 0$。

(2)建立剪力方程和弯矩方程

先从 AC 段距离 A 点为任意距离 x 的位置截开,并取左边为研究对象(图4.13a),通过列平衡方程可得截面上剪力和弯矩的表达式分别为

剪力方程:$F_s(x) = -100$ $(0 < x < 400)$

弯矩方程:$M(x) = -100x$ $(0 \leqslant x \leqslant 400)$

再从 CB 中间距离 A 点为任意距离 x 的位置截开,仍取左边为研究对象(图4.13b),通过列平衡方程可得该截面上的剪力和弯矩表达式分别为

剪力方程:$F_s(x) = 200$ $(400 < x < 600)$

弯矩方程:$M(x) = -100x + 300(x - 400)$

$$= 200x - 120000 \quad (400 \leqslant x \leqslant 600)$$

截取 CB 段时,若取右边为研究对象(图4.13c),也可以建立相同的剪力方程和弯矩方程,但是需要注意的是:由于方程中默认的长度变量 x 的起始位置为左端,所以,取右侧求解弯矩时,留下的长度为 $600 - x$。取右边为研究对象建立的方程如下:

剪力方程:$F_s(x) = 200$ $(400 < x < 600)$

弯矩方程:$M(x) = -200(600 - x) = 200x - 120000$ $(400 \leqslant x \leqslant 600)$

化简后发现与取左边时建立的方程相同。从上面 AC、CB 两部分的剪力方程和弯矩方程能够看出如下关系：$\dfrac{\mathrm{d}M(x)}{\mathrm{d}x} = F_{\mathrm{S}}(x)$，这一关系并非偶然，是后面学习快速作剪力图和弯矩图的依据之一。

（3）画剪力图和弯矩图

以轴线长度为 x 轴，分别以剪力和弯矩的值为 y 轴，将上述 AC 和 CB 两段的剪力方程和弯矩方程表示在坐标系中，就可以画出剪力图和弯矩图，如图 4.13d 所示。

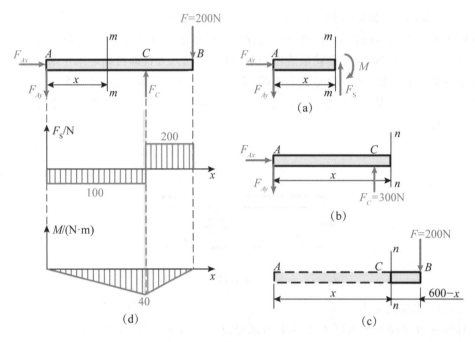

图 4.13

从剪力图和弯矩图中能够清晰直观地看出内力最大的位置发生在截面 C 处，最大弯矩为 $40\mathrm{N}\cdot\mathrm{m}$，最大剪力为 $200\mathrm{N}$。但是内力并不能直接判定结构是否安全，仍需要寻求最大应力。如何利用内力求解应力，并进行校核，将在下一章弯曲应力的内容中继续学习。

从上面的实例中还可以看出，外伸梁的结构以及外部载荷并不复杂，但需要列出四个方程，然后再将方程表达的图形绘制在坐标系中，这个过程并不简单，稍有不慎就可能出错。但从这道题中也看出了剪力和弯矩之间的导数关系，这个关系将给我们快速作图提供依据。

讨论：如果弯矩方程和剪力方程之间遵循 $\dfrac{\mathrm{d}M(x)}{\mathrm{d}x} = F_{\mathrm{S}}(x)$ 关系，那么剪力图和弯矩图之间会有什么关系？

下面再来讨论一类例题，重点关注剪力方程与均布载荷之间的关系。

例题 4.4

如图 4.14a 所示悬臂梁及已知条件,试列出此梁的剪力方程和弯矩方程,并绘制剪力图和弯矩图。

解:(1)求约束力

取 AB 为研究对象,受力分析如图 4.14b 所示,列平衡方程如下:

$$\sum F_x = 0, F_{Ax} = 0$$

$$\sum F_y = 0, F_{Ay} - ql = 0$$

$$\sum M_A = 0, M_A - \frac{1}{2}ql^2 = 0。$$

求得:$M_A = \frac{1}{2}ql^2$,$F_{Ay} = ql$,$F_{Ax} = 0$

(2)剪力方程和弯矩方程

在距离 A 点为任意距离 x 的位置用 m-m 截面截开,取左边为研究对象(图 4.14c)。

剪力方程:$F_S(x) = ql - qx$ $\qquad$ $(0 < x < l)$

弯矩方程:$M(x) = -\frac{1}{2}ql^2 + qlx - \frac{1}{2}qx^2$ $\qquad$ $(0 < x \leqslant l)$

(3)画剪力图和弯矩图。

将上述剪力方程和弯矩方程表示在坐标系中,就可以画出剪力图和弯矩图,如图 4.14d 所示。

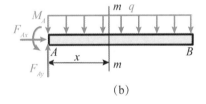

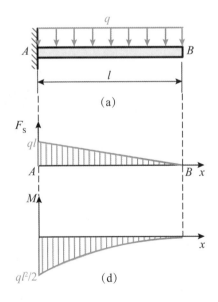

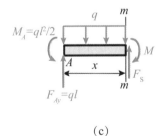

图 4.14

从例题 4.4 中的剪力方程和弯矩方程能够看出如下关系：$\dfrac{\mathrm{d}M(x)}{\mathrm{d}x} = F_\mathrm{s}(x)$，$\dfrac{\mathrm{d}F_\mathrm{s}(x)}{\mathrm{d}x}$ $= q(x)$。但是，值得注意的是在这里$\dfrac{\mathrm{d}F_\mathrm{s}(x)}{\mathrm{d}x} = -q$，关于均布载荷 q 的正负规定，将在下一节内容中进行详细说明。

通过例题 4.3 和例题 4.4 中的剪力图和弯矩图中还可以看出其他一些规律：

（1）集中力所在的位置，剪力发生突变（例题 4.3 中的 A、C、B 处），突变的幅度和方向都与集中力的大小和方向保持一致，而且弯矩在此处发生转折（有拐点）。

（2）集中力偶作用的地方，弯矩图有突变（例题 4.4 中的 A 处），突变的幅度也和集中力偶的值相同。

更多的规律还可以通过其他类型载荷作用下的梁的剪力图和弯矩图得到，这些规律将在下一节内容中重点讲解。

讨论：如果剪力方程与均布载荷之间遵循$\dfrac{\mathrm{d}F_\mathrm{s}(x)}{\mathrm{d}x} = q(x)$ 关系，那么剪力图和均布载荷之间会有什么关系？

4.3　载荷集度、剪力和弯矩间的关系

一、弯矩、剪力与分布载荷间的微分关系

图 4.15a 所示为一个施加了各类载荷的简支梁，具有一般代表性，用两个相距为微元长度 $\mathrm{d}x$ 的截面 *m-m* 和 *n-n* 截取出一部分作为研究对象（图 4.15b），由于一般情况下截面上的剪力和弯矩会随着截面位置的变化而变化，所以，相距为 $\mathrm{d}x$ 的两个截面上的剪力和弯矩也有相应变化，分别从 *m-m* 截面上的 $F_\mathrm{s}(x)$ 和 $M(x)$ 变成了 *n-n* 截面上的 $F_\mathrm{s}(x) + \mathrm{d}F_\mathrm{s}(x)$ 和 $M(x) +$ $\mathrm{d}M(x)$。

授课视频

对所截取的这段微元列平衡方程如下：

$$\sum F_y = 0,\ F_\mathrm{s}(x) - [F_\mathrm{s}(x) + \mathrm{d}F_\mathrm{s}(x)] + q(x)\mathrm{d}x = 0$$

$$\sum M_C = 0,\ [M(x) + \mathrm{d}M(x)] - M(x) - F_\mathrm{s}(x)\mathrm{d}x - q(x)\mathrm{d}x\,\frac{\mathrm{d}x}{2} = 0$$

略去力偶矩方程中的二阶无穷小量 $q(x)\mathrm{d}x\,\dfrac{\mathrm{d}x}{2}$，即可得到

$$\frac{\mathrm{d}M(x)}{\mathrm{d}x} = F_\mathrm{s}(x)$$

$$\frac{\mathrm{d}F_\mathrm{s}(x)}{\mathrm{d}x} = q(x)$$

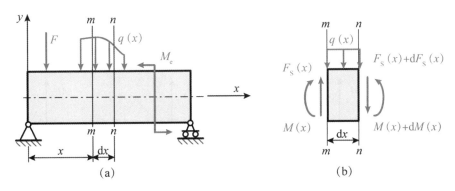

图 4.15

上述公式表达了均布载荷 q、剪力 F_S 和弯矩 M 之间的数学关系,在 4.2 节中的例题中也实证了这两个数学关系,这种数学关系应用到剪力图和弯矩图中,将有利于找出图形之间存在的规律。

二、弯矩、剪力和分布载荷间的规律

根据纵坐标向上为正、横坐标向右为正的一般坐标系特点,对均布载荷的正负规定如下:若均布载荷 q 方向向下,则规定为负,若均布载荷 q 方向向上,则规定为正。这样就能解释在例 4.4 中 $\dfrac{\mathrm{d}F_S(x)}{\mathrm{d}x} = q(x) = -q$ 这一结果了。

根据弯矩、剪力和均布载荷三者之间的微分关系,可以得出剪力图和弯矩图与载荷之间的关系。

(1)梁上有均布载荷(当 $q \neq 0$)

当 $q < 0$ 时,$F_S(x)$ 是一次方程,$M(x)$ 是二次方程,表现在坐标系中,剪力图为向下倾斜的斜直线,弯矩图为开口向下的抛物线(图 4.16a)。

当 $q > 0$ 时,$F_S(x)$ 是一次方程,$M(x)$ 是二次方程,表现在坐标系中,剪力图为向上倾斜的斜直线,弯矩图为开口向上的抛物线(图 4.16b)。

(2)梁上没有均布载荷

当 $q = 0$ 时,$F_S(x)$ 是常数,$M(x)$ 是一次方程,表现在坐标系中,剪力图为平行于 x 轴的直线,弯矩图为斜直线。当剪力为正常数时,弯矩图斜向上方(图 4.16c),当剪力为负常数时,弯矩图斜向下方(图 4.16d)。

(3)在集中力作用处剪力图有突变,其突变值等于集中力的大小,突变的方向和剪力方向一致,且此处弯矩图有转折。

(4)在集中力偶作用处弯矩图有突变,其突变值等于集中力偶的大小,顺时针转动的集中力偶使弯矩图向上突变,逆时针转动的集中力偶使弯矩图向下突变,但集中力偶作用的位置剪力图无变化。

(5)梁上最大弯矩 M_{max} 可能发生在 $F_S(x) = 0$ 的截面上,或发生在集中力所在的截面上,或集中力偶作用处的一侧;最大剪力 F_{Smax} 可能发生在集中力所在截面的一侧,或分

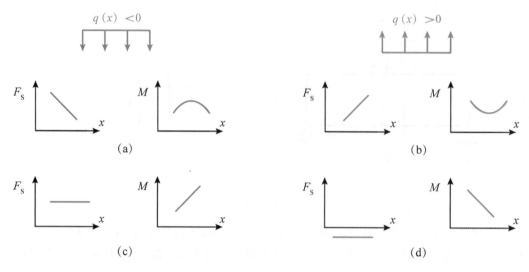

图 4.16

布载荷发生变化的区段上。

（6）面积关系

$$\frac{\mathrm{d}F_\mathrm{S}(x)}{\mathrm{d}x} = q(x) \rightarrow \int_{x_1}^{x_2} \mathrm{d}F_\mathrm{S}(x) = \int_{x_1}^{x_2} q(x)\mathrm{d}x \rightarrow F_\mathrm{S}(x_2) - F_\mathrm{S}(x_1) = \int_{x_1}^{x_2} q(x)\mathrm{d}x$$

$$\frac{\mathrm{d}M(x)}{\mathrm{d}x} = F_\mathrm{S}(x) \rightarrow \int_{x_1}^{x_2} \mathrm{d}M(x) = \int_{x_1}^{x_2} F_\mathrm{S}(x)\mathrm{d}x \rightarrow M(x_2) - M(x_1) = \int_{x_1}^{x_2} F_\mathrm{S}(x)\mathrm{d}x$$

由上述关系可知：两截面间的剪力变化等于这两截面间的均布载荷围成的面积,两截面间的弯矩变化等于这两截面间的剪力图围成的面积。

三、应用举例

下面通过实例来说明上述规律的应用。

例题 4.5

已知外伸梁和梁上载荷如图 4.17a 所示,试作其剪力图和弯矩图。

分析:

◇ 利用作图规律画图时,要求所有载荷均为已知,所以要先求出约束力,约束力求解的正确与否直接决定了剪力图和弯矩图的正确性。

◇ 剪力图和弯矩图会因为各类载荷的作用而被分成若干段,比如此题中,剪力图和弯矩图将被 A、C、D、B、E 处的载荷分成 AC、CD、DB、BE 四段。

解：（1）求约束力

取整个梁为研究对象,受力分析,列平衡方程如下：

$$\sum M_A = 0, -q \times 8 \times 4 - F_1 \times 4 + M_\mathrm{e} + F_{\mathrm{RB}} \times 12 - F_2 \times 15 = 0$$

$$\sum F_y = 0, F_{\mathrm{RA}} - q \times 8 - F_1 + F_{\mathrm{RB}} - F_2 = 0$$

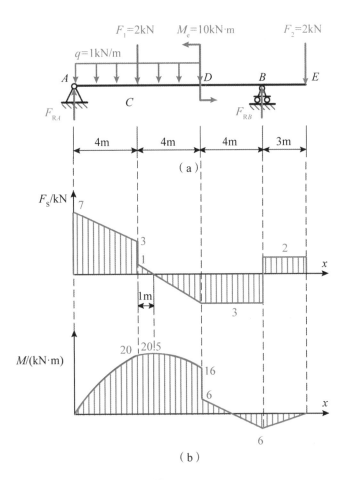

图 4.17

易得：$F_{RA} = 7kN, F_{RB} = 5kN$。

（2）画剪力图

1）$A、C、B、E$ 四处有集中力，所以这四处剪力图有突变，AC 和 CD 段有向下的均布载荷，剪力图为斜向下的直线，DB 和 DE 段没有均布载荷，剪力图为平行于 x 轴的直线。

2）利用任意两点间的剪力变化等于这两点间均布载荷 q 围成的面积来确定剪力。

绘制剪力图如图 4.17a 所示。

（3）画弯矩图

1）$A、C、B、E$ 处有集中力，弯矩图在这四处有转折；D 处有逆时针转动的集中力偶，弯矩图在此处应向下突变；AC 和 CD 段有向下的均布载荷，弯矩图为开口向下的抛物线；DB 和 BE 段没有均布载荷，弯矩图为斜直线。

2）从剪力图看出距离左端 5m 处，剪力为零，则弯矩图在此处有极值，且由于弯矩图是开口向下的抛物线，所以，弯矩在此处取得极大值。

3）利用任意两点间的弯矩变化等于这两点间剪力图围成的面积来确定弯矩。

绘制弯矩图如图 4.18b 所示。

需要说明的是:所有的作图规则都是基于纵坐标正向向上、横坐标正向向右的一般坐标系。这里以 AC 段为例,深入讨论面积关系问题,剪力图中,CA 两点间的剪力变化为 -4kN(后点的值与前一点值的差值),而均布载荷 q 方向向下,可以看作围成的面积为负面积,即 $-1\times4=-4$kN。CA 两点间的剪力图围成的面积在 x 轴上方,可认为围成的是正面积(梯形面积)20kN·m,所以 CA 两点间的弯矩变化为 20kN·m。把 q 和 F_S 围成的面积视为可正可负后,更方便作图。

讨论:距离左端 5m 以内的区域,弯矩图是否为连续曲线?

例题 4.6

一组合梁及已知条件如图 4.18a 所示,试作剪力图和弯矩图。

分析:组合梁的剪力图和弯矩图的难点主要在于节点处如何处理(本题中的铰链 C 处)。通过本题分析,重点总结节点处的铰链对剪力图和弯矩图的影响。

授课视频

解:(1) 求约束力

先取 BC 段为研究对象,受力分析,如图 4.18c 所示,列平衡方程如下:

$$\sum M_C = 0, -q\times3\times2.5 + F_{RB}\cdot5 + M_e = 0$$

得到 $F_{RB} = 29$kN。

再以整体为研究对象,受力分析,如图 4.18a 所示,列平衡方程如下:

$$\sum M_A = 0, M_A - F\cdot1 - q\times3\times4 + M_e + F_{RB}\times6.5 = 0$$

$$\sum F_y = 0, F_{RA} - F - q\times3 + F_{RB} = 0$$

求得:$M_A = 96.5$kN·m,$F_{RA} = 81$kN。

(2) 画剪力图

1)A、E、B 处有集中力,这三处的剪力图有突变,DK 段有向下的均布载荷,剪力图为向下的斜直线,其他段均为平行于 x 轴的直线。

2) 利用面积关系来确定剪力的变化。

3) 关于铰链 C 处的剪力问题。假设将铰链 C 拆开,取 AC 段求 C 处的约束力,$F_C = 31$kN(方向向下)。若取 CB 段,求 C 处的约束力 $F_C = 31$kN(方向向上),实际上它们也是作用力和反作用力,那么剪力图在 C 处向下突变 31kN 后又向上突变 31kN,相当于没有变化,所以,剪力图不会受到铰链影响,即:铰链可以传递剪力。

(3) 画弯矩图

1)A、B 处有集中力偶,这两处弯矩图有突变,DK 段有向下的均布载荷,弯矩图为开口向下的二次曲线,其他段均为斜直线。

2) 剪力图在 DK 段有零值,弯矩图在此处有极值,因抛物线开口向下,此处为极大值。

3) 利用面积关系来确定弯矩变化。

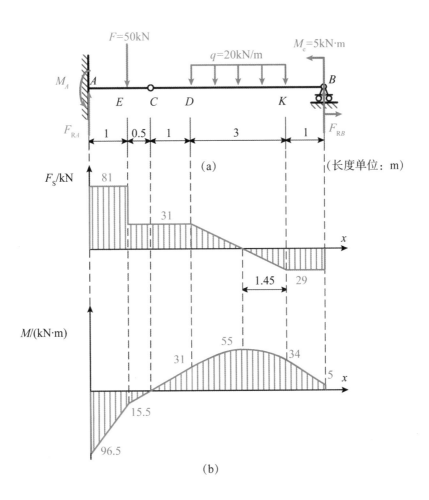

(a)

(长度单位：m)

(b)

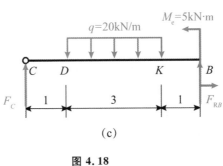

(c)

图 4.18

4) 关于铰链 C 处的弯矩问题。从弯矩图可以看到铰链处的弯矩为 0，这是因为铰链可以自由转动，无法传递力矩。

例题 4.7

已知简支梁的弯矩图（图 4.19a），试作出梁的剪力图和荷载图。

分析：只有熟练运用载荷和剪力、弯矩间的关系和规律，才能更好地实现逆向推导。一

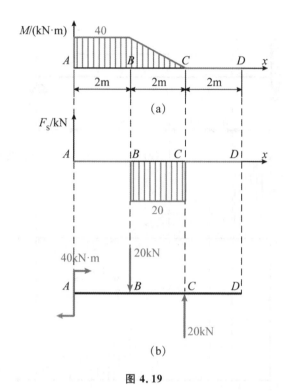

图 4.19

般在已知弯矩图时,先由弯矩图的图形特征,反推剪力图,得到剪力图以后,再反推载荷图。

解:

(1) 弯矩图在 A 处向上突变,说明此处有顺时针转动的集中力偶;AB 段为水平直线,说明此段剪力为零;BC 段为斜直线,说明此段剪力为常数;CD 段为水平直线且与 x 轴重合,说明此段剪力为零。

(2) CB 两点间弯矩的变化为 -40kN·m,说明这两点间剪力围成的面积为 -40kN·m,由于 CB 长度为 2m,所以,CB 段的剪力为 -20kN。

从以上两点得出结论:AB 和 CD 段剪力为 0,BC 段剪力为 -20kN,由此即可画出剪力图。由剪力图可以看出,在 B、C 两点出现了突变,则这两处有集中力。由上述分析可画出剪力图和载荷图如图 4.19b 所示。

作出剪力图和载荷图后,可以对载荷图进行受力平衡分析,以此验证结果的正确性。

例题 4.8

已知简支梁的剪力图(图 4.20a),梁上没有集中力偶,试作出梁的荷载图和弯矩图。

解:(1) A、B、D 三处剪力图有突变,说明这三处有集中力,集中力大小和方向与突变值保持一致;CD 段剪力图为向下斜直线,说明 CD 段有方向向下的均布载荷,且 DC 两点间的剪力变化(-12kN)等于这两点均布载荷围成的面积,由于 CD 长度为 6m,所以均布载荷为 2kN/m,方向向下。

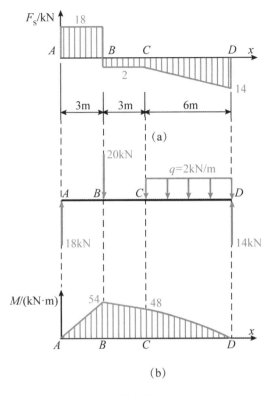

图 4.20

（2）得出载荷图再加之剪力图，即可按照正常的推演关系，推出弯矩图，这里不再赘述。载荷图和弯矩图如图 4.20b 所示。

本章小结

本章研究的主要内容是如何利用方程和图形表达弯曲内力，即剪力和弯矩。和轴向拉压以及扭转不同，剪力和弯矩的表达更复杂。剪力方程和弯矩方程是基于截面法的表达方式，但列方程的过程较为烦琐，且容易犯错。除了利用方程来作剪力图和弯矩图之外，还可以根据弯矩、剪力和载荷之间的微分关系归纳总结剪力图和弯矩图之间的关系，并结合突变规则和面积关系快速作出剪力图和弯矩图。

（1）剪力方程和弯矩方程是求解弯曲变形的挠曲线方程和转角方程的基础，这部分内容将在弯曲变形中讲解。

（2）重点掌握如何利用作图规则快速画出剪力图和弯矩图。规则中，面积关系里可以根据实际情况视面积为正面积或负面积，且所有规则均基于纵坐标正向向上、横坐标正向向右的一般坐标系。

（3）在组合梁中，节点处的铰链可以传递剪力，不能传递弯矩。

（4）在已知弯矩图或剪力图，来反向推演剪力图或弯矩图以及载荷图的时候，要充分利用作图规律来判断图形关系，一般已知弯矩图时，可以先推演剪力图，再推演载荷图。若已知剪力图，可以先推演载荷图，再推演弯矩图。当载荷图出现后，还可以通过列平衡方程的方式来校验其正确性。

（5）正确绘制剪力图和弯矩图的前提是正确求解约束力，否则在一个错误的基础上作图，难以得到正确答案，同时剪力图和弯矩图也是校核弯曲构件强度和刚度的前提，相关内容将在后续的弯曲应力和弯曲变形中学习。

表 4.1　载荷、剪力图和弯矩图之间的关系

	点		段
	集中力	集中力偶矩	均布载荷
载荷	$\downarrow F$　$\uparrow F$	$M_e \rightarrow$　$\leftarrow M_e$	$q=0$　q $\downarrow\downarrow\downarrow\downarrow\downarrow$　q $\uparrow\uparrow\uparrow\uparrow\uparrow$
剪力图	$\updownarrow F$　$\updownarrow F$	没有变化	$\oplus$ ⊖　⊖ $\oplus$
弯矩图	出现尖角，发生转折 $F=\dfrac{\mathrm{d}M}{\mathrm{d}x}\Big|_右 - \dfrac{\mathrm{d}M}{\mathrm{d}x}\Big|_左$	$\updownarrow M_e$　$\updownarrow M_e$	

【拓展阅读】

驰骋飞奔的中国高速路

一、高速公路

20世纪80年代,正值世界发达国家考虑建设跨区域、跨国的高速公路网络时,中国多数人还无法理解高速公路"全封闭和全立交"这一理念,仍习惯于"有路大家跑车、有水大家行船"的传统观念。因此,中国政府组织有关领导专家力排众议,在经济较发达地区先行建设高速公路。

1984年,沈阳至大连高速公路动工建设,为中国内地第一条开工兴建的高速公路,并先于中国首条规划的京津塘高速公路施建。

1988年,沪嘉高速公路建成通车,为中国内地首条投入使用的高速公路。

2001年,中国高速公路总里程已达1.9万公里,位居世界第二。

2013年,中国首条重载高速公路内蒙古准兴高速公路建成通车,全长265km,可承载100吨重货车,设计每年货运量1.5亿吨。

2018年,中国高速公路总里程已达14万公里,位居全球第一。

截至2021年底,中国高速公路里程16.91万公里,位居全球第一。

图 4.21

高速公路除了陆地建设之外,其中还包括了大量的穿山跨海的伟大工程(图4.21),世界上最长的跨海大桥是港珠澳大桥;世界最长、建设标准最高的高速铁路跨海大桥是杭州湾跨海铁路大桥;世界上规模最大的跨海桥梁群是舟山连岛工程。

二、高速铁路

1990 年,中国开始高铁技术攻关和试验实践规划。

1996 年,中国与韩国共同研制高速列车,并在广深铁路上进行试验。

1998 年,广深铁路营运列车最高行驶速度达 200km/h,成为中国第一条达到高速指标的铁路。

2003,秦沈客运专线全段建成通车,设计速度 250km/h,为中国第一条高速国铁线路。

2008 年,京津城际铁路开通运营,成为中国内地第一条设计速度 350km/h 级别的高速铁路。

截至 2022 年,中国已有近 3200km 高铁常态化按时速 350km 高标运营。同时,在 2022 年,我国首条跨海高铁 —— 新建福厦铁路全线铺轨贯通(图 4.22a);世界最长海底高铁隧道 —— 甬舟铁路金塘海底隧道开工建设(图 4.22b);世界最长高速铁路跨海大桥 —— 南通至宁波高速铁路杭州湾跨海铁路大桥正式开工建设,中国进入跨海高铁时代。

（a）　　　　　　　　　　　　　（b）

图 4.22

三、公路和铁路中的弯曲变形问题

无论是公路还是铁路,路段中的桥梁都可以简化为以弯曲变形为主的梁式结构,在铁路轨道中的钢轨和轨枕也都是以弯曲变形为主的梁式结构(图 4.23)。不同的是桥梁和轨枕所使用的材料多以混凝土为主,而铁轨使用的是锰含量超过 10% 的合金钢。随着铁路运量的增加以及机车车辆轴重和行驶速度的提高,出现了诸如无缝线路、宽轨枕线路、整体道床线路和板式轨道等新型轨道。其中无缝线路又称焊接长钢轨线路,是一种把普通钢轨焊接起来不留轨缝的线路,焊接钢轨每根长不少于 200m,实际应用的一般为 800 ～ 1000m 或更长。长轨是在规定温度范围内铺设并固定在轨枕上,长轨端部有轨缝,而中间部分不能随温度升降而伸缩。因此,钢轨中段将随着气温变化而产生温度应力。无缝线路大量减少了钢轨接头,减少了车轮通过接头时对钢轨的冲击,有利于节约线路维修费用,延长钢轨使用寿命,降低机车车辆噪声等。需要说明的是,桥梁、轨枕或是钢轨在实际工作环境中所受到的载荷都比较复杂,很多载荷无法与静载等效,涉及的力学问题也超出了材料力学解决的范围。

图 4.23

四、讨论及调研

(1)除了阅读材料中涉及的轨道和桥梁之外,你还知道哪些以弯曲变形为主的工程案例?

(2)试建立并分析你所发现的梁式构件的力学简化模型,并对力学简化模型赋予参数,绘制其剪力图和弯矩图。

(3)尝试分析你发现的工程案例所在行业还有哪些尚待突破的技术难题以及发展趋势,浅谈与所学专业之间的关系。

本章精选测试题

一、判断题(每题 1 分,共 10 分)

题号	1	2	3	4	5	6	7	8	9	10
答案										

(1) 集中力作用的位置剪力图发生突变,弯矩图不受影响。

(2) 根据剪力图和弯矩图,可以判断梁的危险截面位置。

(3) 剪力图和弯矩图通常与横截面面积有关。

(4) 将梁上的集中力平移,不会改变梁的内力分布。

(5) 梁端铰支座处无集中力偶作用,该端铰支座处的弯矩必为零。

(6) 简支梁仅在支座上作用集中力偶 M,当跨长 l 改变时,梁内最大剪力发生改变,而最大弯矩不改变。

(7) 剪力图上斜直线部分一定有均布载荷作用。

(8) 梁在集中力偶作用的截面处,弯矩图有突变,剪力图无变化。

(9) 若两梁的跨度、承受载荷及支承均相同,但材料不同,则两梁的剪力图和弯矩图不一定相同。

(10) 集中力偶作用处弯矩图有突变或跳跃,顺时针转动的力偶,弯矩图向上跳跃。

二、选择题(每题 3 分,共 15 分)

题号	1	2	3	4	5
答案					

(1) 梁受力如图 4.24 所示,在 C 截面处(　　　)。

A. 剪力图有突变,弯矩图连续光滑

B. 剪力图有转折,弯矩图连续光滑

C. 剪力图有转折,弯矩图有转折

D. 剪力图有突变,弯矩图有转折

(2) 在图 4.25 所示四种情况中,截面上弯矩为正、剪力为负的是(　　　)。

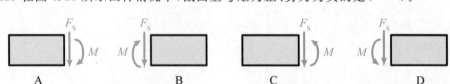

图 4.25

（3）若梁的受力情况对于梁的中央截面为反对称（图4.26），则下列结论中正确的是（　　）。

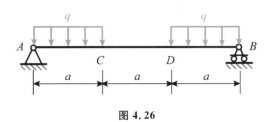

图 4.26

A. 剪力图和弯矩图均为反对称，中间截面上剪力为零

B. 剪力图和弯矩图均为对称，中间截面上弯矩为零

C. 剪力图反对称，弯矩图对称，中间截面上剪力为零

D. 剪力图对称，弯矩图反对称，中间截面上弯矩为零

（4）多跨静定梁的两种受载情况分别如图4.27所示，力 F 靠近铰链，以下结论正确的是（　　）。

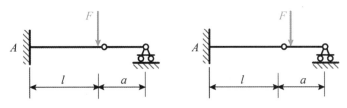

图 4.27

A. 两者的剪力图和弯矩图完全相同

B. 两者的剪力图相同，弯矩图不同

C. 两者的剪力图不同，弯矩图相同

D. 两者的剪力图和弯矩图均不相同

（5）若梁的剪力图和弯矩图分别如图4.28所示，则该图表明（　　）。

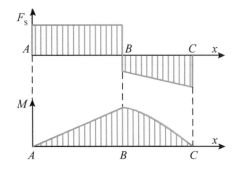

图 4.28

A. AB 段有均布载荷，BC 段无载荷

B. AB 段无载荷，B 截面处有向上的集中力，BC 段有向下的均布载荷

C. AB 段无载荷，B 截面处有向下的集中力，BC 段有向下的均布载荷

D. AB 段无载荷，B 截面处有顺时针的集中力偶，BC 段有向下的均布载荷

三、计算题(每题 15 分,共 75 分)

(1)已知悬臂梁受载及尺寸如图 4.29 所示,试:

1)列出剪力方程和弯矩方程;

2)作剪力图和弯矩图。

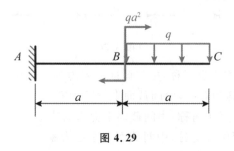

图 4.29

(2)已知外伸梁受载及尺寸如图 4.30 所示,试:

1)求约束力;

2)作剪力图和弯矩图(不限方法)。

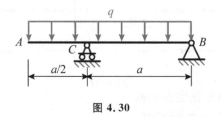

图 4.30

(3)已知组合梁受载及尺寸如图 4.31 所示,试:

1)求约束力;

2)作剪力图和弯矩图。

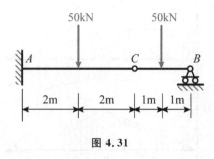

图 4.31

（4）已知梁的弯矩图如图 4.32 所示，试作梁的载荷图和剪力图。

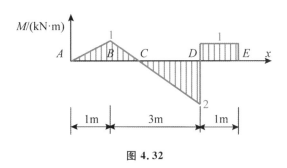

图 4.32

（5）已知梁的剪力图如图 4.33 所示，且梁上没有集中力偶，试作梁的弯矩图和载荷图。

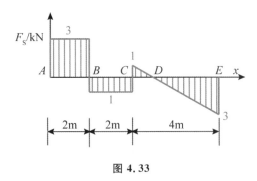

图 4.33

第5章　弯曲应力

本章在已知弯曲内力的前提下继续分析构件内部的应力分布情况,寻找最大正应力和最大切应力,并进行强度校核、尺寸设计、确定最大载荷等问题的分析,所以,既要能够熟练掌握弯曲正应力和切应力公式的应用,又要能够熟练绘制剪力图和弯矩图,以保证应力公式的运用有据可依。

5.1　梁弯曲时的正应力

一、弯曲构件横截面上的应力

一般情况下,梁的横截面上既有剪力又有弯矩,而且随着截面位置的变化而变化,如图5.1所示可以将梁截面上的内力分解开来研究。

实际上,剪力和弯矩是由横截面上的分布内力系计算出的等效载荷,可以想象:横截面上是由无数方向各异的"小"的内力组成,这些"小"的内力可以分解为垂直于横截面方向和切于横截面方向的两类分量,其中垂直横截面的分量产生了正应力,也是形成弯矩的分量;切于横截面的分量产生了切应力,也是形成剪力的分量。也可以这样认为:

授课视频

(1) 剪力与切应力有关,即只有与切应力有关的切向内力元素$dF_S = \tau dA$才能合成剪力;

(2) 弯矩与正应力有关,即只有与正应力有关的法向内力元素 $dF_N = \sigma dA$ 对形心轴

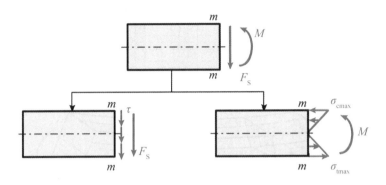

图 5.1

取矩才能合成弯矩。

所以,一般情况下,梁的横截面上既有正应力又有切应力。下面将分别研究弯曲变形时梁的横截面正应力与弯矩的关系以及切应力与剪力的关系。

由于弯矩仅与正应力有关,所以在研究两者之间的关系时,可以考虑截面上只有弯矩而没有剪力的情况。如图 5.2 中的简支梁,在对称载荷作用下,*CD* 段剪力为零,弯矩为常量。这种只有弯矩而没有剪力的弯曲称为纯弯曲。而既有剪力又有弯矩的弯曲称为横力弯曲(*AC* 和 *DB* 段)。

二、纯弯曲时横截面上的正应力

在推演正应力与弯矩之间的关系之前,为了观测纯弯曲梁的变形现象,可以在梁上画一些与轴线平行的纵向线和与轴线垂直的横向线,如图 5.3 所示,发现纵向线和横向线有如下变化:

◇ 纵向线:由直线变成弧线,且一部分(上部)弧线缩短,一部分(下部)弧线伸长。

◇ 横向线:仍然保持为直线,只是相对转过了一个角度,且仍与变形后的纵向弧线垂直。

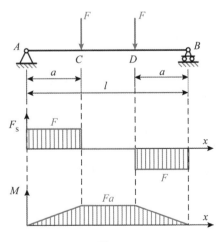

图 5.2

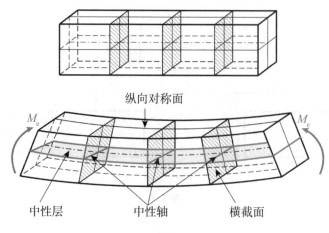

纵向对称面

中性层　中性轴　横截面

图 5.3

通过上述横向线和纵向线的变化,提出两个假设和一个推论。

1.两个假设

平面假设:变形前为平面的横截面变形后仍为平面,且垂直于变形后的轴线。

单向受力假设:假设梁是由无数纵向纤维组成,则在纯弯曲变形中,可以认为纵向纤维没有互相挤压,仅受单向拉力或压力作用。

2.一个推论

梁弯曲时,总是一侧纤维受拉伸长,一侧纤维受压缩短,那么一定存在一层既没有伸长也没有缩短的纤维,称为中性层。中性层与横截面的交线称为中性轴,中性轴垂直于横截面对称轴。

中性层是纵向纤维伸长或缩短的分水岭,中性轴则是横截面上拉应力和压应力的分界线。

3.正应力公式推演

如图 5.4 所示,从一段纯弯曲变形的梁中取出一个长度为 $\mathrm{d}x$ 的微段,以确定横截面上任意一点的正应力和弯矩之间的关系,即正应力的表达式。与扭转变形时的切应力公式推演过程类似,将从变形几何关系、物理关系、静力关系三个方面进行研究。

(1)变形几何关系

研究离中性层为任意距离 y 的一层纤维的变形问题,其中 bb 为最外层的一根纤维,这根纤维变形后的长度为

$$\overset{\frown}{b'b'} = (\rho + y)\mathrm{d}\theta$$

ρ 是弯曲变形后中性层的曲率半径。同时,这根纤维的原长不但可以表示为 $\mathrm{d}x$,还可以表示为中性层上的纤维 aa 的长度,由于中性层在变形前后既没有伸长也没有缩短,所以下式成立:

$$\overline{bb} = \mathrm{d}x = \overline{aa} = \overset{\frown}{a'a'} = \rho\mathrm{d}\theta$$

由此可以计算 bb 的线应变:

$$\varepsilon = \frac{\overset{\frown}{b'\,b'} - \overline{bb}}{\overline{bb}} = \frac{(\rho + y)\mathrm{d}\theta - \rho\mathrm{d}\theta}{\rho\mathrm{d}\theta} = \frac{y}{\rho} \tag{a}$$

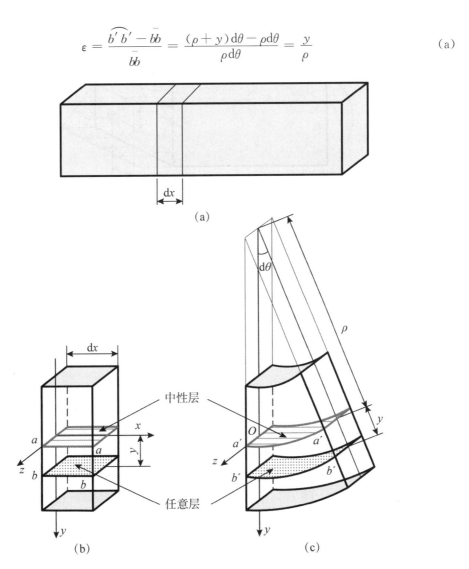

图 5.4

（2）物理关系

由单向受力假设可知，对于任意层中的某一根纤维来说（例如 bb），仅受到单向拉伸或压缩作用，如同轴向拉伸或压缩变形一样，应力和应变在线弹性范围内（或比例极限内），存在胡克定律：$\sigma = E\varepsilon$，将公式（a）代入胡克定律，则有

$$\sigma = E\frac{y}{\rho} \tag{b}$$

对于一个确定的截面来说，弹性模量 E 和曲率半径 ρ 都是常量，所以，从式（b）中可以看出，横截面上任一点的正应力与这一点到中性轴的距离成正比，中性轴上的正应力为零（$y = 0$）。而且在横截面上与中性轴平行的任意横向线上（y 值相等）的正应力值均相等（图 5.5）。上述结论虽然容易得出，但公式（b）中仍因曲率半径未知而难以应用于正应力求解。

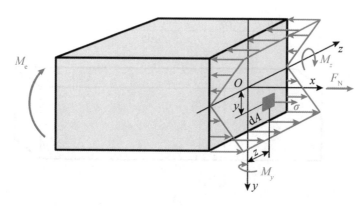

图 5.5

（3）静力关系

在纯弯曲状态下，横截面上只有弯矩，而且此弯矩在纵向对称面内，即只有图 5.5 中的 M_z，而轴向力 F_N 和绕着 y 轴转动的力偶 M_y 均为零。也就是有下面三个表达式成立：

$$F_N = \int_A \sigma \mathrm{d}A = 0 \tag{c}$$

$$M_y = \int_A z\sigma \mathrm{d}A = 0 \tag{d}$$

$$M_z = \int_A y\sigma \mathrm{d}A = M \tag{e}$$

上述三个表达式中，若式（c）成立，则中性轴 z 需通过形心；若式（d）成立，则 y 和 z 轴需有一个是截面对称轴。这里 y 轴是纵向对称面内的轴，式（d）成立（此内容详见下文关于截面几何参数的讨论）。

将式（b）代入式（e）得

$$M_z = \int_A yE\frac{y}{\rho}\mathrm{d}A = \frac{E}{\rho}\int_A y^2\mathrm{d}A = \frac{E}{\rho}I_z = M$$

$$\frac{1}{\rho} = \frac{M}{EI_z} \tag{f}$$

其中：$I_z = \int_A y^2\mathrm{d}A$，称为横截面对中性轴 z 的惯性矩。

再将式（f）代入式（b）得

$$\sigma = \frac{My}{I_z} \tag{5.1}$$

式中：M 为横截面上的弯矩；

y 为横截面上任意一点到中性轴的距离；

I_z 为横截面对中性轴的惯性矩。

对于一个确定的截面来说，M、I_z 均是定值，所以，横截面上的应力与这一点离中性轴的距离呈线性关系，最大值发生在离中性轴最远处。

$$\sigma_{\max} = \frac{M y_{\max}}{I_z} = \frac{M}{W} \tag{5.2}$$

其中,$W = \dfrac{I_z}{y_{max}}$,称为抗弯截面系数。

讨论:抗弯截面系数与抗扭截面系数有什么区别和相似之处?

4.横力弯曲时横截面上的正应力

横力弯曲中既有弯矩又有剪力,既有正应力又有切应力,因受到切应力影响,平面假设和单向受力假设均难以成立,但工程中常用的梁,利用纯弯曲的正应力公式所计算出的横力弯曲的正应力值并不会引起较大误差,能够满足一般工程问题需要的精度。所以,对于等直平面弯曲的梁而言,不管是纯弯曲还是横力弯曲,均使用公式 $\sigma = \dfrac{My}{I_z}$ 进行强度等问题的计算。

三、关于截面几何参数的讨论

1.几种典型截面形状的惯性矩和抗弯截面系数

(1)矩形截面

对于图 5.6a 中的矩形截面,取微元面积 $dA = bdy$,代入惯性矩表达式

$$I_z = \int_A y^2 dA = \int_{-\frac{h}{2}}^{\frac{h}{2}} y^2 b dy = \frac{bh^3}{12}$$

抗弯截面系数表达式为

$$W = \frac{I_z}{y_{max}} = \frac{\dfrac{bh^3}{12}}{h/2} = \frac{bh^2}{6}$$

讨论:如果中性轴为 y 轴,则对中性轴的惯性矩和抗弯截面系数分别为多少?

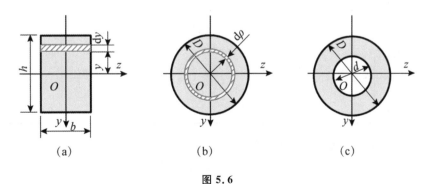

(a)   (b)   (c)

图 5.6

(2)圆形截面

对于图 5.6b 中的圆形截面,在扭转变形中,曾讨论过极惯性矩的求解方法。

$$I_P = \int_A \rho^2 \, dA = \frac{\pi D^4}{32}$$

$$\rho^2 = y^2 + z^2$$

$$I_P = \int_A \rho^2 \, dA = \int_A (y^2 + z^2) \, dA = \int_A y^2 \, dA + \int_A z^2 \, dA = I_y + I_z$$

对于圆形截面而言,由于结构对称,$I_z = I_y$,所以

$$I_z = I_y = I_P/2 = \frac{\pi D^4}{64}$$

抗弯截面系数表达式为

$$W = \frac{I_z}{y_{\max}} = \frac{\dfrac{\pi D^4}{64}}{D/2} = \frac{\pi D^3}{32}$$

（3）环形截面

环形截面(图 5.6c)仍然为对称截面,仍然有 $I_z = I_y = I_P/2$ 成立,所以

$$I_z = I_y = I_P/2 = \frac{\pi d^4}{64}(1 - \alpha^4)$$

其中 $\alpha = d/D$。

抗弯截面系数表达式为

$$W = \frac{I_z}{y_{\max}} = \frac{\dfrac{\pi D^4}{64}(1 - \alpha^4)}{D/2} = \frac{\pi D^3}{32}(1 - \alpha^4)$$

几种常见截面形状的几何参数见表 5.1。

表 5.1　几种常见截面形状的几何参数

截面形状	图形	惯性矩	极惯性矩	抗弯截面系数	抗扭截面系数
圆形		$I_z = \dfrac{\pi d^4}{64}$	$I_P = \dfrac{\pi d^4}{32}$	$W = \dfrac{I_z}{d/2} = \dfrac{\pi d^3}{32}$	$W = \dfrac{I_P}{d/2} = \dfrac{\pi d^3}{16}$
圆环		$I_z = \dfrac{\pi D^4}{64}(1 - \alpha^4)$ $\alpha = \dfrac{d}{D}$	$I_P = \dfrac{\pi D^4}{32}(1 - \alpha^4)$ $\alpha = \dfrac{d}{D}$	$W = \dfrac{\pi D^3}{32}(1 - \alpha^4)$ $\alpha = \dfrac{d}{D}$	$W = \dfrac{\pi D^3}{16}(1 - \alpha^4)$ $\alpha = \dfrac{d}{D}$
矩形		$I_z = \dfrac{b h^3}{12}$	/	$W = \dfrac{I_z}{h/2} = \dfrac{b h^2}{6}$	/

2.关于中性轴通过截面形心的讨论

在推演公式的过程中,要求下面的两个表达式成立:

$$F_N = \int_A \sigma \, dA = 0$$

$$M_y = \int_A z\sigma \, dA = 0$$

将 $\sigma = E\dfrac{y}{\rho}$ 代入上面的两式中,得到

$$F_N = \int_A \sigma dA = \int_A E\frac{y}{\rho}dA = \frac{E}{\rho}\int_A y dA = 0$$

$$M_y = \int_A z\sigma dA = \frac{E}{\rho}\int_A yz dA = 0$$

上式中,$\int_A y dA = S_z$,称为横截面对 z 轴的静矩,$\int_A yz dA = I_{yz}$,称为横截面对 y 和 z 轴的惯性积,由于 $\dfrac{E}{\rho} \neq 0$,若要上面两式成立,必须有

$$S_z = \int_A y dA = 0$$

且

$$I_{yz} = \int_A yz dA = 0$$

下面通过形心的定义,来讨论静矩的表达式,形心的表达式如下:

$$z_C = \frac{\int_A z dA}{A} = \frac{S_y}{A}$$

$$y_C = \frac{\int_A y dA}{A} = \frac{S_z}{A}$$

由此,也可以把静矩的表达式表达成为

$$S_y = A z_C$$
$$S_z = A y_C$$

可见,若 $S_y = 0$ 或者 $S_z = 0$,则 $z_C = 0$ 或者 $y_C = 0$,说明图形对某一轴的静矩等于零时,该轴必然通过图形的形心,反之,若某一轴通过形心,则图形对该轴的静矩也必然等于零。

下面再来讨论惯性积的问题。

若坐标轴 y 或 z 中有一个是图形的对称轴,例如在图 5.7 中 y 轴两侧的对称位置处各取一个微元面积 dA,则两个微元面积的 y 坐标相同,z 坐标数值相等,符号相反。因此,两个微元面积与坐标 y 和 z 的乘积也数值相等,符号相反,而所有微元面积与坐标的乘积在积分时都会两两抵消,最后使得

$$I_{yz} = \int_A yz dA = 0$$

所以,坐标系的两根坐标轴中只要有一根为图形的对称轴,则图形对这一坐标系的惯性积就等于零。

综上可见:在矩形截面中,由于 y 轴和 z 轴既是对称轴,又通过形心,所以,下面两式自然成立。

$$F_N = \int_A \sigma dA = 0$$

$$M_y = \int_A z\sigma dA = 0$$

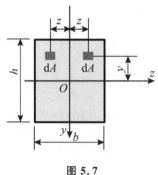

图 5.7

注意:对于匀质物体来说,形心、重心和质心三心同一,理论力学中学习的重心和质心的定义式也可以用于形心的求解。

四、弯曲变形的强度条件

对于弯曲变形的梁来说,寻求内部的最大应力,并使其在材料的许用应力范围内,是判断强度是否满足条件的基本准则,即

$$\sigma_{\max} = \frac{M}{W} \leqslant [\sigma] \tag{5.3}$$

对于等直截面梁来说,最大正应力不仅发生在离中性轴最远处,还发生在弯矩最大的截面,所以,正确画出弯矩图,准确判断危险截面十分重要。基于上述强度准则公式的变形,还可以进行截面尺寸设计以及确定结构允许的最大载荷,表达式分别如下:

截面尺寸设计:

$$W \geqslant \frac{M}{[\sigma]}$$

确定许可载荷:

$$M_{\max} = W[\sigma]$$

五、应用实例

例题 5.1

等直圆形截面梁如图 5.8a 所示。直径 $D = 100\text{mm}$,材料的许用应力 $[\sigma] = 100\text{MPa}$。试校核梁的强度。

分析:强度校核问题的本质是找出构件内部的最大应力,然后判断是否在许用应力范围内。对于等直截面构件而言,最大正应力发生在弯矩最大的截面,再具体一点说应该是弯矩最大的截面上离中性轴最远的位置处。所以,先要通过剪力图和弯矩图,找出最大弯矩,再进行校核。

解:(1)确定危险截面
取 AB 杆为研究对象,受力分析,列平衡方程

$$\sum M_A = 0, -F_1 \times 1 + F_B \times 2 - F_2 \times 3 = 0$$

$$\sum F_y = 0, F_A - F_1 + F_B - F_2 = 0$$

易得：$F_A = 2.5\text{kN}, F_B = 10.5\text{kN}$。

利用剪力图和弯矩图的画图规则快速画出弯矩图如图 5.8b 所示。由弯矩图可知最大弯矩发生在 B 处，$M_{\max} = 4\text{kN·m}$。

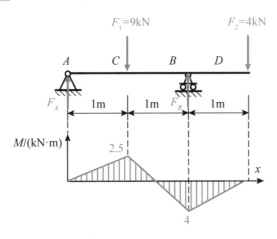

图 5.8

（2）强度校核

$$\sigma_{\max} = \frac{M_{\max}}{W}$$

其中，$W = \dfrac{\pi D^3}{32}$，代入上式，得

$$\sigma_{\max} = \frac{4 \times 10^6 \text{N·mm}}{\dfrac{\pi}{32} 10^3 \text{mm}^3} = 40.76\text{MPa} < [\sigma]$$

所以，强度满足要求。

注意将各个数值代入公式时，保持单位统一。

例题 5.2

T 形截面铸铁梁的荷载和截面尺寸如图 5.9 所示。铸铁的许用拉应力为 $[\sigma_t] = 30\text{MPa}$，许用压应力为 $[\sigma_c] = 160\text{MPa}$。已知截面对形心轴 z 的惯性矩为 $I_z = 763\text{cm}^4$，$y_1 = 52\text{mm}$，试校核梁的强度。

分析：本题和例题 5.1 的区别是截面形状和材料不同，铸铁材料的特点是抗压不抗拉，这一点从题目给出的拉压许用应力值就能体现出来。这种材料如果做成对称截面（如圆形或矩形），则在危险截面处的最大拉应力和最大压应力是相同的，也就意味着当受拉侧达到极限应力时，受压侧还有较大余量，这与材料抗压不抗拉的特性不匹配。所以，为了充分发挥材料特性，常设计成不对称截面，其中 T 形截面是最常见的一种。

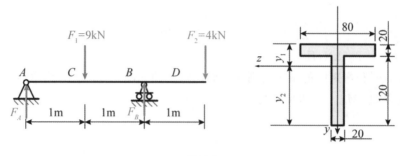

图 5.9

解:(1) 确定危险截面

本题的约束力和弯矩图同例题 5.1,这里不再赘述。但是否仍然只需取最大弯矩 B 处校核就可以了呢?B 处的弯矩为负,意味着梁截面在 B 处的变形为上凸下凹,也就是中性轴上部受拉,下部受压,说明最大拉应力将发生在 B 截面的最上侧,最大压应力发生在 B 截面的最下侧。而在 C 处,虽然弯矩的绝对值小于 B 处,但由于 C 处的弯矩为正值,意味着梁截面在 C 处的变形为上凹下凸,也就是中性轴下部受拉,上部受压,说明最大拉应力将发生在 B 截面的最下侧,最大压应力发生在 B 截面的最上侧。由于截面形状不对称,中性轴靠近上侧,所以能够产生的最大拉应力或最大压应力并不能直接通过弯矩的绝对值大小判断,需要分别计算才能确定拉应力和压应力的极值。

(2) 强度校核

对于 B 截面来说,最大拉应力发生在上边缘,最大压应力发生在下边缘,计算得到

$$\sigma_{\text{tmax}} = \frac{M_B y_1}{I_z} = \frac{4 \times 10^6 \,\text{N} \cdot \text{mm} \times 52\text{mm}}{763 \times 10^4 \,\text{mm}^4} = 27.2\text{MPa} < [\sigma_t]$$

$$\sigma_{\text{cmax}} = \frac{M_B y_2}{I_z} = \frac{4 \times 10^6 \,\text{N} \cdot \text{mm} \times (140\text{mm} - 52\text{mm})}{763 \times 10^4 \,\text{mm}^4} = 46.2\text{MPa} < [\sigma_c]$$

对于 C 截面来说,最大拉应力发生在下边缘,最大压应力发生在上边缘,计算得到

$$\sigma_{\text{tmax}} = \frac{M_C y_2}{I_z} = \frac{2.5 \times 10^6 \,\text{N} \cdot \text{mm} \times (140 - 52)}{763 \times 10^4 \,\text{mm}^4} = 28.8\text{MPa} < [\sigma_t]$$

$$\sigma_{\text{cmax}} = \frac{M_C y_1}{I_z} = \frac{2.5 \times 10^6 \,\text{N} \cdot \text{mm} \times 52\text{mm}}{763 \times 10^4 \,\text{mm}^4} = 17\text{MPa} < [\sigma_c]$$

经过计算可见,最大拉应力发生在 C 截面的下边缘,最大压应力发生在 B 截面的下边缘,但由于都在许用应力范围内,所以,强度满足要求。

5.2 梁弯曲时的切应力

梁的横截面上一旦有切应力或者剪力，根据弯矩与剪力的微分关系 $\dfrac{\mathrm{d}M(x)}{\mathrm{d}x} = F_{\mathrm{S}}(x)$ 可知，其截面上也一定会有正应力或弯矩，属于横力弯曲。下面讨论几种常见截面形状梁横截面上的切应力。

授课视频

一、矩形截面梁的切应力

1. 两个假设

对于矩形截面（图 5.10）来说，由于剪力 F_{S} 与横截面的对称轴 y 重合，横截面上切应力分布规律可做如下假设：

（1）切应力与剪力平行；

（2）切应力沿截面宽度方向均匀分布，即距离中性轴等距离处的切应力相等。

在截面高度 h 大于宽度 b 的情况下，上述假设情况下得到的值与精确解相差不大，符合工程问题的精度要求。

2. 公式推演

在图 5.10a 所示的简支梁上用截面 $m\text{-}m$ 和 $n\text{-}n$ 截取一段长度为 $\mathrm{d}x$ 的微段（图 5.10c），并从微段中以平行中性层的平面 AA_1BB_1 截取出一部分（下侧，图 5.10b）作为研究对象。根据矩形截面上的切应力分布假设，可知：

（1）切应力 τ 竖直向上或向下，与剪力方向保持一致；

（2）距离 z 轴为任意距离 y 的直线 AA_1 上，各点的切应力 τ 相等；

（3）AA_1BB_1 平面上具有等值的切应力 τ'（切应力互等定理）。

（4）微段的左右侧面上均有正应力，且正应力不相等。

讨论：为什么微段左右侧面上的正应力不相等？

公式的推演逻辑和弯曲正应力公式类似，先对研究对象建立平衡方程，由此建立切应力的表达式。

$$F_{\mathrm{N1}} = \int_{A_1} \sigma_1 \, \mathrm{d}A = \int_{A_1} \frac{M y_1}{I_z} \mathrm{d}A = \frac{M}{I_z} \int_{A_1} y_1 \, \mathrm{d}A = \frac{M}{I_z} S_z^* \tag{a}$$

其中 $\int_{A_1} y_1 \, \mathrm{d}A = S_z^*$，是面积 A_1 对中性轴的静矩。A_1 是距离中性轴为任意距离 y 的直线 A_1A 以外的面积。

同样的方法可以建立 F_{N2} 的表达式，需要注意的是由于剪力不为零，弯矩随截面位置

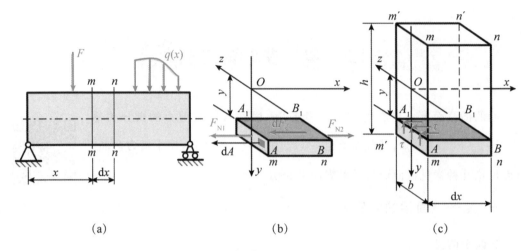

(a)　　　　　　　　(b)　　　　　　　　(c)

图 5.10

变化,所以任意相距为 dx 的两个截面上的弯矩也是不同的,假设弯矩的变化为 dM,则右侧截面的弯矩为 $M+dM$,所以 F_{N2} 的表达式可以建立如下:

$$F_{N2} = \int_{A_1} \sigma_2 \, dA = \int_{A_1} \frac{(M+dM)\, y_1}{I_z} dA = \frac{(M+dM)}{I_z} S_z^* \tag{b}$$

AA_1BB_1 平面上的剪力 dF'_S 表达式如下:

$$dF'_S = \tau' S' = \tau' b \, dx \tag{c}$$

对图 5.10b,列平衡方程

$$F_{N2} - F_{N1} - dF'_S = 0 \tag{d}$$

将式(a) ~ (c) 代入式(d),可得

$$\tau' = \frac{dM}{dx} \cdot \frac{S_z^*}{I_z b} \tag{e}$$

式(e) 中,$\dfrac{dM}{dx} = F_S$,$\tau' = \tau$,所以,式(e) 变为

$$\tau = \frac{F_S S_z^*}{I_z b} \tag{5.4}$$

式中:I_z 为整个横截面对中性轴的惯性矩;

b 为矩形截面的宽度;

S_z^* 为距中性轴为 y 的横线以外部分横截面面积对中性轴的静矩。

关于静矩的相关内容已在前一节中做过相关讨论,静矩可以表示为

$$S_z = A y_c$$

式中,A 为截面面积,y_c 为面积 A 的形心坐标。

而切应力表达式中的静矩 S_z^* 是面积 A_1 对 z 轴的静矩。可由下式计算:

$$S_z^* = A_1 y_{c1}$$

式中,y_{c1} 为 A_1 的形心坐标,也就是面积 A_1 的形心到中性轴 z 的距离(图 5.11)。

对于矩形截面来说

— 122 —

$$S_z^* = A_1\, y_{c1} = b\left(\frac{h}{2} - y\right) \cdot \left[y + \frac{\left(\frac{h}{2} - y\right)}{2}\right] = \frac{b}{2}\left(\frac{h^2}{4} - y^2\right)$$

将静矩公式代入切应力表达式(5.4),可得矩形截面的切应力值

$$\tau = \frac{F_S S_z^*}{I_z b} = \frac{F_S}{2\,I_z}\left(\frac{h^2}{4} - y^2\right)$$

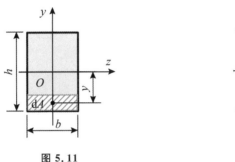

图 5.11

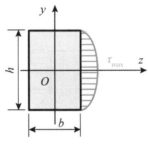

图 5.12

对于同一截面而言,只有 y 的值在变化,其他参数均为定值,所以,切应力的分布随着离中性轴的距离呈二次曲线变化(图 5.12),且:

最小值发生在上下两侧:$y = \dfrac{h}{2}$ 时,$\tau_{\min} = 0$

最大值发生在中性轴上:$y = 0$ 时,$\tau_{\max} = \dfrac{F_S h^2}{8\,I_z} = \dfrac{F_S h^2}{8 \times \dfrac{b h^3}{12}} = \dfrac{3}{2} \times \dfrac{F_S}{bh} = \dfrac{3}{2}\dfrac{F_S}{A}$

总结:对于矩形截面而言,虽然切应力公式的推导过程以及各个参数的计算都相对复杂,但极值切应力却可以采用相对简单的等效计算公式,也就是截面上平均切应力的 1.5 倍。有了这一结论,在对矩形截面的等直梁进行切应力强度分析时,只需找到最大剪力所在位置,求出平均切应力后乘 1.5 即可得到最大切应力值。

二、工字形截面梁的切应力

从矩形截面的正应力和切应力分布情况可知:切应力在中性轴上最大,离中性轴越远越小;正应力在中性轴上最小,离中性轴越远越大。这种特性催生了工程中工字形截面梁的诞生(图 5.13)。工字形梁相当于把矩形梁中部两侧分别"挖"去了一部分,中间部分称为腹板,上下两侧部分称为翼缘。

由于工字形截面的这种特性,由矩形推演而来的切应力公式仍然适用。

$$\tau = \frac{F_S S_z^*}{I_z b_0} \tag{f}$$

式(f)中 b_0 代表了腹板的宽度,若计算腹板上离中性轴为任意距离 y 处的切应力(图 5.14),则 S_z^* 代表了此处以外的面积对中性轴的静矩。可以将图 5.14 中距离中性轴为 y 的以外面积分成 A_1 和 A_2 两部分求静矩,则

$$S_z^* = A_1 y_1 + A_2 y_2 = b\left(\frac{h}{2} - \frac{h_0}{2}\right)\left[\frac{h_0}{2} + \frac{1}{2}\left(\frac{h}{2} - \frac{h_0}{2}\right)\right] + b_0\left(\frac{h_0}{2} - y\right)\left[y + \frac{1}{2}\left(\frac{h_0}{2} - y\right)\right]$$

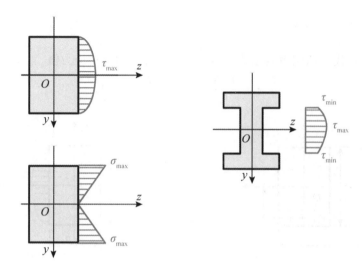

图 5.13

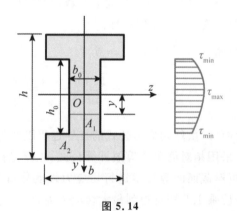

图 5.14

$$= \frac{b}{8}(h^2 - h_0^2) + \frac{b_0}{2}\left(\frac{h_0^2}{4} - y^2\right)$$

代入式(f)可得腹板上的切应力：

$$\tau = \frac{F_S}{I_z b_0}\left[\frac{b}{8}(h^2 - h_0^2) + \frac{b_0}{2}\left(\frac{h_0^2}{4} - y^2\right)\right] \tag{g}$$

由式(g)可见，腹板上的切应力与 y 成二次函数关系，当 $y = 0$ 时，也就是在中性轴上，切应力取得最大值，当 $y = h_0/2$ 时，也就是在腹板的上下边缘切应力取得最小值，表达式分别如下：

$$\tau_{max} = \frac{F_S}{I_z b_0}\left[\frac{b}{8}(h^2 - h_0^2) + \frac{b_0 h_0^2}{8}\right]$$

$$\tau_{min} = \frac{F_S}{I_z b_0}\left[\frac{b h^2}{8} - \frac{b h_0^2}{8}\right]$$

由于腹板的宽度 b_0 远小于翼缘的宽度 b，所以最大值和最小值之间相差不大，可以近似认为腹板上的切应力大致呈均匀分布。另外，计算结果表明：工字形梁横截面上的剪力绝大部分由腹板承担（95% 以上），若腹板的切应力近似看作均匀分布，则腹板上的切应力，可以由下式近似表达

$$\tau = \frac{F_S}{h_0 b_0} \tag{h}$$

翼缘上承担的切应力分布情况相对复杂，但由于数量很少，通常不作计算。

可以看出：工字形截面梁是充分利用了正应力和切应力的分布规律，让腹板主要承担切应力，而翼缘主要承担正应力，并且相比矩形截面来说，节省了材料。

三、圆形截面梁的切应力

对于圆形截面梁而言，横截面上切应力的分布不再与剪力方向平行，从图 5.15 所示的切应力分布形式来看，切应力沿着与剪力平行的分量可以近似使用矩形截面的切应力表达式：

$$\tau = \frac{F_S S_z^*}{I_z b}$$

若要计算某点的切应力，可过此点作一条平行于中性轴 z 的直线 AB，则式中的 b 代表了 AB 的长度，S_z^* 代表了直线 AB 以外的面积对中性轴的静矩。

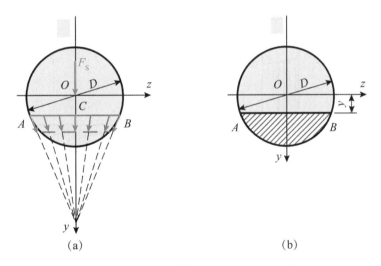

(a) (b)

图 5.15

圆形截面上的最大切应力仍然发生在中性轴上，对于中性轴上的点而言，有以下各式成立：

$$b = 2R$$

$$S_z^* = A_1 y_1 = \frac{\pi R^2}{2} \cdot \frac{4R}{3\pi}$$

$$I_z = \frac{\pi D^4}{64} = \frac{\pi D^2}{4}$$

代入切应力表达式(5.4)后，得到圆形截面上的最大切应力表达式如下：

$$\tau_{\max} = \frac{4}{3}\frac{F_{\mathrm{S}}}{\pi R^2} = \frac{4}{3}\frac{F_{\mathrm{S}}}{A}$$

可以看出,圆形截面上的切应力分布虽然相对复杂,但切应力极值可以简单表示为$\frac{4}{3}$倍的平均切应力,这一结论也有利于圆形截面等直梁的切应力强度分析。

四、应用举例

例题 5.3

授课视频

简支梁 AB 如图 5.16a 所示,$l = 2\mathrm{m}$,$a = 0.2\mathrm{m}$。梁上的载荷为 $q = 10\mathrm{kN/m}$,$F = 200\mathrm{kN}$。材料的许用应力为$[\sigma] = 160\mathrm{MPa}$,$[\tau] = 100\mathrm{MPa}$,试选择工字钢型号。

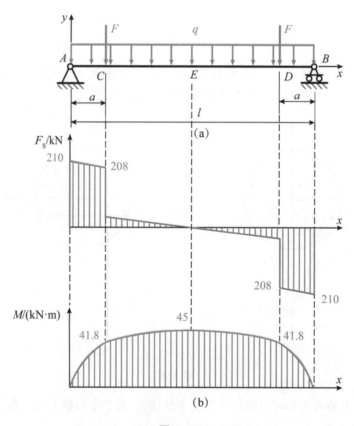

图 5.16

分析:题意是选择合适的工字钢型号,要求其截面尺寸满足强度要求,而选择工字钢型号的主要依据是截面尺寸参数,所以要从已知条件中推出满足强度要求的最小尺寸参数,再根据参数选择合适的工字钢型号。

解:(1) 确定危险截面

确定危险截面的流程是:受力分析 → 求约束力 → 画剪力图和弯曲图 → 找到最大剪

力和最大弯矩。梁的整体受力如图 5.16a 所示。由于结构对称，A、B 两处的约束力均为

$$F_{RA} = F_{RB} = \frac{1}{2}(2F + ql) = 210\text{kN}$$

求出约束力后，根据载荷、剪力和弯矩的关系，快速作出剪力图和弯矩图如图 5.16b 所示。可以看出，最大弯矩为 45kN·m，出现在中点 E 处，最大剪力为 210kN，出现在 A、B 两端。

（2）选择工字钢型号

若要满足正应力强度条件，则

$$\sigma_{\max} = \frac{M_{\max}}{W} \leqslant [\sigma]$$

$$W \geqslant \frac{M_{\max}}{[\sigma]} = \frac{45 \times 10^3 \text{N·m}}{160 \times 10^6 \text{N/m}^2} = 281 \times 10^{-6}\ \text{m}^3 = 281\ \text{cm}^3$$

由表 5.2 可查 22a 工字钢的 $W_z = 309\ \text{cm}^3$，可以满足正应力强度条件，但是否满足切应力强度条件还有待进一步检验，表 5.2 中查 22a 的其他参数 $I_z / S_z = 18.9\text{cm}$，代入切应力公式计算：

$$\tau_{\max} = \frac{F_{S\max} S_{z\max}^*}{I_z b} = \frac{210 \times 10^3 \text{N}}{18.9 \times 10^2 \text{mm} \times 0.75 \times 10^2 \text{mm}} = 148\text{MPa} > [\tau] = 100\text{MPa}$$

所以，22a 仅满足正应力强度条件，却未能满足切应力强度条件，由于 22a 工字钢引起的最大切应力远大于许用应力值，可选 25b 试算：

$$\tau_{\max} = \frac{F_{S\max} S_{z\max}^*}{I_z b} = \frac{210 \times 10^3 \text{N}}{21.3 \times 10^2 \text{mm} \times 1 \times 10^2 \text{mm}} = 98.6\text{MPa} < [\tau] = 100\text{MPa}$$

25b 满足切应力条件，也一定满足正应力条件，不必再校核正应力强度问题，所以，应选择 25b 工字钢。

讨论：例题 5.3 中，能否先根据切应力强度条件来选择工字钢型号？

表 5.2   热轧工字钢截面几何参数（GB/T 706—2008 摘录）

型号	腹板宽度（mm）	截面面积（cm²）	W_z（cm³）	I_z / S_z（cm）
20a	7.0	35.578	237	17.2
20b	9.0	39.578	250	16.9
22a	7.5	42.128	309	18.9
22b	9.5	46.528	325	18.7
24a	8.0	47.741	381	—
24b	10.0	52.541	400	—
25a	8.0	48.541	402	21.6
25b	10.0	53.541	423	21.3

5.3 提高梁弯曲强度的主要措施

提高弯曲强度的主要依据是降低梁截面上的最大应力,其中以降低最大正应力为主,因为弯曲正应力是可能造成梁失效的主要因素。从弯曲正应力公式 $\sigma_{\max} = \dfrac{M}{W}$ 可见,降低梁上的最大弯矩,增加抗弯截面系数,均可以降低最大正应力,从而提高强度。

一、降低梁的最大弯矩

降低梁上的最大弯矩,不是降低外部载荷,否则失去了"提高"强度的意义。可以在不改变载荷大小的情况下,通过改变载荷施加的形式和位置来降低最大弯矩。如图 5.17a 所示简支梁,把作用于梁跨中位置的集中载荷 F 通过改变加载形式分解为作用在离两端 $l/4$ 的位置,最大弯曲从原来的 $Fl/4$ 变为 $Fl/8$。而对于均布载荷作用的简支梁来说,只需将端部支座各自向里移动 $0.2l$,最大弯矩就减小为原来的 $1/5$(图 5.17b)。

授课视频

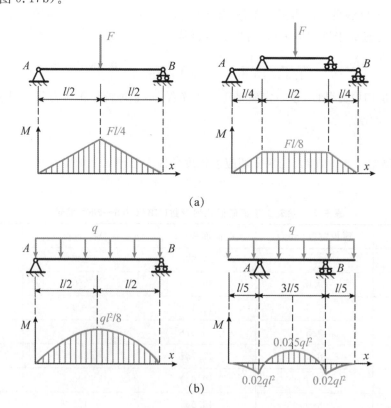

(a)

(b)

图 5.17

二、增加抗弯截面系数

增加抗弯截面系数,不是意味着增加材料用量以达到增加截面面积的目的,否则也失去了提高强度的意义。可以在不改变材料用量的情况下通过改变截面形状来增加抗弯截面系数。图 5.18a ～ d 给出了在截面面积相同的情况下不同形状截面的抗弯截面系数(W_{z1} ～ W_{z4}),依次如下:

圆形(图 5.18a):$W_{z1} = \dfrac{\pi D^3}{32}$

正方形(图 5.18b):$W_{z2} = \dfrac{bh^2}{6} = \dfrac{(\sqrt{\pi}R)^3}{6} = 1.18\,W_{z1}$

长方形(图 5.18c):$W_{z3} = \dfrac{bh^2}{6} = \dfrac{4\,a_1^3}{6} = 1.67\,W_{z1}$

框形(图 5.18d):$W_{z4} = \dfrac{\dfrac{a_2\,(2\,a_2)^3}{12} - \dfrac{0.8a_2\,(1.6\,a_2)^3}{12}}{2\,a_2/2} = 4.57\,W_{z1}$

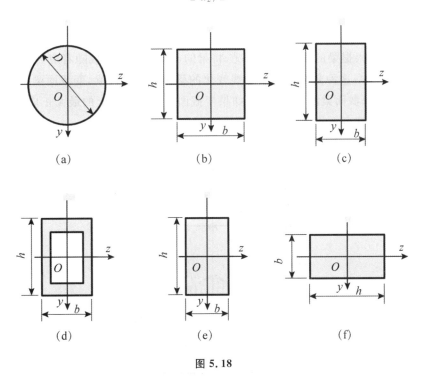

图 5.18

也可以通过截面不同方向的摆放来改变抗弯截面系数,通过对图 5.18e 和 5.18f 的抗弯截面系数(W_{z5} ～ W_{z6})的计算发现,完全不改变截面形状,也能改变抗弯截面系数,显然 5.18e 这种摆放更好。

$$W_{z5} = \frac{bh^2}{6}$$

$$W_{z6} = \frac{hb^2}{6}$$

三、考虑材料特性和受力情况

对于拉压性质不同的材料,尽量不使用关于中性轴对称的截面形状,可以通过合理设计截面形状,使中性轴的位置分布能够让最大拉应力和最大压应力同时接近许用应力。譬如铸铁材料抗压不抗拉,那么为了使同一截面上拉压应力同时接近许用应力,可以设计成⊥形截面,且让中性轴靠近受拉的一侧(图 5.19)。

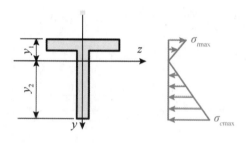

图 5.19

另外,也可以根据梁的内力分布情况,将梁的截面尺寸设计成随着应力变化而变化的结构形式(图5.20)。这种截面尺寸沿轴线变化的梁称为变截面梁,变截面梁的正应力计算仍可以近似使用等截面梁的计算公式,如果变截面梁各个截面上的最大正应力都相同,且都等于许用应力,就可看作等强度梁。

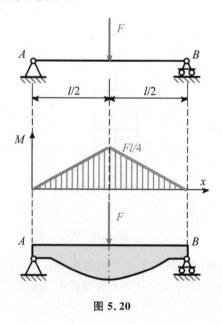

图 5.20

本章小结

弯曲应力公式相对复杂,各个参数的意义需要明确,在进行校核和设计时,正确画出内力图,判定危险截面是正确计算应力的前提。工程应用中,还应注重合理分布载荷、设计截面形状,把构件的性能发挥到最大化。

(1)以纯弯曲为例推演的正应力公式,可以应用到横力弯曲中,产生的误差在工程中是被允许的。

(2)弯曲正应力公式推演过程中,使用了胡克定律,因此,公式的应用范围应在材料的比例极限范围内。

(3)弯曲切应力公式因截面形状不同而不同,重点掌握矩形和工字形截面的弯曲切应力问题。

(4)虽然弯曲切应力的公式复杂,但在利用弯曲切应力进行强度校核时,可以采用最大切应力的简化表达式进行快速计算。

(5)工字形截面梁充分利用了横截面上的正应力和切应力分布规律进行了优化设计,有效节省了材料。

(6)T形截面梁一般适用于拉压性质不同的材料,并要根据梁内的载荷分布状况,选择合理的摆放方向,以此充分利用材料拉压性质不同的特性。

表 5.3　本章公式及符号梳理

公式	符号
$\sigma = \dfrac{My}{I_z}$,$\tau_{\max} = \dfrac{M_{\max}}{W} \leqslant [\tau]$,$\tau = \dfrac{F_S S_z^*}{I_z b}$,$I_z = \dfrac{\pi D^4}{64}$,$I_z = \dfrac{\pi D^4}{64}(1-\alpha^4)$ $I_z = \dfrac{b h^3}{12}$,$W = \dfrac{\pi D^3}{32}$,$W = \dfrac{\pi D^3}{32}(1-\alpha^4)$,$W = \dfrac{b h^2}{6}$	S_z^*,I_z,W

请在合适位置添加上述表格中各个公式及符号代表的意义。

【扩展阅读】

轧制金属的秘密武器

一、轧机

轧机是实现金属轧制过程的设备,按照辊筒数目可分为两辊、四辊、六辊、八辊、十二辊、十八辊、二十辊等;按照辊筒的排列方式又可分为"L"型、"T"型、"F"型、"Z"型和"S"型。普通轧机主要由辊筒、机架、辊距调节装置、辊温调节装置、传动装置、润滑系统、控制系统和拆辊装置等组成。

据记载,1480 年意大利人达·芬奇就设计出了轧机草图,1553 年法国人布律列尔轧制出金和银板材,用以制造钱币。现代轧机在带材冷热轧机、厚板轧机、高速线材轧机、H 型材轧机和连轧管机组等方向的发展更加完善,并出现了轧制速度高达 115m/s 的线材轧机、全连续式带材冷轧机、5500mm 宽厚板轧机和连续式 H 型钢轧机等一系列先进设备。轧机用的原料单重增大,液压自动厚度控制、板形控制、电子计算机程序控制及测试手段越来越完善,轧制品种也在不断扩大。一些适用于连续铸轧、控制轧制等新轧制方法,以及适应新的产品质量要求和提高经济效益的各种特殊结构的轧机都在快速发展中。

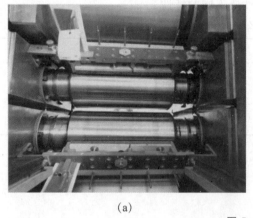

(a)　　　　　　　　　　　　　　　(b)

图 5.21

二、轧辊

轧辊是轧机上使金属产生连续塑性变形的主要工作部件和工具,轧辊主要由辊身、辊颈和轴头 3 部分组成(图 5.21a)。辊身是实际参与轧制金属的轧辊中间部分,它具有光滑的圆柱形或带轧槽的表面;辊颈安装在轴承中,并通过轴承座和下压装置把轧制力传给机架;传动端轴头通过连接轴与齿轮座连接,将电机的转动力矩传递给轧辊。中国从 20 世纪 30 年代开始成批生产铸造轧辊,90 年代,中国轧辊生产才基本满足国内需要并有部分出口,目前,在这一领域仍然在种类和质量上有待提高。

三、弯曲变形问题

可以将轧辊在轧制过程的力学模型建立如图 5.21b 所示,现若给出整个力学模型参数如下:轧辊轴直径 $d = 280\text{mm}$,跨长 $l = 1000\text{mm}$,$b = 100\text{mm}$(为显示均布载荷作用位置,放大了其作用尺寸)。若轧辊材料的弯曲许用应力 $[\sigma] = 100\text{MPa}$,试求轧辊能承受的最大轧制力。

四、问题及讨论

(1)尝试发现更多发生弯曲变形的工程实例。

(2)利用三维软件建立轧辊的三维模型,并利用仿真分析方法(不限仿真分析软件),对模型进行数值模拟。

(3)对比理论计算和数值模拟结果,总结复杂工程中的力学问题的多元解决方法。

(4)基于扩展阅读材料,尝试分析目前我国轧机行业发展现状以及存在的技术难题,浅谈与所学专业之间的关系。

本章精选测试题

一、判断题(每题 1 分,共 10 分)

题号	1	2	3	4	5	6	7	8	9	10
答案										

(1) 对于拉压力学性能不同的材料,最好使用类似矩形或圆形等对称结构的截面。

(2) 梁的截面上如果没有弯矩,则该截面上的正应力为零。

(3) 中性层是由一层没有伸长也没有缩短的纤维组成,中性层与横截面的交线称为中性轴。

(4) 为了提高梁的强度和刚度,只能通过增加梁的支撑这种方法来实现。

(5) 最大弯矩 M_{max} 只可能发生在集中力 F 作用处,因此只需校核此截面强度是否满足强度条件即可。

(6) 大多数梁只进行弯曲正应力强度校核,而不计算弯曲切应力,这是因为它们横截面上只有正应力存在。

(7) 抗弯截面系数仅与截面形状和尺寸有关,与材料种类无关。

(8) 矩形截面梁,若其截面高度和宽度都增加一倍,则强度提高到原来的 16 倍。

(9) 梁弯曲最合理的截面形状,是在横截面积相同条件下 W_z 值最大的截面形状。

(10) 矩形截面梁发生横力弯曲时,横截面上的最大切应力不一定发生在截面的中性轴上。

二、选择题(每题 3 分,共 15 分)

题号	1	2	3	4	5
答案					

(1) 若实心圆杆的直径提高一倍,则其抗拉(压)刚度、抗扭刚度和抗弯刚度各自变为原来的( )倍。

A. 2,4,4　　　　　　B. 4,8,8　　　　　　C. 4,8,16　　　　　　D. 4,16,16

(2) 图 5.22 所示梁的材料为铸铁,截面形式有 4 种,最佳形式为( )。

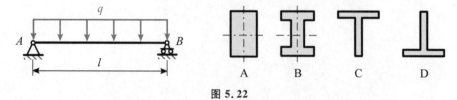

图 5.22

(3) 矩形截面梁发生横力弯曲变形时,在横截面的中性轴处(　　)。

A. 正应力最大,切应力为零 　　　　B. 正应力为零,切应力最大

C. 正应力和切应力均最大 　　　　　D. 正应力和切应力均为零

(4) 提高弯曲强度比较合理的措施有(　　)(多选题)。

A. 合理安排梁的受力情况 　　　　　B. 合理选择梁的截面形状

C. 使用昂贵的材料 　　　　　　　　D. 使用复杂的结构

(5) 设计钢梁时,宜采用中性轴为(　　)的截面。

A. 对称轴 　　　　　　　　　　　　B. 偏于受拉边的非对称轴

C. 偏于受压边的非对称轴 　　　　　D. 对称或非对称轴都可以

三、计算题(每题 15 分,共 75 分)

(1) 简支梁受载及尺寸如图 5.23 所示,试计算 n-n 截面上 a 和 b 两点的正应力和切应力。

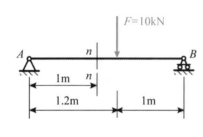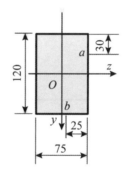

图 5.23

(2) 外伸梁及各参数如图 5.24 所示,试计算 No.16 工字形截面梁内的最大弯曲正应力和最大弯曲切应力。(No.16 工字钢的主要参数: $I_z = 1130\ \text{cm}^4$, $W_z = 141\ \text{cm}^3$, $I_z / S_z = 13.8\text{cm}$)

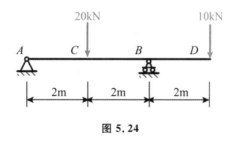

图 5.24

(3) 图 5.25 所示结构,AB 梁为 No.10 工字钢,BC 杆为直径 $d = 20\text{mm}$ 的实心圆截面钢杆,AB 梁上作用均布载荷 q。若梁及杆的许用应力均为 $[\sigma] = 100\text{MPa}$。试求许用的均布载荷 q。(No.10 工字钢的主要参数: $I_z = 245\ \text{cm}^4$, $W_z = 49\ \text{cm}^3$, $I_z / S_z = 8.59\text{cm}$)

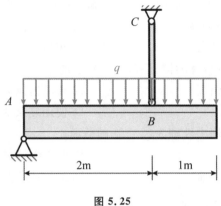

图 5.25

（4）铸铁梁的载荷及横截面尺寸如图 5.26 所示。许用拉应力 $[\sigma_t] = 40\text{MPa}$，许用压应力 $[\sigma_c] = 160\text{MPa}$。试按正应力强度条件校核梁的强度。若载荷不变，但将 T 形横截面梁倒置，即翼缘在下成为 ⊥ 形，是否合理？何故？

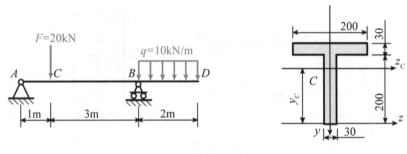

图 5.26

（5）如图 5.27 所示为一圆截面简支梁。已知该梁的许用正应力为 $[\sigma] = 100\text{MPa}$。试作该梁的剪力图和弯矩图，并按弯曲正应力的强度条件设计该梁的横截面直径 d。

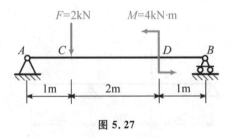

图 5.27

第6章　弯曲变形

> 　　知识目标:理解挠度和转角的概念,能够利用积分法求解一般弯曲梁的挠曲线方程和转角方程,能够运用叠加法求解一般弯曲梁上特定截面的挠度和转角,理解提高弯曲刚度的常用措施。
>
> 　　能力与素养目标:能够识别、判断专业相关工程案例中的弯曲变形问题,建立可求解的力学模型,并用辩证性思维学习材料力学研究问题的一般方法。
>
> 　　本章重点:叠加法求挠度和转角。

　　如同受扭圆轴不仅要满足强度要求,还要满足刚度要求一样,梁弯曲变形时也是既要有足够的强度,也要有足够的刚度。本章将主要聚焦弯曲变形的挠度和转角问题。弯曲变形的积分法需要用到弯矩方程,且随着弯矩方程分段越多,积分法求解的难度越大。可以利用简支梁和悬臂梁在常见载荷作用下的变形情况根据叠加原理求解特定截面的挠度和转角,从而简化求解过程。

6.1　梁弯曲变形的基本概念

一、工程实例

　　工程中,对某些受弯构件除了应满足强度要求外,还要求其变形不能过大,即也有相应的刚度要求。例如,机械工程中常见的齿轮轴(图6.1a),如果变形过大,将影响齿轮啮合与轴承配合,造成磨损不均匀,产生噪声,降低寿命,影响工件的加工精度;吊车梁(图6.1b)若变形过大,将使梁上小车行走困难,出现爬坡现象,还可能引起严重的振动问题。因此,若变形过大,超出某一限制值,即使在弹性范围内,也被认为是一种失效现象。

授课视频

— 137 —

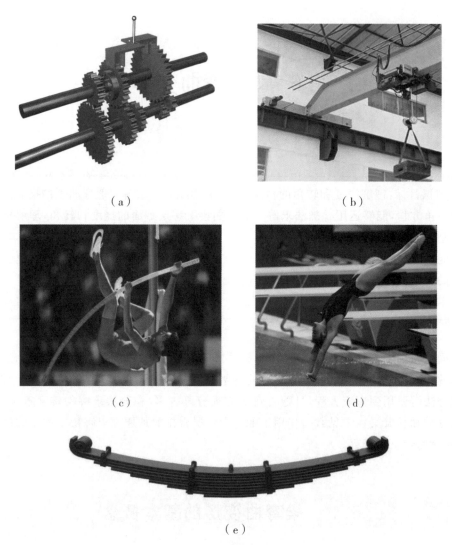

（a）   （b）

（c）   （d）

（e）

图 6.1

很多情况下工程构件的弯曲变形是有限制要求的,但也有一些情况下,往往又需要利用弯曲变形来达到某种要求。譬如,体育运动中的撑竿跳(图 6.1c)和跳板(图 6.1d)就是利用构件较大的弯曲变形来完成优美的动作;汽车上的叠板板簧(图 6.1e),应有较大的弹性变形,方可更好地起到缓冲减振作用。

二、挠度和转角

讨论梁的弯曲变形时,往往取变形前的轴线为 x 轴,与 x 轴垂直向上的轴为 y 轴,则 xy 平面即为梁的纵向对称面。对称弯曲变形后,梁的轴线将成为 xy 平面内的一条曲线,称为挠曲线(图 6.2)。横截面形心在垂直于 x 轴方向的位移 w,称为该截面的挠度。这样,梁的挠曲线方程就可以表示为

$$w = f(x) \tag{6.1}$$

式中,x 为梁在变形前轴线上任一点的横坐标。

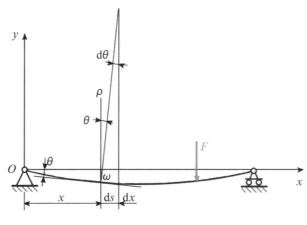

图 6.2

弯曲变形中,梁的横截面相对于原来位置转过的角度 θ,称为该截面的转角。根据平面假设,弯曲变形后梁的横截面仍然正交于挠曲线。由此可得梁上某截面的转角 θ 与挠曲线在该点处的切线和 x 轴的夹角相等,即

$$\tan\theta = w' = f'(x) \tag{6.2a}$$

在小变形情况下,θ 是一个微小量,因此,式(6.2a)又可改写为

$$\theta \approx \tan\theta = w' \tag{6.2b}$$

这表明,在小变形条件下,挠度 w 与转角 θ 存在一阶导数关系,即两者是相关的。

挠度 w 与转角 θ 是度量梁变形的两个基本参量。在图 6.2 所示坐标系内规定,挠度:向上为正,向下为负;转角:逆时针转向为正,顺时针转向为负。

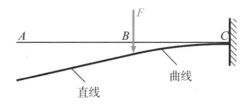

图 6.3

需要注意的是:不同的内力产生不同的变形,内力与变形一一对应,没有内力就没有变形。比如,轴力使杆件伸长或缩短,扭矩使杆件扭转变形,剪力使杆件剪切变形,弯矩则使杆件弯曲变形。在图 6.3 所示悬臂梁的 AB 段没有内力,因此也不会产生变形,但是根据上述定义,AB 段各截面都是有挠度和转角的。可见,严格意义上讲,挠度和转角并不完全是梁的弯曲变形,但在材料力学中,通常说的梁的变形都是指挠度 w 与转角 θ。实际上,拉压杆的伸长量 Δl 和圆轴的扭转角 φ 本质上也是反映杆件横截面的位移,与挠度 w 与转角 θ 非常相似,只不过这种位移是伴随着内力作用所产生的变形引起的,比如图 6.3 中梁 AB 段的挠度与转角就是由于 BC 段的弯曲变形导致的。所以,从这个角度看,说挠度 w 与转角 θ 是梁弯曲变形的度量也是合适的。

6.2 挠曲线近似微分方程

在推演纯弯曲变形的正应力公式时[5.1节,式(f)],梁的弯矩 M 与挠曲线的曲率 ρ 之间存在这样的关系:

$$\frac{1}{\rho} = \frac{M}{EI} \tag{a}$$

横力弯曲时,梁截面上不仅有弯矩还有剪力,但对于跨度远大于高度的梁,剪力对梁弯曲变形的影响很小,可忽略不计。因此式(a)也可以作为横力弯曲时梁弯曲变形的基本方程,但此时弯矩 M 和曲率 ρ 均为 x 的函数,即

$$\frac{1}{\rho(x)} = \frac{M(x)}{EI} \tag{b}$$

按照高等数学相关知识,曲率 ρ 与挠度 w 之间可用以下公式表示:

$$\frac{1}{\rho(x)} = \pm \frac{w''}{(1+w'^2)^{3/2}} \tag{c}$$

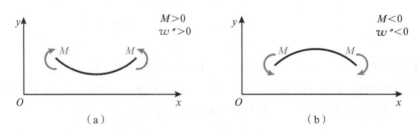

图 6.4

根据弯矩的符号约定,正的弯矩 M 引起上凹下凸的挠曲线,负的弯矩 M 引起上凸下凹的挠曲线。在图6.4所示的坐标系中,挠曲线上凹时 $w''>0$,上凸时 $w''<0$。可见,M 与 w'' 始终同号,故式(c)应取正号,即

$$\frac{1}{\rho(x)} = \frac{w''}{(1+w'^2)^{3/2}} \tag{d}$$

将式(d)代入式(b),则有

$$\frac{w''}{(1+w'^2)^{3/2}} = \frac{M(x)}{EI} \tag{e}$$

这就是挠曲线微分方程。显然,它是非线性的,对弯曲变形的任意情形均适用。由于在小变形情况下,w'^2 为高阶微小量,可略去不计,因此,式(e)可以改写为挠曲线近似微分方程:

$$w'' = \frac{M(x)}{EI} \quad \text{或} \quad EI w'' = M(x) \tag{6.3}$$

利用上式就可以进一步求解梁的挠曲线方程与转角方程。

6.3 积分法求梁的弯曲变形

本节将重点讨论用积分法求解 EI 为常量的等截面梁的挠度与转角。

将公式(6.3)变形为 $EI\,w'' = M(x)$，并对 x 相继积分两次，可得

$$EI\,w' = \int M(x)\mathrm{d}x + C \qquad (6.4)$$

$$EIw = \iint [M(x)\mathrm{d}x]\mathrm{d}x + Cx + D \qquad (6.5)$$

授课视频

式中，C、D 为积分常数，可由梁挠曲线的边界条件(也称为约束条件)等作为补充方程来确定。

梁弯曲时常见的边界条件包括：

(1) 固定端 A 处的边界条件(图 6.5a)：

$$w_A = 0, \theta_A = 0$$

(2) 固定铰支座 A 处与滚动铰支座 B 处的边界条件(图 6.5b)：

$$w_A = 0, w_B = 0$$

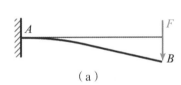

（a）

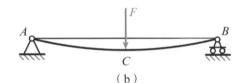

（b）

图 6.5

由于梁上载荷分布不连续，弯矩方程 $M(x)$ 常常要用分段函数的形式表达，这也就意味着转角方程(6.4)和挠曲线方程(6.5)也要进行分段积分。对于挠曲线方程(6.5)，每段积分将引入2个积分常数，若弯矩方程 $M(x)$ 分为 n 段，则将引入 $2n$ 个积分常数，相应地就需要 $2n$ 个补充方程才能求得挠曲线方程的确定解。通常情况下，仅凭边界条件还不足以求出这些积分常数。但注意到，梁变形后的挠曲线应是一条光滑连续曲线，不该有突变(不连续)或转折(不光滑)的情况发生。因此，挠曲线在任意点上必有唯一的挠度与转角。所以，挠曲线在弯矩方程分段处必须满足连续性条件和光滑性条件(以图 6.5b 中 C 处为例)：

$$\text{连续性:} w_C \Big|_{\text{左}} = w_C \Big|_{\text{右}} ; \text{光滑性:} w'_C \Big|_{\text{左}} = w'_C \Big|_{\text{右}}$$

这就为求解积分常数进一步提供了补充方程。

下面举例说明积分法求梁的弯曲变形。

例题 6.1

试求图 6.6 所示悬臂梁在集中力 F 作用下的弯曲变形。设 EI 为常量。

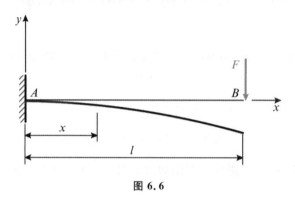

图 6.6

解:(1) 求弯矩方程

取梁的右段研究,其弯矩方程为

$$M(x) = -F(l-x) \quad (0 < x \leqslant l)$$

(2) 确定积分常数

代入挠曲线近似微分方程(6.3),可得

$$EI\,w'' = -F(l-x)$$

对上式相继积分两次,分别得到

$$EI\,w' = \int [-F(l-x)]\mathrm{d}x + C = \frac{F}{2}(l-x)^2 + C \tag{a}$$

$$EIw = \iint \{[-F(l-x)]\mathrm{d}x\}\mathrm{d}x + Cx + D = -\frac{F}{6}(l-x)^3 + Cx + D \tag{b}$$

边界条件为

$$w\big|_{x=0} = 0, \theta\big|_{x=0} = w'\big|_{x=0} = 0 \tag{c}$$

把式(c)代入式(a)和式(b),即得

$$C = -\frac{F}{2}l^2, D = \frac{F}{6}l^3$$

(3) 确定挠曲线方程和转角方程

于是,该悬臂梁的转角方程和挠曲线方程分别为

$$EIw' = \frac{F}{2}(l-x)^2 - \frac{F}{2}l^2 = -\frac{Fx}{2}(2l-x)$$

$$EIw = -\frac{F}{6}(l-x)^3 - \frac{F}{2}l^2x + \frac{F}{6}l^3 = -\frac{Fx^2}{6}(3l-x)$$

由此,即可求梁上任一截面的挠度和转角,比如,将 $x = l$ 代入上面两式就可得自由端 B 处的挠度和转角分别为

$$w_B = -\frac{Fl^3}{3EI}, \theta_B = w'_B = -\frac{Fl^2}{2EI}$$

式中，w_B 为"—"说明自由端 B 处的挠度向下，θ_B 为"—"说明自由端 B 处截面呈顺时针转向。

例题 6.2

试求图 6.7 所示简支梁在均布载荷 q 作用下的弯曲变形。设 EI 为常量。

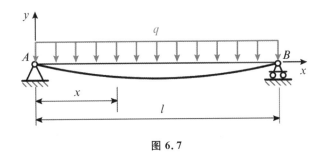

图 6.7

解：(1) 求弯矩方程

由对称性，易知梁上两端的约束反力相等，均为

$$F_A = F_B = \frac{ql}{2}$$

方向向上。其弯矩方程为

$$M(x) = -\frac{q}{2}x^2 + \frac{ql}{2}x \quad (0 \leqslant x \leqslant l)$$

(2) 确定积分常数

代入挠曲线近似微分方程，有

$$EI\,w'' = -\frac{q}{2}x^2 + \frac{ql}{2}x$$

对上式相继积分两次，分别得到

$$EI\,w' = \int\left(-\frac{q}{2}x^2 + \frac{ql}{2}x\right)\mathrm{d}x + C = -\frac{q}{6}x^3 + \frac{ql}{4}x^2 + C \tag{a}$$

$$EIw = \iint\left[\left(-\frac{q}{2}x^2 + \frac{ql}{2}x\right)\mathrm{d}x\right]\mathrm{d}x + Cx + D = -\frac{q}{24}x^4 + \frac{ql}{12}x^3 + Cx + D \tag{b}$$

边界条件为

$$w\big|_{x=0} = 0, \; w\big|_{x=l} = 0 \tag{c}$$

将式(c) 代入式(a) 和式(b)，可解得

$$C = -\frac{q}{24}l^3, \; D = 0$$

(3) 确定挠曲线方程和转角方程

因此，该简支梁的转角方程和挠曲线方程分别为

$$EI\,w' = -\frac{q}{6}x^3 + \frac{ql}{4}x^2 - \frac{q}{24}l^3 = -\frac{q}{24}(4x^3 - 6lx^2 + l^3) \tag{d}$$

$$EIw = -\frac{q}{24}x^4 + \frac{ql}{12}x^3 - \frac{q}{24}l^3x = -\frac{qx}{24}(x^3 - 2lx^2 + l^3) \tag{e}$$

把 $x = 0$ 和 $x = l$ 代入式(d) 即得 A、B 处转角分别为

$$\theta_A = -\theta_B = -\frac{ql^3}{24EI}$$

把 $x = l/2$ 代入式(e)可得梁的跨中挠度为

$$w_{\max} = w\big|_{x=l/2} = -\frac{5ql^4}{384EI}$$

由于梁上载荷为对称分布,所以跨中挠度也就是最大挠度。

例题 6.3

试用积分法求图 6.8 所示简支梁在集中力 F 作用下两端的转角以及梁的最大挠度。设 EI 为常量。

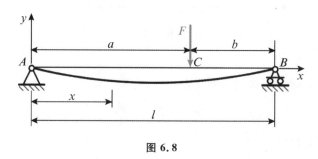

图 6.8

解:(1)求弯矩方程

通过静力平衡分析,求得两端约束力分别为

$$F_A = \frac{b}{l}F, \quad F_B = \frac{a}{l}F$$

方向均向上。分段列出弯矩方程

$$M_1(x) = \frac{b}{l}Fx \ (0 \leqslant x \leqslant a)$$

$$M_2(x) = \frac{b}{l}Fx - F(x-a) \ (a \leqslant x \leqslant l)$$

下标 1、2 分别表示 AC 段和 CB 段。

(2)确定积分常数

1)AC 段$(0 \leqslant x \leqslant a)$:

将 $M_1(x)$ 表达式代入挠曲线近似微分方程,可得

$$EI\,w''_1 = \frac{b}{l}Fx$$

并对上式相继积分两次,则分别得到

$$EI\,w'_1 = \int \frac{b}{l}Fx\,\mathrm{d}x + C_1 = \frac{b}{2l}F\,x^2 + C_1 \tag{a}$$

$$EI\,w_1 = \iint \left(\frac{b}{l}Fx\,\mathrm{d}x\right)\mathrm{d}x + C_1 x + D_1 = \frac{b}{6l}F\,x^3 + C_1 x + D_1 \tag{b}$$

2)CB 段$(a \leqslant x \leqslant l)$:

将 $M_2(x)$ 的表达式代入挠曲线近似微分方程,则得

$$EI\,w''_2 = \frac{b}{l}Fx - F(x-a)$$

再对上式相继积分两次,又分别得到

$$EI\,w'_2 = \int\left(\frac{b}{l}Fx - F(x-a)\right)dx + C_2 = \frac{b}{2l}F\,x^2 - \frac{1}{2}F\,(x-a)^2 + C_2 \qquad (\text{c})$$

$$EI\,w_2 = \iint\left[\left(\frac{b}{l}Fx - F(x-a)\right)dx\right]dx + C_2x + D_2 = \frac{b}{6l}F\,x^3 - \frac{1}{6}F\,(x-a)^3 + C_2x + D_2$$
$$(\text{d})$$

边界条件

$$w_1\big|_{x=0} = 0,\, w_2\big|_{x=l} = 0 \qquad (\text{e})$$

光滑连续条件

$$w_1\big|_{x=a} = w_2\big|_{x=a},\, w'_1\big|_{x=a} = w'_2\big|_{x=a} \qquad (\text{f})$$

将式(e)、(f) 分别代入式(a) 和(b) 与式(c) 和(d),可解得

$$C_1 = C_2 = -\frac{Fb}{6l}(l^2 - b^2),\, D_1 = D_2 = 0$$

(3) 确定挠曲线方程和转角方程

该简支梁的转角方程和挠曲线方程分别为

1)AC 段$(0 \leqslant x \leqslant a)$:

$$EI\,w'_1 = -\frac{Fb}{6l}(-3\,x^2 + l^2 - b^2) \qquad (\text{g})$$

$$EI\,w_1 = -\frac{Fbx}{6l}(-x^2 + l^2 - b^2) \qquad (\text{h})$$

2)CB 段$(a \leqslant x \leqslant l)$:

$$EI\,w'_2 = -\frac{Fb}{6l}\left[(-3\,x^2 + l^2 - b^2) + \frac{3l}{b}\,(x-a)^2\right] \qquad (\text{i})$$

$$EI\,w_2 = -\frac{Fb}{6l}\left[(-x^2 + l^2 - b^2)x + \frac{l}{b}\,(x-a)^3\right] \qquad (\text{j})$$

把 $x=0$ 和 $x=l$ 代入式(g) 和(i),即可得 A、B 处转角分别为

$$\theta_A = -\frac{Fb(l^2 - b^2)}{6EIl} = -\frac{Fab(l+b)}{6EIl},\, \theta_B = \frac{Fab(l+a)}{6EIl}$$

若假设 $a > b$,则

$$\theta_{\max} = \theta_B = \frac{Fab(l+a)}{6EIl}$$

当 $\theta\big|_{x=x_0} = w'\big|_{x=x_0} = 0$ 时,简支梁在 $x = x_0$ 处挠度最大。若 $a > b$,则 x_0 必在 AC 段内,于是,令式(g) 在 $x = x_0$ 处等于零,可解得

$$x_0 = \sqrt{\frac{l^2 - b^2}{3}} = \sqrt{\frac{a(a+2b)}{3}} \qquad (\text{k})$$

将式(k) 代入式(h),即得该简支梁的最大挠度为

$$w_{\max} = w_1\big|_{x=x_0} = -\frac{Fb}{9\sqrt{3}\,EIl}\,\sqrt{(l^2 - b^2)^3}$$

讨论：为什么当 $a > b$ 时，挠度最大的位置发生在 AC 段？

对式（k）研究发现，当集中力作用在跨度中点（简称跨中）位置时，由于 $a = b$，故 $x_0 = l/2$，此时跨中位置挠度最大，这从其对称性亦不难看出。而当集中力 F 无限靠近支座 B 处，即 $b \rightarrow 0$ 时，$x_0 = 0.577l$，此时梁的最大挠度所在截面距离跨中也就 $0.077l$。这说明，即使在这种极端情况下，发生最大挠度的截面还是在跨中附近。换言之，最大挠度所在截面总是靠近跨中。于是，为方便计算，可用跨中挠度近似代替最大挠度。利用式（h），可求跨中挠度为

$$w_1 \big|_{x=l/2} = -\frac{Fb}{48EI}(3\,l^2 - 4\,b^2)$$

由上式可见，当 $b \rightarrow 0$ 时，跨中挠度则为

$$w_1 \big|_{x=l/2} \approx -\frac{Fbl^2}{16EI}$$

此时的最大挠度为

$$w_{\max} = -\frac{Fbl^2}{9\sqrt{3}\,EI}$$

两者的相对误差为

$$\frac{w_{\max} - w_1 \big|_{x=l/2}}{w_{\max}} \times 100\% = 2.57\%$$

结果非常接近。

例题 6.4

试用积分法求图 6.9 所示简支梁在集中力偶矩 M_e 作用下跨中的挠度。设 EI 为常量。

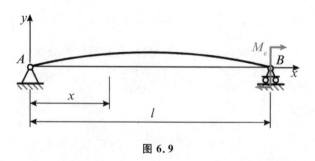

图 6.9

解：(1) 求弯矩方程

根据"力偶只能由力偶来平衡"的性质，易知两端约束力大小均为

$$F_A = F_B = \frac{M_e}{l}$$

A 处向下，B 处向上。其弯矩方程为

$$M(x) = -\frac{M_e}{l}x\,(0 \leqslant x < l)$$

（2）确定积分常数

将 $M(x)$ 的表达式代入挠曲线近似微分方程，可得

$$EI\,w'' = -\frac{M_{\mathrm{e}}}{l}x$$

对上式相继积分两次，分别得到

$$EI\,w' = \int -\frac{M_{\mathrm{e}}}{l}x\,\mathrm{d}x + C = -\frac{M_{\mathrm{e}}}{2l}x^2 + C \tag{a}$$

$$EIw = \iint\left[\left(-\frac{M_{\mathrm{e}}}{l}x\right)\mathrm{d}x\right]\mathrm{d}x + Cx + D = -\frac{M_{\mathrm{e}}}{6l}x^3 + Cx + D \tag{b}$$

边界条件

$$w\big|_{x=0} = 0,\; w\big|_{x=l} = 0 \tag{c}$$

将式（c）代入式（a）和（b），解得

$$C = \frac{M_{\mathrm{e}}}{6}l,\; D = 0$$

（3）确定挠曲线方程和转角方程

梁的转角方程和挠曲线方程分别为

$$EI\,w' = -\frac{M_{\mathrm{e}}}{2l}x^2 + \frac{M_{\mathrm{e}}}{6}l = -\frac{M_{\mathrm{e}}}{6l}(3\,x^2 - l^2) \tag{d}$$

$$EIw = -\frac{M_{\mathrm{e}}}{6l}x^3 + \frac{M_{\mathrm{e}}}{6}lx = -\frac{M_{\mathrm{e}}x}{6l}(x^2 - l^2) \tag{e}$$

把 $x = l/2$ 代入式（e），即得梁跨中挠度为

$$w\big|_{x=l/2} = \frac{M_{\mathrm{e}}\,l^2}{16EI}$$

与上一例题相同，当 $\theta\big|_{x=x_0} = w'\big|_{x=x_0} = 0$ 时，简支梁在 $x = x_0$ 处挠度最大。由此不难解得 $x_0 = 0.577l$，相应地，最大挠度为

$$w_{\max} = w\big|_{x=x_0} = \frac{M_{\mathrm{e}}\,l^2}{9\sqrt{3}\,EI}$$

其相对误差与例题 6.3 中 $b \to 0$ 的极端情况时的结果完全一样，都是 2.57%。

实际上，对于图 6.10 所示均布载荷作用下（其中 $0 < b < l$）的简支梁，仿照上述例题进行分析，同样可以发现，其最大挠度与跨中挠度接近相等（有兴趣的读者不妨试着讨论与分析）。因此，综合看来，简支梁上无论作用什么样的载荷，只要挠曲线上没有拐点，就可以用跨中的挠度来代替最大挠度，这不会引起较大误差，其精度也往往能满足工程设计计算要求。

从以上例题的分析总结积分法的一般步骤为：

（1）求外力并写出梁的弯矩方程；

（2）将弯矩方程代入挠曲线近似微分方程，连续积分两次求得梁的转角方程和挠曲线方程；

（3）根据边界条件和光滑连续条件确定积分常数，得到梁上任意截面转角与挠度的普遍方程；

（4）根据数学分析方法求梁的最大转角和最大挠度。

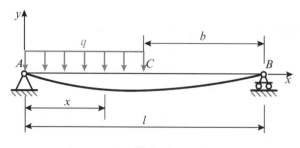

图 6.10

积分法可以得到任意截面的转角和挠度,具有普遍性,但过程非常烦琐,尤其是当弯矩方程需要分段时,其积分常数求解的工作量较大。工程实际问题中,往往只需确定某些特定截面的挠度与转角,比如最大转角和最大挠度等,叠加法处理此类问题更有优势。关于叠加法求解梁的弯曲变形问题将在下一节中讨论。

6.4 叠加法求梁的弯曲变形

在小变形及线弹性情况下,梁的转角与挠度都与其作用的载荷呈线性关系。这就意味着,叠加法同样适用于梁弯曲变形的求解。表 6.1 给出了利用积分法所求得的常用梁在简单载荷作用下的挠曲线方程、端截面转角和最大挠度。当利用叠加法求解梁上几个载荷同时作用下某些特定截面的转角与挠度时,可利用表 6.1 中的结果分别求出每一个载荷各自引起的弯曲变形量,然后将所得结果对应叠加,即可得到这几个载荷共同作用时的结果。

授课视频

例题 6.5

试用叠加法求图 6.11a 所示简支梁两端的转角以及梁的跨中挠度。设 EI 为常量。

解:根据叠加原理,图 6.11a 所示梁上载荷作用下的弯曲变形可看作是由图 6.11b 和图 6.11c 两种情况的叠加。

查表 6.1,可得两种载荷单独作用下简支梁两端转角及跨中挠度分别为

(1) 集中力 F 单独作用时:

$$(\theta_A)_F = -(\theta_B)_F = -\frac{Fl^2}{16EI}, \quad (w_C)_F = -\frac{Fl^3}{48EI}$$

(2) 集中力偶矩 M_e 单独作用时:

$$(\theta_A)_{M_e} = (\theta_B)_{M_e} = -\frac{M_e l}{24EI}, \quad (w_C)_{M_e} = 0$$

于是,两种载荷同时作用下两端转角 θ_A 和 θ_B 及跨中挠度 w_C 分别为

$$\theta_A = (\theta_A)_F + (\theta_A)_{M_e} = -\frac{Fl^2}{16EI} - \frac{M_e l}{24EI}$$

$$\theta_B = (\theta_B)_F + (\theta_B)_{M_e} = \frac{Fl^2}{16EI} - \frac{M_e l}{24EI}$$

$$w_C = (w_C)_F + (w_C)_{M_e} = -\frac{Fl^3}{48EI}$$

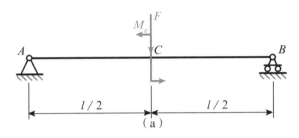

(a)

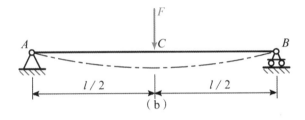

(b)

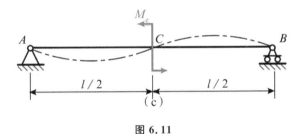

(c)

图 6.11

例题 6.6

试用叠加法求图 6.12a 所示简支梁两端的转角以及梁的最大挠度。设 EI 为常量。

解:图 6.12a 所示梁上载荷作用下的弯曲变形可视为图 6.12b 所示正对称和图 6.12c 所示反对称这两种情况的叠加。

由此查表 6.1,不难得到两种载荷单独作用下简支梁两端转角及跨中挠度分别为

(1) 正对称均布载荷单独作用时(图 6.12b):

$$(\theta_A)_1 = -(\theta_B)_1 = -\frac{ql^3}{48EI}, \quad (w_C)_1 = -\frac{5ql^4}{768EI}$$

(2) 反对称均布载荷单独作用时(图 6.12c):

$$(\theta_A)_2 = (\theta_B)_2 = \frac{ql^3}{384EI}, \quad (w_C)_2 = 0$$

从而,两种载荷同时作用下两端转角 θ_A 和 θ_B 及跨中挠度 w_C 分别为

$$\theta_A = (\theta_A)_1 + (\theta_A)_2 = -\frac{ql^3}{48EI} + \frac{ql^3}{384EI} = -\frac{7ql^3}{384EI}$$

$$\theta_B = (\theta_B)_1 + (\theta_B)_2 = \frac{ql^3}{48EI} + \frac{ql^3}{384EI} = \frac{3ql^3}{128EI}$$

$$w_C = (w_C)_1 + (w_C)_2 = -\frac{5ql^4}{768EI}$$

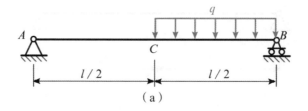

（a）

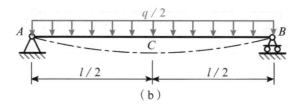

（b）

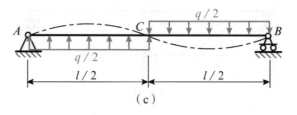

（c）

图 6.12

例题 6.7

试用叠加法求图 6.13a 所示外伸梁自由端 C 处的转角和挠度。设 EI 为常量。

分析：由于表 6.1 并未给出外伸梁的变形情况，所以无法使用叠加法直接查表获得相关变形参量。为此，可将图 6.13a 所示外伸梁转化为表 6.1 所给的悬臂梁和简支梁的某种组合。假设将外伸梁沿截面 B 分成两部分，看作由固定在截面 B 的悬臂梁 BC（图 6.13b）和简支梁 AB（图 6.13c）组成。其中，研究 BC 段时相当于把原结构的 AB 段刚化，而研究 AB 段时则相当于把 BC 段刚化。这种方法可理解为一种所谓的逐段刚化法。很明显，这两部分的变形都将引起自由端 C 处发生位移。

解：对于图 6.13c 所示结构，梁上除了受均布载荷作用外，截面 B 处还有 BC 段刚化后集中力 F 平移到 B 点得到的 F 和附加力偶矩 $M_e = Fa$。但由于平移后的力 F 作用在支座 B 上，不会引起弯曲变形，可略去不计。于是，根据叠加法，图 6.13c 所示结构又可看作是由

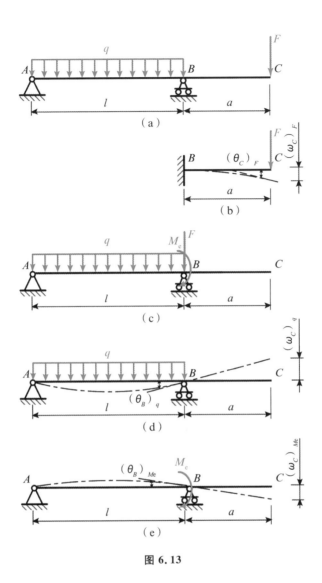

图 6.13

图 6.13d 和图 6.13e 两种情况的叠加。

综上,图 6.13a 的结构可分解为由图 6.13b、图 6.13d 和图 6.13e 的叠加。查表 6.1,可得这三种载荷单独作用下自由端 C 处的转角和挠度。

(1)悬臂梁情况下集中力 F 单独作用时(图 6.13b):

$$(\theta_C)_F = -\frac{Fa^2}{2EI}, \quad (w_C)_F = -\frac{Fa^3}{3EI}$$

(2)简支梁情况下均布载荷 q 单独作用时(图 6.13d):

$$(\theta_C)_q = (\theta_B)_q = \frac{ql^3}{24EI}, \quad (w_C)_q = a\,(\theta_B)_q = \frac{ql^3 a}{24EI}$$

(3)简支梁情况下附加力偶矩 M_e 单独作用时(图 6.13e):

$$(\theta_C)_{M_e} = (\theta_B)_{M_e} = -\frac{Fal}{3EI}, \quad (w_C)_{M_e} = a\,(\theta_B)_{M_e} = -\frac{Fa^2 l}{3EI}$$

上述情况同时作用下自由端 C 处的转角和挠度分别为

$$\theta_C = (\theta_C)_F + (\theta_C)_q + (\theta_C)_{M_e} = -\frac{Fa^2}{2EI} + \frac{ql^3}{24EI} - \frac{Fal}{3EI} = -\frac{1}{24EI}\left[4Fa(3a+2l) - ql^3\right]$$

$$w_C = (w_C)_F + (w_C)_q + (w_C)_{M_e} = -\frac{Fa^3}{3EI} + \frac{ql^3a}{24EI} - \frac{Fa^2l}{3EI} = -\frac{a}{24EI}\left[8Fa(a+l) - ql^3\right]$$

表 6.1　梁在简单载荷作用下的变形

序号	梁的简图	挠曲线方程	端截面转角	最大挠度
1		$w = -\dfrac{M_e x^2}{2EI}$	$\theta_B = -\dfrac{M_e l}{EI}$	$w_B = -\dfrac{M_e l^2}{2EI}$
2		$w = -\dfrac{F x^2}{6EI}(3l - x)$	$\theta_B = -\dfrac{F l^2}{2EI}$	$w_B = -\dfrac{F l^3}{3EI}$
3		$w = -\dfrac{F x^2}{6EI}(3a - x)\ (0 \le x \le a)$ $w = -\dfrac{F a^2}{6EI}(3x - a)\ (a \le x \le l)$	$\theta_B = -\dfrac{F a^2}{2EI}$	$w_B = -\dfrac{F a^2}{6EI}(3l - a)$
4		$w = -\dfrac{q x^2}{24EI}(x^2 - 4lx + 6l^2)$	$\theta_B = -\dfrac{q l^3}{6EI}$	$w_B = -\dfrac{q l^4}{8EI}$
5		$w = -\dfrac{M_e x}{6lEI}(x - l)(x - 2l)$	$\theta_A = -\dfrac{M_e l}{3EI}$ $\theta_B = \dfrac{M_e l}{6EI}$	$x_0 = (1 - 1/\sqrt{3})l$ $w_{max} = -\dfrac{M_e l^2}{9\sqrt{3}EI}$ $w\big|_{x=l/2} = -\dfrac{M_e l^2}{16EI}$

续　表

序号	梁的简图	挠曲线方程	端截面转角	最大挠度
6		$w=\dfrac{M_e x}{6l}\left(x^2-l^2\right)$	$\theta_A=-\dfrac{M_e l}{6EI}$ $\theta_B=\dfrac{M_e l}{3EI}$	$x_0=l/\sqrt{3}$ $w_{\max}=-\dfrac{M_e l^2}{9\sqrt{3}EI}$ $w\big|_{x=l/2}=-\dfrac{M_e l^2}{16EI}$
7		$w=-\dfrac{M_e x}{6EIl}\left(x^2+3b^2-l^2\right)\ (0\leqslant x\leqslant a)$ $w=-\dfrac{M_e}{6EIl}\left[x^3-3l\left(x-a\right)^2-\left(l^2-3b^2\right)x\right]$ $(a\leqslant x\leqslant l)$	$\theta_A=\dfrac{M_e}{6EIl}$ $\left(l^2-3b^2\right)$ $\theta_B=\dfrac{M_e}{6EIl}$ $\left(l^2-3a^2\right)$	
8		$w=-\dfrac{Fx}{48EI}\left(4x^2-3l^2\right)\ (0\leqslant x\leqslant l/2)$	$\theta_A=-\theta_B$ $=-\dfrac{Fl^2}{16EI}$	$w_{\max}=-\dfrac{Fl^3}{48EI}$
9		$w=-\dfrac{Fbx}{6lEI}\left(-x^2+l^2-b^2\right)\ (0\leqslant x\leqslant a)$ $w=-\dfrac{Fb}{6EIl}\left[\dfrac{l}{b}\left(x-a\right)^3-x\left(x^2-l^2+b^2\right)\right]$ $(a\leqslant x\leqslant l)$	$\theta_A=$ $-\dfrac{Fab\left(l+b\right)}{6EIl}$ $\theta_B=$ $\dfrac{Fab\left(l+a\right)}{6EIl}$	设 $a>b$,则 $x_0=\sqrt{\dfrac{l^2-b^2}{3}}$ $w_{\max}=-\dfrac{Fb}{9\sqrt{3}EIl}\sqrt{\left(l^2-b^2\right)^3}$ $w_1\big|_{x=l/2}=-\dfrac{Fb}{48EI}\left(3l^2-4b^2\right)$
10		$w=-\dfrac{qx}{24EI}\left(x^3-2lx^2+l^3\right)$	$\theta_A=-\theta_B$ $=-\dfrac{ql^3}{24EI}$	$w_{\max}=-\dfrac{5ql^4}{384EI}$

6.5 简单超静定梁

工程实际中,有时需要增加更多的约束来提高梁的强度、刚度或改善内力分布以增强其安全性。此时,结构的约束力就不能完全由静力平衡方程确定。把约束力数目多于独立平衡方程数目的梁称为超静定梁或静不定梁。对于超静定梁,可从静力平衡关系、变形协调关系和物理关系三方面联立求解所有约束力。

授课视频

例题 6.8

试求图 6.14a 所示梁各处约束力。设 EI 为常量。

解:(1)静力平衡关系(受力分析如图 6.14b 所示):

$$\sum F_x = 0, F_{Ax} = 0$$

$$\sum F_y = 0, F_{Ay} + F_B = 0$$

$$\sum M_A = 0, M_{eA} - M_e + F_B \cdot 2a = 0$$

可见,这是一个一次超静定梁。

(2)变形协调关系(即多余约束处的边界条件):

图 6.14b 可用叠加法分解为图 6.14c 和图 6.14d 两种情况的叠加。将支座 B 视为多余约束,以约束力 F_B 代替,由于 B 处的滚动铰支座限制了 B 点的位移,所以 B 点的挠度应满足以下边界条件:

$$w_B = (w_B)_{F_B} + (w_B)_{M_e} = 0 \tag{a}$$

(3)物理关系:查表 6.1,可知

$$(w_B)_{F_B} = \frac{8F_B a^3}{3EI}$$

$$(w_B)_{M_e} = (w_C)_{M_e} + a(\theta_C)_{M_e} = -\frac{3M_e a^2}{2EI}$$

将上面两式代入边界条件(a),并联立静力平衡方程求解,易得

$$F_{Ax} = 0, F_{Ay} = -F_B = -\frac{9M_e}{16a}, M_{eA} = -\frac{M_e}{8a}$$

实际上,本题也可以将 M_{eA} 视为多余约束力,则原超静定梁就可以看作在 M_e 和 M_{eA} 共同作用且 A 处转角为零的简支梁,如图 6.15b 所示。仿照上述分析方法,在静力平衡方程的基础上,将变形协调方程改为

$$\theta_A = (\theta_A)_{M_{eA}} + (\theta_A)_{M_e} = 0 \tag{b}$$

查表 6.1,物理关系变为

$$(\theta_A)_{M_{eA}} = \frac{2M_{eA}a}{3EI}$$

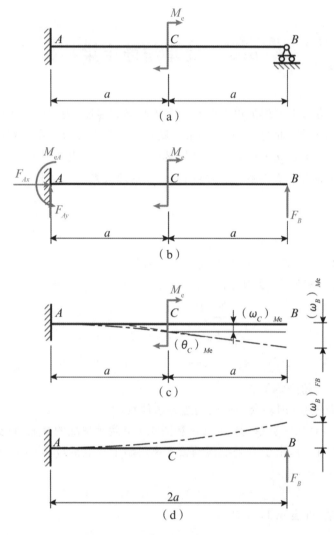

图 6.14

$$(\theta_A)_{M_e} = \frac{M_e a}{12EI}$$

将上面两式代入边界条件(b),并联立静力平衡方程求解,同样可得

$$F_{Ax} = 0, F_{Ay} = -F_B = -\frac{9}{16}\frac{M_e}{a}, M_{eA} = -\frac{M_e}{8a}$$

可见,超静定梁中多余约束的所谓"多余"是相对而言的,根据问题的不同,可有多种解法。一般情况下若多余约束力为集中力 F,则变形协调方程往往写成关于挠度的方程;若多余约束力为力偶矩 M_e,则变形协调方程通常写成关于转角的方程。两者解题步骤相同。

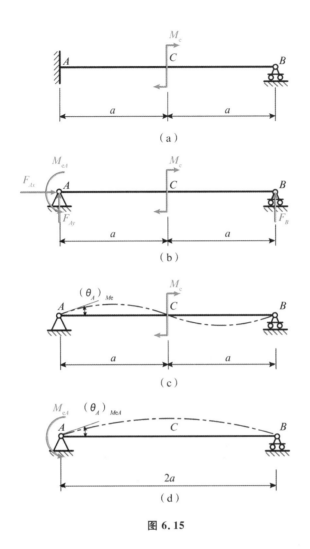

图 6.15

例题 6.9

试作图 6.16a 所示梁的内力图。已知：$a = 1\text{m}, q = 8\text{kN/m}, EI$ 为常量。

解：

（1）静力平衡关系

以梁 AB 为研究对象，受力分析如图 6.16b 所示，列静力平衡方程

$$\sum F_x = 0, F_{Ax} = 0$$

$$\sum F_y = 0, F_{Ay} + F_B + F_C - 2qa = 0$$

$$\sum M_A = 0, -2qa^2 + F_C \cdot a + F_B \cdot 2a = 0$$

可知，这是一个一次超静定梁。

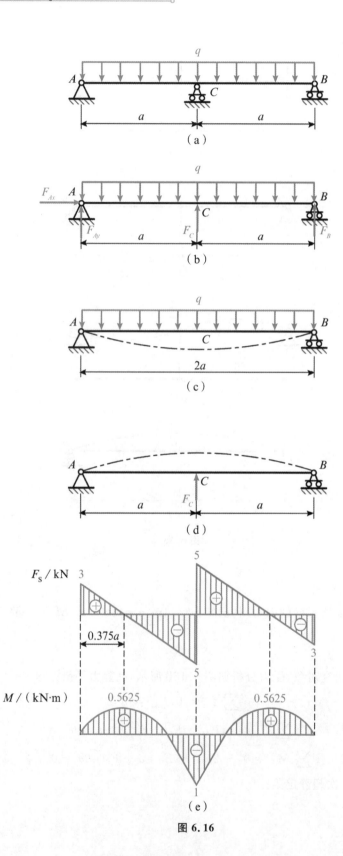

图 6.16

（2）变形协调关系

将支座 C 看作多余约束，图 6.16b 可利用叠加原理分解为图 6.16c 和图 6.16d 两种情况的组合。由于 C 处原有的滚动铰支座限制了 C 点的位移，所以 C 点的挠度应满足以下边界条件：

$$w_C = (w_C)_{F_C} + (w_C)_q = 0 \tag{a}$$

（3）物理关系

查表 6.1，可知

$$(w_C)_{F_C} = \frac{F_C a^3}{6EI} \tag{b}$$

$$(w_C)_q = -\frac{5q a^4}{24EI} \tag{c}$$

联立求解上述各方程，易得

$$F_{Ax} = 0, F_{Ay} = F_B = \frac{3}{8}qa = 3\text{kN}, F_C = \frac{5}{4}qa = 10\text{kN}$$

各约束力求出后，即可作该梁的剪力图和弯矩图，如图 6.16e 所示。

讨论：例题 6.9 是否还有其他解法？

6.6　提高梁弯曲刚度的措施

从挠曲线近似微分方程及其积分所得转角与挠度公式（表 6.1）可以看到，梁的转角与挠度可统一表示为

$$\theta, w = \beta \cdot \frac{\text{载荷} \cdot (\text{跨度})^n}{EI} \tag{6.7}$$

式中，β、n 是与梁的抗弯刚度 EI、梁的跨度、载荷形式以及载荷的作用位置等有关的常数。由式（6.7）可知，增大抗弯刚度 EI、减小载荷和跨度以及 β 和 n，都可有效降低梁的最大变形。因此，提高梁的弯曲刚度可从以下几方面考虑。

授课视频

一、改善载荷布置形式

弯矩是引起弯曲变形的主要因素，因此，与提高梁的弯曲强度措施相类似，通过合理安排梁的受力情况来减小弯矩的措施，同样可以达到提高弯曲刚度的目的。譬如，把集中力分散成分布力就能取得降低弯矩、减小弯曲变形的效果。以简支梁为例，跨中受集中力 F 作用时其最大挠度的数值为 $\frac{F l^3}{48EI}$，若分散成均布力（$F = ql$），则其最大挠度数值变为 $\frac{5F l^3}{384EI}$，仅为前者的 62.5%。

二、减小跨度或增加约束

式(6.7)表明,梁的转角或挠度与跨度的 n 次方成正比,所以减小梁的跨度可明显提高梁的弯曲刚度。比如,对于跨中受集中力作用的简支梁,若将跨度由 l 减小为 $l/2$,其最大挠度将变为原来的 $1/8$(表 6.1)。如果梁的跨度无法改变,则通过增加梁的支座来减小梁的最大变形,例如,例题 6.2 中受均布载荷作用的简支梁,其最大挠度为 $-\dfrac{5ql^4}{384EI}$,若在跨中增加一个滚动铰支座(例题 6.9),其最大挠度将变为原来的 $1/38.47$。

三、增大梁的抗弯刚度

梁的抗弯刚度 EI 越大,弯曲变形越小。增大梁的抗弯刚度 EI,一方面,可通过选择合适的材料以提高材料的弹性模量 E,但由于各种钢材的弹性模量大致相同,若选用高强度钢,抗弯刚度并无明显改善,却增加了制造成本。另一方面,还可以通过选择合理的截面形状来提高截面惯性矩 I。比如,工字形、槽形、T 形截面都比同样面积的矩形截面的惯性矩大,箱形或空心截面比同样面积的实心截面的惯性矩大。提高惯性矩的数值,既可以提高梁的刚度,也能提高梁的强度。对于强度问题,主要是提高弯矩较大的局部范围内的抗弯截面系数,而对于刚度问题,则通常要考虑杆件全长的弯曲刚度,因为弯曲变形与各部分的刚度都有关系。

本章小结

挠度和转角是度量梁弯曲变形的基本参量,本章在明确挠度与转角概念的基础上,建立了梁弯曲变形的挠曲线近似微分方程,并通过积分法来求梁上各截面的挠度与转角,另外还引入叠加法求梁的弯曲变形,再基于叠加法研究简单超静定梁,最后讨论了提高梁弯曲刚度的一些措施。

(1)挠曲线是指直梁发生平面弯曲变形时其轴线弯曲成的一条光滑连续的平面曲线。梁的横截面形心在垂直于轴线方向的位移称为该截面(或该点)的挠度,向上为正,向下为负;梁横截面绕其中性轴旋转的角度称为该截面的转角,逆转为正,顺转为负。在小变形时,挠度与转角的关系为: $\theta \approx \tan\theta = w'$。

(2)基于挠曲线近似微分方程,可利用两次积分获得转角方程和挠曲线方程的不定积分形式,再结合边界条件和光滑连续条件确定待定常数,从而得到确定的转角方程和挠曲线方程。若弯矩方程分成 n 段,则需分 n 段积分,从而引入 $2n$ 个待定常数,相应地需要 $2n$ 个补充方程。因此积分法虽然具有普适性,但较为烦琐,计算工作量较大。

(3)叠加法是求解特定截面转角和挠度的一种快速解法。对于悬臂梁或简支梁,可以通过查表6.1,再利用叠加原理快速求解特定截面的转角和挠度。但对于外伸梁,要先进行结构转化,采用"逐段刚化法",将其看作悬臂梁和简支梁的组合,再进行求解。

（4）求解超静定梁的基本步骤一般为:1）受力分析,列静力平衡方程;2）解除多余约束,寻找变形协调关系（边界条件）;3）用叠加法,结合变形协调关系,寻求物理关系,建立补充方程;4）联立求解各方程,即可得各约束力。

（5）提高弯曲刚度的目的是减小弯曲变形。改善载荷布置形式、减小跨度或增加约束、增大梁的抗弯刚度是提高梁弯曲刚度的三种常见措施。

【扩展阅读】

神奇的芭蕉扇

一、文学作品中的芭蕉扇

芭蕉扇（图6.17），又称蒲扇、葵扇，在古诗词中多称为蒲葵。清王廷鼎《杖扇新录》："古有棕扇、葵扇、蒲扇、蕉扇诸名，实即今之蒲扇，江浙呼为芭蕉扇也。棕榈一种名蒲葵，《研北杂志》称《唐韵》'棕'字注云'蒲葵也，乃棕扇耳'。以其似蕉，故亦名芭蕉扇，产闽广者多叶圆大而厚，柄长尺外，色浅碧，乾则白而不枯。土人采下阴干，以重物镇之使平，剪成圆形，削细篾丝，杂锦线缘其边，即仍其柄以为柄，曰'自来柄'，是为粗者。有截其柄，以名竹、文木、洋漆、象牙、玳瑁为之，饰以翠蝶银花，缘以锦边，是为细者。通称之曰蒲扇，或曰芭蕉扇，实一物也。"这种扇轻便风大，价格低廉，是国人夏季纳凉常用的生活用品。

芭蕉扇虽粗陋简单，却充满神奇的魅力。在中国历代文学作品中可常见它的身影。比如，名著《西游记》中描述的芭蕉扇，广为人知（图6.18）。芭蕉扇在《西游记》中曾出现三次。第一次是在平顶山，太上老君用它来扇火炼丹，被金、银二童盗来作为法宝；第二次是在金兜山，太上老君用来降服青牛；第三次则是在火焰山，孙悟空费尽心机，三调芭蕉扇，并利用铁扇公主的这把宝扇成功地扑灭火焰山之火，使唐僧师徒得以继续西行。

图 6.17

图 6.18

再如，唐代僧人释智圆作诗《谢僧惠蒲扇》曰："结蒲为扇状何奇，助我淳风世罕知。林下静摇来客笑，竹床菇屋恰相宜。"诗中描述了作者在炎炎夏日轻摇蒲扇，尽享清凉的美好感受，这很自然，然而令作者称"奇"之处和感叹"世罕知"的深层意境恐怕就不是那么容易被人领悟了。

二、芭蕉扇结构的力学内涵

从芭蕉扇的结构特征上看，相比于扇面面积，其叶面厚度小了很多，有的甚至不足1mm，是典型的薄壁截面。为了抵抗弯曲变形，应有一个合理的抗弯刚度。芭蕉扇叶脉的褶皱结构起到了关键作用。褶皱主要集中密布在纵轴方向，并向两侧逐渐展开。褶皱的叶脉在根部密集而截面高,扩散到扇面边缘处则变得稀疏而平缓。这样,其弯曲刚度沿径向就呈现逐渐衰减的变化,与风压作用下的弯矩分布规律几乎一致,从而有效地起到了抗弯作用。

芭蕉扇在叶脉根部的截面厚度还比较大,但到了边缘处,叶面就变得微薄如纸了,会在扇风时因过于柔软而承受过大的弯曲应力,并易于产生疲劳破坏。而且,扇面过软,变形过大,也会降低扇风的效果。由此,也就不难理解为什么人们要在扇子的边缘处采用细篾丝缝合加固,因为这样一来,就可以使扇子形成环向弯曲刚度略大,而径向刚度较小的结构,从而在扇动时扇面可柔韧鼓风,如同鸟类之翼,省力而高效。然而,篾丝如果选得太粗,或者用同样直径的铁丝代替,扇子固然更加结实了,变形也大为减小了,但它却变得不那么轻巧好用了。

此外,扇面上的叶脉还具有导流作用。空气沿径向快速流动,一方面提高了扇风的效果,另一方面也有效地降低了风压,并由此避免叶脉根部承受过大的弯矩。扇面的对称轴与扇柄和主脉方向重合,因此这个方向上的弯曲刚度最大。于是,扇动时扇面主要的变形是围绕此对称轴的弯曲,而这种变形会使扇子垂直于对称轴的横截面由直变弯,截面的惯性矩随之增大,相应的抗弯刚度和强度也提高了。

通过以上分析可见,芭蕉扇的神奇魅力正是源于其内在结构的刚柔相济。

三、问题及讨论

(1) 请以某具体蒲扇为例,建立其简化的力学模型,并计算其在三级风速下的最大挠度和转角。

(2) 请根据以上材料的分析方法,从结构特征上谈谈竹子的力学之美。

(3) 搜索相关的仿生结构设计产品,试分析其力学内涵。

本章精选测试题

一、判断题(每题 1 分,共 10 分)

题号	1	2	3	4	5	6	7	8	9	10
答案										

(1) 梁弯曲变形后,最大转角和最大挠度必在同一截面上。

(2) 正弯矩产生正转角,负弯矩产生负转角。

(3) 梁的挠曲线方程随弯矩方程的分段而分段,只要梁不具有中间铰,则梁的挠曲线仍然是一条光滑连续的曲线。

(4) 弯矩突变的截面转角也有突变。

(5) 梁弯曲后,某点的曲率半径通常与该点所在的横截面位置有关。

(6) 梁的最大挠度必发生在最大弯矩处。

(7) 梁内弯矩为零的横截面,其挠度也为零。

(8) 绘制挠曲线的大致形状,不但要考虑梁的弯矩图,还要考虑梁的支承条件。

(9) 不同材料制成的梁,即使其截面形状和尺寸、长度和载荷均相同,两者发生弯曲变形时的最大挠度值往往也会不同。

(10) 对于横截面为正方形的梁,为增加抗弯截面系数以提高梁的弯曲刚度,应使中性轴通过正方形的对角线。

二、选择题(每题 3 分,共 15 分)

题号	1	2	3	4	5
答案					

(1) 以下关于梁转角的说法中,(   ) 是错误的。

A. 转角是横截面绕中性轴转过的角位移

B. 转角是变形前后同一截面间的夹角

C. 转角是挠曲线的切线与轴向坐标轴间的夹角

D. 转角是横截面绕梁轴线转过的角度

(2) 等截面直梁在弯曲变形时,挠曲线的最大曲率发生在(   )处。

A. 挠度最大   B. 转角最大   C. 剪力最大   D. 弯矩最大

(3) 两简支梁,一根为钢,一根为铜,已知它们的抗弯刚度相同。跨中作用有相同的力 F,二者的(   )不同。

A. 支反力   B. 最大正应力

C. 最大挠度   D. 最大转角

(4) 简支梁受力如图 6.19 所示,其大致的挠曲线绘制正确的是(　　)。

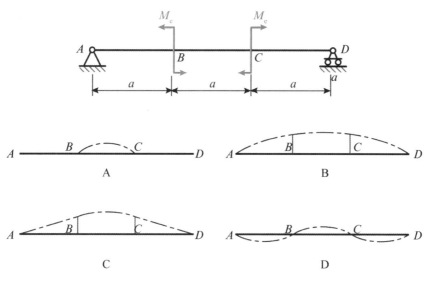

图 6.19

(5) 将桥式起重机的主钢梁设计成两端外伸的外伸梁较简支梁更有利,这是因为(　　)。

A. 减小了梁的最大剪力值   B. 减小了梁的最大挠度值

C. 减小了梁的最大弯矩值   D. 增加了梁的抗弯刚度

三、计算题(每题 15 分,共 75 分)

(1) 试用积分法求图 6.20 中梁 B 截面处的转角 θ_B 和 C 截面处的挠度 w_C。设 EI 为已知。

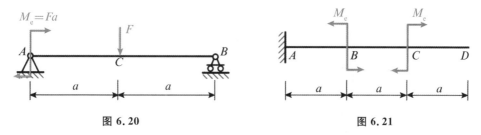

图 6.20   **图 6.21**

(2) 对于图 6.21 所示梁,试:1) 写出用积分法求梁变形时的边界条件和连续光滑条件;2) 根据梁的弯矩图和支座条件,画出梁的挠曲线的大致形状。

(3) 试用叠加法求图 6.22 中各梁 B 截面处的挠度 w_B 和 C 截面处的转角 θ_C。设 EI 为已知。

(4) 图 6.23 所示两梁相互垂直,并在简支梁中点接触。设两梁材料相同,简支梁 AB 的抗弯刚度为 EI_1,悬臂梁 CD 的抗弯刚度为 EI_2,试求梁 AB 中点 C 的挠度 w_C。

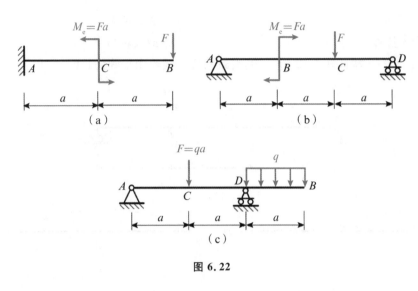

图 6. 22

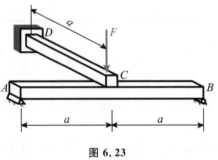

图 6. 23

（5）图 6.24 所示悬臂梁 AB 和 DE 的抗弯刚度都为 $EI = 24 \times 10^6\,\mathrm{N \cdot m^2}$。由铜杆 CD 相连接，杆 CD 的横截面面积 $A = 400\,\mathrm{mm^2}$，弹性模量 $E = 100\mathrm{GPa}$，$a = 2\mathrm{m}$。若施加的外力偶矩 $M_e = 30\mathrm{kN \cdot m}$，试求悬臂梁 AB 在点 B 的挠度 w_B。

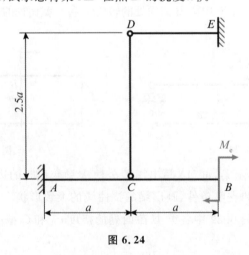

图 6. 24

第7章　应力和应变分析、强度理论

知识目标:明确一点的应力状态、主平面和主应力等基本概念,掌握从构件中截取单元体的方法;能够用解析法和图解法分析、计算平面应力状态下任意截面上的应力、主应力并确定主平面方位;了解三向应力,掌握简单三向应力的主应力和最大切应力的计算方法;掌握广义胡克定律及其应用;了解各个强度理论的基本观点、相应的强度条件及其应用范围;能应用强度理论进行强度计算。

能力与素养目标:能够利用多元方法解决复杂工程中的力学问题,并用辩证性思维学习材料力学研究问题的一般方法。

本章重点:点的应力状态、平面应力状态的解析法和图解法,广义胡克定律、强度理论。

前面的章节主要从宏观角度,以"外力 — 内力 — 应力(应变)— 校核"的思路研究杆件在基本变形下的强度和刚度问题,从这一章开始将进入微观视角,利用"单元体"来研究构件的强度和变形问题。

7.1　应力状态概述

一、基本概念

前面分别研究了杆件在轴向拉伸与压缩、扭转和弯曲等基本变形条件下横截面上任一点的应力问题,并根据相应的实验结果,建立了危险点的强度条件。然而,不同材料在各种载荷作用下的破坏实验表明,构件的破坏并非总是沿着横截面发生。例如,同样是拉伸破坏实验,低碳钢试样拉伸到屈服阶段时表面会出现与轴线约成 $45°$ 的滑移线并最终导致杯口状断口(图7.1a),而铸铁试样却大致沿横截面断开并呈平截面断口特征(图7.1b)。同样是扭转破坏实验,低碳钢试样几乎沿着横截面切断(图7.1c),而铸铁试样却沿着与轴线大致成 $45°$ 的螺旋面发生断裂破坏(图7.1d),并且,当扭矩方向相反时其螺旋断面的角度也随之改变

授课视频

（图 7.1e）。

一般情况下，构件横截面上常常同时存在正应力和切应力，譬如，对于横力弯曲的梁，除上下边缘以及中性轴外，横截面上其他各点都既有正应力又有切应力，此时若分别按照正应力和切应力建立强度条件就不一定合适了。因此，必须充分了解一点处的应力沿着不同方位的变化规律，才能更加全面地进行强度分析，并为解决复杂工程问题提供理论依据。

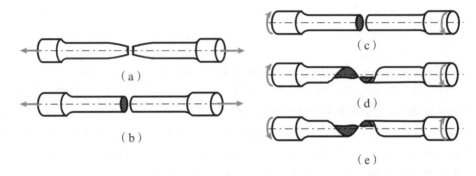

图 7.1

关于应力，要特别注意三个重要概念：

（1）应力的点的概念。构件不同位置上的点的应力往往不同，即应力是位置的函数。例如，圆轴扭转时横截面上任意点的切应力 τ_ρ 与该点到轴心的距离 ρ 成正比；梁弯曲时横截面上任意点的正应力 σ 与该点到中性轴的距离 y 成正比。

（2）应力的面的概念。过一点的不同方位截面上的应力也常常不一样，即应力也是截面方位的函数。例如，轴向拉压杆的横截面上只有正应力而没有切应力，但与轴线成45°的斜截面上既有正应力又有切应力。所以，讨论应力就必须指明其位置和方位。

（3）应力状态的概念。受力构件内一点的不同方位截面上的应力集合称为应力状态。研究过一点不同方位截面上的应力变化情况，就是应力分析的内容。

研究构件内一点的应力状态，通常是围绕该点取出一个微小的正六面体，即单元体（也称为微元体）作为研究对象。由于单元体各棱边边长为无限微小量，所以可以认为，单元体各面上的应力分布是均匀的，并且每对平行平面上的应力大小和性质都相同。由此可知单元体上独立的平面只有 3 个，而且它们两两相互垂直。

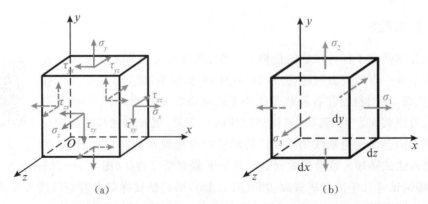

图 7.2

一般情况下,描述一点处的应力状态需要9个应力分量,如图7.2a所示。单元体上每个面各用三个应力分量(一个正应力和两个切应力)表征,这些应力分量描述了沿 x、y 和 z 轴所取单元体的应力状态。其中,σ_x、σ_y 和 σ_z 分别是法线为 x、y 和 z 轴的平面上的正应力分量,切应力分量用两个下标区分,第一个下标表示切应力所在平面的法向,第二个下标则表示切应力的方向,并考虑到相互垂直的邻面上的切应力满足切应力互等定理,所以

$$\tau_{xy} = -\tau_{yx}, \tau_{yz} = -\tau_{zy}, \tau_{zx} = -\tau_{xz}$$

于是,一点的应力状态就由6个独立的应力分量(3个正应力和3个切应力)来表示。

弹性理论已经证明,将单元体旋转,改变其方位,总可以找到这样一组方位,使其各面上只有正应力而没有切应力,如图7.2b所示,这样的单元体称为主单元体,这种切应力为零的平面称为主平面,主平面的法向称为该点应力的主方向,主平面上的正应力称为主应力。显然,这样的主应力有三个,分别用 σ_1、σ_2 和 σ_3 表示,并按其代数值的大小约定:

$$\sigma_1 \geqslant \sigma_2 \geqslant \sigma_3$$

譬如,若已知某点的三个主应力分别为 -45MPa、20MPa 和 0,则 $\sigma_1 = 20\text{MPa}$,$\sigma_2 = 0$,$\sigma_3 = -45\text{MPa}$。

根据三个主应力的取值情况,可将应力状态分为:

(1)单向应力状态(也称为单轴应力状态):单元体的三个主应力中只有一个主应力不为零的情形。例如,单向拉伸应力状态($\sigma_1 > 0, \sigma_2 = \sigma_3 = 0$)和单向压缩应力状态($\sigma_1 = \sigma_2 = 0, \sigma_3 < 0$)。

(2)二向应力状态(也称为平面应力状态):单元体的三个主应力中有两个主应力不为零的情形。例如,圆轴扭转时的纯剪切应力状态($\sigma_1 = \tau, \sigma_2 = 0, \sigma_3 = -\tau$,见例题7.4);受内压作用的薄壁圆球形容器内一点的应力状态($\sigma_1 = \sigma_2 = \dfrac{pD}{4\delta}, \sigma_3 = 0$,其中 p 为内压,D 为内径,δ 为壁厚)。

(3)三向应力状态(也称为空间应力状态):单元体的三个主应力都不为零的情形。例如,滚珠轴承中滚珠与外圈接触点处、火车车轮与钢轨的接触点处的应力状态都是三向受压状态。

单向应力状态和纯剪切应力状态(单元体的各个面上只有切应力)也称为简单应力状态,而除纯剪切以外的其他二向和三向应力状态统称为复杂应力状态。

二、应用举例

例题 7.1

试定性地用单元体表示图7.3a所示矩形截面简支梁 m-m 截面上1、2、3、4、5这五点的应力状态。

解:由内力图(图7.3b)可知 m-m 截面上既有剪力,又有弯矩。该截面上的正应力和切应力分布如图7.3c所示。为了易于确定单元体各面上的应力,围绕所研究的点取单元体

时,三对面中的一对面应为横截面,另外两对面应为平行于梁表面的纵截面。各点单元体的应力状态如图 7.3d 所示。由于这五个点都位于梁的前表层,表层属于自由表面,所以各单元体前后这对面上的应力分量均为零,故各单元体也可表示为图 7.3e 所示的正投影平面形式。又因为不考虑纵向纤维之间的挤压,所以各单元体上下这对面的正应力为零。由切应力互等定理,还可确定各单元体上的切应力。

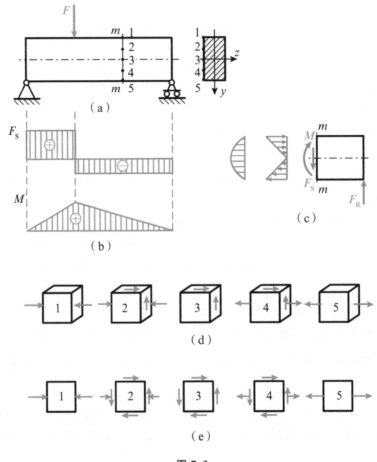

图 7.3

从各单元体的特征看,1 点和 5 点为单向应力状态,分别为单向压缩和单向拉伸,3 点为纯剪切应力状态,它们均为简单应力状态,而 2 点和 4 点则为一般平面应力状态。

7.2　平面应力状态分析之解析法

工程实际中,平面应力状态最为普遍,空间应力状态尽管也大量存在,但需要用弹性力学的方法分析。本章主要研究平面应力状态。

图 7.4a 所示单元体为平面应力状态的一般形式,由于 $\sigma_z = \tau_{zy} = \tau_{zx} = 0$,故独立的应力分量只有 σ_x、σ_y 和 τ_{xy}。为方便起见,通常用单元体的正投影(图 7.4b)表示,并对正应力、切应力和方位角的正负规定如下:

(1)正应力:拉应力为正,压应力为负。

(2)切应力:对单元体内任意点的矩为顺时针转向时为正,反之为负。

(3)方位角:方位角 α 是斜截面的外法线 n 与 x 轴的夹角,由 x 轴转到外法线 n 为逆时针转向时为正,反之为负。

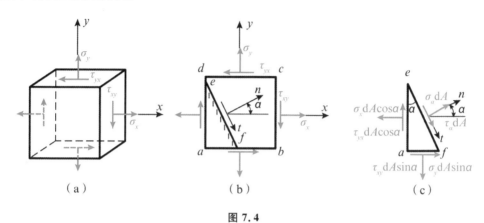

图 7.4

现研究任一斜截面 ef 上的应力。斜截面上的正应力和切应力分别用 σ_α 和 τ_α 表示。假想斜截面 ef 将单元体截开,并取左下部分 aef 为研究对象。设斜截面 ef 的面积为 dA,则 af 和 ae 的面积分别为 $dA\sin\alpha$ 和 $dA\cos\alpha$。其受力分析如图 7.4c 所示。沿斜截面的外法线 n 和切线 t 方向列平衡方程:

$$\sum F_n = 0, \sigma_\alpha dA + \tau_{xy}(dA\cos\alpha)\sin\alpha - \sigma_x(dA\cos\alpha)\cos\alpha + \tau_{yx}(dA\sin\alpha)\cos\alpha - \sigma_y(dA\sin\alpha)\sin\alpha = 0$$

$$\sum F_t = 0, \tau_\alpha dA - \tau_{xy}(dA\cos\alpha)\cos\alpha - \sigma_x(dA\cos\alpha)\sin\alpha + \tau_{yx}(dA\sin\alpha)\sin\alpha + \sigma_y(dA\sin\alpha)\cos\alpha = 0$$

其中,$\tau_{xy} = -\tau_{yx}$。可求得斜截面上的正应力 σ_α 和切应力 τ_α 分别为

$$\sigma_\alpha = \frac{\sigma_x + \sigma_y}{2} + \frac{\sigma_x - \sigma_y}{2}\cos2\alpha - \tau_{xy}\sin2\alpha \tag{7.1}$$

$$\tau_\alpha = \frac{\sigma_x - \sigma_y}{2}\sin2\alpha + \tau_{xy}\cos2\alpha \tag{7.2}$$

式(7.1)和(7.2)表明,正应力 σ_α 和切应力 τ_α 均为方位角 α 的函数,随 α 改变而变化。由此可利用这两个公式来确定单元体上正应力和切应力的极值,以及它们所在平面的位置。

将式(7.1)对 α 求导,并设在 $\alpha = \alpha_0$ 处

$$\frac{d\sigma_\alpha}{d\alpha}\bigg|_{\alpha=\alpha_0} = -2\left(\frac{\sigma_x - \sigma_y}{2}\sin2\alpha_0 + \tau_{xy}\cos2\alpha_0\right) = -2\tau_{\alpha_0} = 0 \tag{a}$$

式中,α_0 为正应力取得极值(最大值或最小值)时所在截面的方位角。根据式(a)求得

$$\tan2\alpha_0 = -2\frac{\tau_{xy}}{\sigma_x - \sigma_y} \tag{7.3}$$

由式(7.3)求出相差90°的两个角度,它们确定两个相互垂直的平面,其中一个为最大

正应力所在平面,另一个为最小正应力所在平面。把式(7.3)求出的两个角度代入式(7.1),则可求得该平面应力状态下的最大和最小正应力分别为

$$\left.\begin{array}{c}\sigma_{\max}\\\sigma_{\min}\end{array}\right\} = \frac{\sigma_x + \sigma_y}{2} \pm \sqrt{\left(\frac{\sigma_x - \sigma_y}{2}\right)^2 + \tau_{xy}^2} \qquad (7.4)$$

当$\sigma_x \geqslant \sigma_y$(代数值)时,绝对值较小的角度对应的平面为最大正应力$\sigma_{\max}$所在的平面;当$\sigma_x < \sigma_y$(代数值)时,绝对值较大的角度对应的平面为最大正应力$\sigma_{\max}$所在的平面。

从式(a)可见,α_0所在截面上的切应力τ_{α_0}恰好等于零,由于切应力为零的平面即为主平面,所以α_0实际上是主平面的方位角,极值正应力就是主应力,即最大正应力$\sigma_{\max}$和最小正应力$\sigma_{\min}$是其中的两个主应力。

由式(7.1)和式(7.4)发现

$$\sigma_\alpha + \sigma_{\alpha+90°} = \sigma_{\max} + \sigma_{\min} = \sigma_x + \sigma_y = 常数$$

也就是任意两个相互垂直的方向面上,正应力之和为常数,称为应力不变量。

以类似的方法推导切应力极值及其所在平面的方位。将式(7.2)对α求导,并设在$\alpha = \alpha_1$处

$$\left.\frac{d\tau_\alpha}{d\alpha}\right|_{\alpha=\alpha_1} = 2\left(\frac{\sigma_x - \sigma_y}{2}\cos 2\alpha_1 - \tau_{xy}\sin 2\alpha_1\right) = 0 \qquad (b)$$

授课视频

式中,α_1为切应力取得极值时所在截面的方位角。由此可得

$$\tan 2\alpha_1 = \frac{\sigma_x - \sigma_y}{2\tau_{xy}} \qquad (7.5)$$

由式(7.5)也可求出相差90°的两个角度,它们确定两个相互垂直的平面,分别作用着最大切应力$\tau_{\max}$和最小切应力$\tau_{\min}$。将式(7.5)求得的两个角度代入式(7.2),求出最大切应力$\tau_{\max}$和最小切应力$\tau_{\min}$分别为

$$\left.\begin{array}{c}\tau_{\max}\\\tau_{\min}\end{array}\right\} = \pm\sqrt{\left(\frac{\sigma_x - \sigma_y}{2}\right)^2 + \tau_{xy}^2} \qquad (7.6)$$

观察式(7.3)和(7.5),发现

$$\tan 2\alpha_0 \cdot \tan 2\alpha_1 = -1$$

因此,存在

$$2\alpha_1 = 2\alpha_0 + \frac{\pi}{2}, \alpha_1 = \alpha_0 + \frac{\pi}{4} \qquad (7.7)$$

即,最大切应力$\tau_{\max}$和最小切应力$\tau_{\min}$所在平面与主平面之间的夹角为45°。

比较式(7.4)和(7.6),可知

$$\left.\begin{array}{c}\tau_{\max}\\\tau_{\min}\end{array}\right\} = \pm\frac{\sigma_{\max} - \sigma_{\min}}{2} \qquad (7.8)$$

这表明:最大切应力$\tau_{\max}$和最小切应力$\tau_{\min}$的数值等于最大正应力$\sigma_{\max}$和最小正应力$\sigma_{\min}$差值的一半。

例题 7.2

单元体的应力状态如图7.5a所示,图中应力单位为MPa。试:(1)求斜截面ab上的应

力;(2)求主应力;(3)确定主平面位置并画出主单元体。

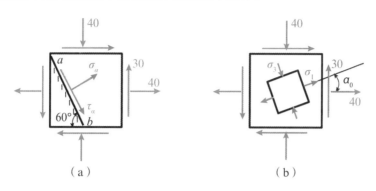

图 7.5

解:由图可知,$\sigma_x = 40\text{MPa}$,$\sigma_y = -40\text{MPa}$,$\tau_{xy} = -30\text{MPa}$,$\alpha = 30°$。

(1) 根据式(7.1)和式(7.2)可求得斜截面 ab 上的正应力和切应力分别为

$$\sigma_a = \frac{40\text{MPa}-40\text{MPa}}{2} + \frac{40\text{MPa}-(-40\text{MPa})}{2}\times\cos 60° - (-30\text{MPa})\times\sin 60° \approx 46\text{MPa}$$

$$\tau_a = \frac{40\text{MPa}-(-40\text{MPa})}{2}\times\sin 60° + (-30\text{MPa})\times\cos 60° \approx 19.6\text{MPa}$$

(2) 根据式(7.4)可求得正应力极值为

$$\left.\begin{array}{c}\sigma_{\max}\\\sigma_{\min}\end{array}\right\} = \frac{40\text{MPa}-40\text{MPa}}{2} \pm \sqrt{\left[\frac{40\text{MPa}-(-40\text{MPa})}{2}\right]^2 + (-30\text{MPa})^2} = \pm 50\text{MPa}$$

按照主应力的记号约定,$\sigma_1 \geqslant \sigma_2 \geqslant \sigma_3$,求得单元体的三个主应力分别为

$$\sigma_1 = 50\text{MPa},\sigma_2 = 0,\sigma_3 = -50\text{MPa}$$

(3) 根据式(7.3),由

$$\tan 2\alpha_0 = \frac{-2\times(-30\text{MPa})}{40\text{MPa}-(-40\text{MPa})} = \frac{3}{4}$$

可得主平面方位角 $\alpha_0 = 18.43°$ 或 $108.43°$。因为 $\sigma_x > \sigma_y$,所以由 $\alpha_0 = 18.43°$ 确定的主平面上作用主应力 $\sigma_1 = \sigma_{\max} = 50\text{MPa}$,而由 $\alpha_0 = 108.43°$ 确定的主平面上作用主应力 $\sigma_3 = \sigma_{\min} = -50\text{MPa}$。由此画出主单元体如图 7.5b 所示。

例题 7.3

如图 7.6a 所示,直径 $d = 100\text{mm}$ 的等直圆杆,受轴向拉力 $F = 300\text{kN}$ 及外力偶矩 $M_e = 5\text{kN·m}$ 作用。圆杆表面 A 点处所取的单元体各面上的应力如图 7.6b 所示。试求:(1)A 点的主应力;(2)A 点的最大切应力。

解:由于等直圆杆受拉力和力偶矩的共同作用,所以单元体上的应力分量分别由轴力和扭矩引起。

(1) 根据轴向拉压与扭转的应力公式,计算单元体上的应力分量为

$$\sigma_x = \frac{F_N}{A} = \frac{4F}{\pi d^2} = \frac{4\times 3\times 10^5\text{N}}{\pi\times(100\text{mm})^2} \approx 38.2\text{MPa}$$

$$\tau_{xy} = \frac{T}{W_t} = \frac{16M_e}{\pi d^3} = \frac{16 \times 5 \times 10^6 \, \text{N} \cdot \text{m}}{\pi \times (100\text{mm})^3} \approx 25.5\text{MPa}$$

单元体中 $\sigma_y = 0$。

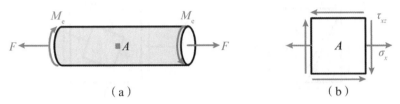

（a）　　　　　　　　　　　　　　　（b）

图 7.6

（2）根据式（7.4）可求得正应力极值为

$$\left.\begin{array}{c}\sigma_{max}\\\sigma_{min}\end{array}\right\} = \frac{38.2\text{MPa}+0}{2} \pm \sqrt{\left(\frac{38.2\text{MPa}-0}{2}\right)^2 + (25.5\text{MPa})^2} \approx \begin{array}{c}51\\-12.8\end{array}\text{MPa}$$

于是，单元体的三个主应力分别为

$$\sigma_1 = 51\text{MPa}, \sigma_2 = 0, \sigma_3 = -12.8\text{MPa}$$

（3）根据式（7.6），可求得最大切应力为

$$\tau_{max} = \sqrt{\left(\frac{38.2\text{MPa}-0}{2}\right)^2 + (25.5\text{MPa})^2} \approx 31.9\text{MPa}$$

例题 7.4

试讨论图 7.7a 所示圆轴扭转时的应力状态，并分析低碳钢和铸铁试样受扭时的破坏现象。

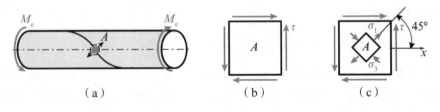

（a）　　　　　　　（b）　　　　　　　（c）

图 7.7

解：圆轴受扭时，横截面边缘处的切应力最大，表达式为 $\tau = \dfrac{T}{W_t}$。取圆轴表面上任一点 A 分析，围绕该点取单元体如图 7.7b 所示，为纯剪切应力状态，即

$$\sigma_x = \sigma_y = 0, \tau_{xy} = -\tau$$

由式（7.4）求得正应力极值为

$$\left.\begin{array}{c}\sigma_{max}\\\sigma_{min}\end{array}\right\} = \frac{0+0}{2} \pm \sqrt{\left(\frac{0-0}{2}\right)^2 + (-\tau)^2} = \pm\tau$$

从而，三个主应力分别为

$$\sigma_1 = \tau, \sigma_2 = 0, \sigma_3 = -\tau$$

又由式(7.3)

$$\tan 2\alpha_0 = \frac{-2(-\tau)}{0-0} = \infty$$

可得主平面方位角 $\alpha_0 = 45°$ 或 $135°$。其中由 $\alpha_0 = 45°$ 确定的主平面上作用主应力 $\sigma_1 = \tau$(为拉应力),而由 $\alpha_0 = 135°$ 确定的主平面上作用另一个主应力 $\sigma_3 = -\tau$(为压应力)。由此作出主单元体如图 7.7c 所示。

可以发现,圆轴扭转时,表面上各点最大拉应力 σ_{max} 所在的主平面将连成倾角为 $45°$ 的螺旋面(图 7.7a)。由此可以解释:铸铁试样扭转时出现图 7.1d(或图 7.1e)所示的破坏现象,是由于铸铁的抗拉强度较低,才沿这一螺旋面因拉伸而发生断裂破坏。而低碳钢试样扭转时出现图 7.1c 所示的破坏现象,是由于低碳钢的抗剪切强度比其抗拉强度低,因此沿着横截面发生剪切破坏。

7.3   平面应力状态分析之图解法

平面应力状态下斜截面的应力计算公式(7.1)和(7.2)是关于方位角 α 的参数方程。若将这两个公式分别改写为

$$\sigma_\alpha - \frac{\sigma_x + \sigma_y}{2} = \frac{\sigma_x - \sigma_y}{2}\cos 2\alpha - \tau_{xy}\sin 2\alpha$$

$$\tau_\alpha - 0 = \frac{\sigma_x - \sigma_y}{2}\sin 2\alpha + \tau_{xy}\cos 2\alpha$$

授课视频

并对以上两式等号两边平方,然后相加即可消去方位角 α,得

$$\left(\sigma_\alpha - \frac{\sigma_x + \sigma_y}{2}\right)^2 + (\tau_\alpha - 0)^2 = \left(\sqrt{\left(\frac{\sigma_x - \sigma_y}{2}\right)^2 + \tau_{xy}^2}\right)^2 \tag{7.9}$$

这是一个以 σ_α 和 τ_α 为变量的圆周方程。若以 σ 为横坐标,τ 为纵坐标,则它是以 $C\left(\frac{\sigma_x + \sigma_y}{2}, 0\right)$ 为圆心和 $R = \sqrt{\left(\frac{\sigma_x - \sigma_y}{2}\right)^2 + \tau_{xy}^2}$ 为半径的圆,称为应力圆或莫尔圆。应力圆圆周上某点的坐标值 $(\sigma_\alpha, \tau_\alpha)$ 代表了单元体上方位角为 α 的斜截面上的应力。换言之,应力圆上点的坐标与单元体任一截面上的正应力和切应力存在一一对应关系(即点面相对应)。由于应力圆的圆心必然落在 σ 轴上,所以只要知道应力圆上的任意两点(即单元体上任意两个截面的正应力和切应力),就可以作出相应的应力圆。

以图 7.8a 所示单元体为例,已知应力分量 σ_x、σ_y 和 τ_{xy},其应力圆通常可按以下步骤绘制:

(1)以正应力 σ 为横坐标(向右为正),切应力 τ 为纵坐标(向上为正),建立 σ-τ 坐标系;

(2)按合适的比例,量取对应于 x 截面应力的点 $D(\sigma_x, \tau_{xy})$ 和对应于 y 截面应力的点 $D'(\sigma_y, \tau_{yx})$ 的坐标值,并在 σ-τ 坐标系上绘出这两个点;

（3）连接 D 和 D' 交 σ 轴于 C 点，再以 C 点为圆心，CD 或 CD' 为半径，即可作出式(7.9)所表示的应力圆（图 7.8b）。

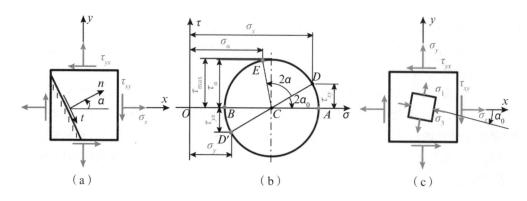

图 7.8

实际上，应力圆与单元体之间不仅有上述所讲的点面对应关系，还存在基准同一、转向一致和角度成双的特征。基准同一是指单元体上 x 轴为基准轴，则对应的应力圆上的点 $D(\sigma_x,\tau_{xy})$ 就是基准点；转向一致是指应力圆半径绕圆心 C 转动的方向与单元体方位平面法线的旋转方向一致；角度成双则是指应力圆半径绕圆心 C 转动的角度等于单元体方位平面法线旋转角度的两倍。后两者有时也概括为"同向倍角"关系。

有了这些关系，就可以利用应力圆来进行平面应力状态分析。比如：

（1）利用应力圆求单元体 α 斜截面上的应力。

以代表 x 截面应力的点 $D(\sigma_x,\tau_{xy})$ 为基准点，将半径 CD 绕圆心 C 按与方位角 α 相同的方向旋转 2α 至 CE 处，则点 E 的坐标值就代表 α 斜截面上的正应力 σ_α 和切应力 τ_α。

（2）利用应力圆求主应力并确定主平面方位。

应力圆与 σ 轴相交于点 A 和 B 处，切应力为零，正应力为最大和最小值，说明这两处代表了主平面所在的位置，最大和最小正应力也是单元体的两个主应力。

应力圆上半径 CD 绕圆心顺时针转动 $2\alpha_0$ 至 CA，根据点面"同向倍角"关系，单元体中横截面的外法线 n 也按顺时针旋转 α_0 角，即可确定其中一个主应力所在的主平面方位，同理也可确定另一个主应力所在的主平面方位，两者相互垂直。对应的主单元体及其主平面方位如图 7.8c 所示。

（3）利用应力圆求单元体上的极值切应力（面内最大切应力）。

应力圆上最高和最低点的纵坐标值即为切应力的极值，且与极值正应力所在位置（A、B）之间相差 $90°$，说明在单元体中其所在截面与主平面的夹角为 $45°$，这与式(7.7)的解析结果一致。

以上这些利用应力圆进行应力状态分析的方法称为几何法或图解法。

运用上述绘图步骤，不难画出例题 7.1 中 1、3、5 点单元体对应的应力圆如图 7.9 所示。

下面再举例说明一般平面应力状态单元体的应力圆及其应用。

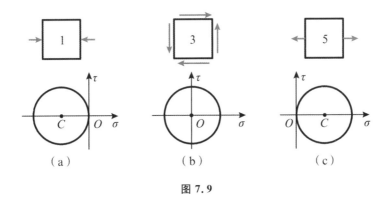

图 7.9

例题 7.5

试用图解法分析例题 7.2 中单元体,并求最大切应力。

解:(1) 绘制应力圆

已知,$\sigma_x = 40\text{MPa}$,$\sigma_y = -40\text{MPa}$,$\tau_{xy} = -30\text{MPa}$,$\alpha = 30°$。建立 $\sigma\text{-}\tau$ 坐标系,按选定比例尺,以 $\sigma_x = 40\text{MPa}$,$\tau_{xy} = -30\text{MPa}$ 为坐标确定点 $D(40, -30)$,以 $\sigma_y = -40\text{MPa}$,$\tau_{yx} = 30\text{MPa}$ 为坐标确定点 $D'(-40, 30)$。连接 D 和 D',与横轴刚好交于坐标原点 O,以点 O 为圆心,OD 为半径作圆,即得该单元体对应的应力圆,如图 7.10 所示。

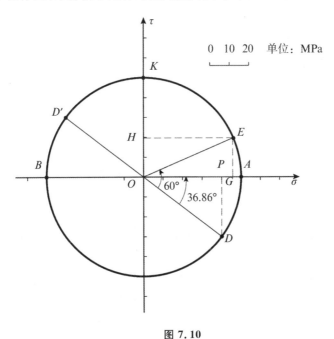

图 7.10

(2) 确定斜截面上的应力

根据点面"同向倍角"关系,以点 D 为基准点,利用量角器将半径 OD 绕圆心 O 逆时针旋转60°至 CE 处,按所选用的比例尺可以量出点 E 的坐标值:

$$\sigma_a = HE = 46\text{MPa}, \tau_a = GE = 19.6\text{MPa}$$

即得斜截面上的应力。

（3）确定主应力及主平面方位

同理量取

$$\sigma_1 = OA = 50\text{MPa}, \sigma_3 = OB = -50\text{MPa}$$

还有一个主应力 $\sigma_2 = 0$。

量出

$$2\alpha_0 = \angle DOP = 36.86°, \alpha_0 = 18.43°$$

实际上，在图 7.10 中，$OP = \sigma_x = 40\text{MPa}, DP = \tau_{xy} = 30\text{MPa}$，由直角三角形 ODP 的几何关系，可知

$$R = OD = \sqrt{OP^2 + DP^2} = \sqrt{(40\text{MPa})^2 + (30\text{MPa})^2} = 50\text{MPa}$$

$$\tan\angle DOP = \frac{DP}{OP} = \frac{30\text{MPa}}{40\text{MPa}} = \frac{3}{4}$$

其中，R 为应力圆半径。于是可得相同的结果，并绘出图 7.5b 所示的主单元体和主平面方位。

（4）确定最大切应力

应力圆上最高点 K 的纵坐标即最大切应力，为

$$\tau_{\max} = OK = R = 50\text{MPa}$$

比较例题 7.2 和 7.5 可以看到，解析法公式繁杂难记，而图解法更形象直观。若能将两者结合起来理解和应用，特别是基于应力圆的几何关系来强化解析法公式的认识，既可避免死记硬背，又能直观而准确地进行平面应力状态分析。但由于图解法不可避免地会因为绘图仪器以及人为读数而产生误差。一般情况下只将其作为辅助求解工具，绘制应力圆时可以只画草图，然后根据应力圆中的几何关系，或结合解析法得到所需答案。

7.4　三向应力状态

三向应力状态的研究比较复杂。本节只介绍三向应力状态主单元体应力圆的绘制及其应力极值的确定。

在三向应力状态下，对构件危险点进行强度计算时，往往需要确定其最大正应力和最大切应力。若构件上某点的主单元体如图 7.11a 所示，三个主应力（$\sigma_1 > \sigma_2 > \sigma_3 \neq 0$）均为已知，则仍可通过绘制应力圆来确定该点处的最大正应力和最大切应力。对此，可将这种应力状态分解为三种平面应力状态（比如 xy 平面、yz 平面和 zx 平面），以分析平行于这三个主应力的三组特殊斜截面上的应力。

授课视频

首先考察平行于主应力 σ_3 的任一斜截面（其外法线垂直于 σ_3）上的应力（图 7.11a）。设想用该斜面将单元体切开，并取下部研究（图 7.11b）。注意到 σ_3 所在的前后两个截面上的

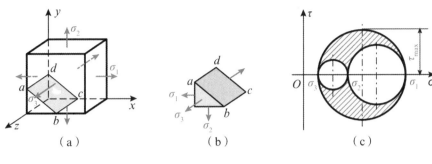

图 7.11

力能自相平衡,故该斜截面上的应力与 σ_3 无关,仅取决于 σ_1 和 σ_2,所以可由 σ_1 和 σ_2 按平面应力状态作应力圆,用图 7.11c 中过点 $(\sigma_1,0)$ 和 $(\sigma_2,0)$ 的圆上的点的坐标来表示该斜截面上的应力。

同理,任一平行于 σ_2 的斜截面的应力,可由 σ_1 和 σ_3 所确定的应力圆,用图 7.11c 中过点 $(\sigma_1,0)$ 和 $(\sigma_3,0)$ 的圆上的点的坐标来表示;任一平行于 σ_1 的斜截面的应力,可由 σ_2 和 σ_3 所确定的应力圆,用图 7.11c 中过点 $(\sigma_2,0)$ 和 $(\sigma_3,0)$ 的圆上的点的坐标来表示。这样的三个应力圆统称为三向应力圆。

若截面与这三个主应力都不平行(即斜交),则该截面对应的点必然位于这三个应力圆所围成的阴影区域内。

值得注意的是,通常情况下,三向应力状态下的三向应力圆由三个圆构成,但如果其中有两个主应力相等(比如单向应力状态),则三向应力圆退化为一个圆;如果三个主应力都相等,则三向应力圆退化为一个点,称为点圆。

由三向应力圆可知,一点处的最大正应力和最小正应力分别为

$$\sigma_{\max} = \sigma_1 , \sigma_{\min} = \sigma_3$$

与三个圆半径值相对应的主切应力分别为

$$\tau_{12} = \frac{\sigma_1 - \sigma_2}{2} , \tau_{23} = \frac{\sigma_2 - \sigma_3}{2} , \tau_{13} = \frac{\sigma_1 - \sigma_3}{2}$$

其中最大切应力值(对应于三向应力圆中最大圆的半径)为

$$\tau_{\max} = \frac{\sigma_1 - \sigma_3}{2} \tag{7.10}$$

其作用面平行于 σ_2,与 σ_1 和 σ_3 都成45°。这说明,单元体的应力极值均由 σ_1 和 σ_3 所作的应力圆确定。

例题 7.6

试求图 7.12a 所示空间应力状态的主应力和最大切应力,并作三向应力圆。

解:由图 7.12a 可见,$\sigma_z = -40$ MPa 为主应力之一,则另外两个主应力必然落在 xy 平面内。

已知 $\sigma_x = 50$ MPa,$\sigma_y = -10$ MPa,$\tau_{xy} = 20$ MPa,根据式(7.4)可求得这个面内的其他两个主应力为

$$\left.\begin{matrix} \sigma_{\max} \\ \sigma_{\min} \end{matrix}\right\} = \frac{50\text{MPa} + (-10\text{MPa})}{2} \pm \sqrt{\left[\frac{50\text{MPa} - (-10\text{MPa})}{2}\right]^2 + (20\text{MPa})^2} \approx \begin{matrix} 56.1 \\ -16.1 \end{matrix} \text{MPa}$$

由此确定该空间应力状态单元体的三个主应力分别为

$$\sigma_1 = 56.1\text{MPa}, \sigma_2 = -16.1\text{MPa}, \sigma_3 = -40\text{MPa}$$

最大切应力为

$$\tau_{\max} = \frac{\sigma_1 - \sigma_3}{2} = \frac{56.1\text{MPa} - (-40\text{MPa})}{2} = 48.05\text{MPa}$$

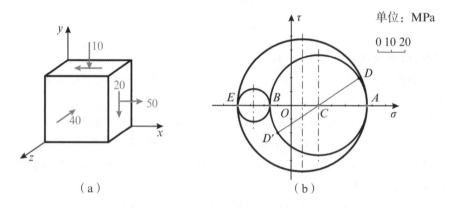

（a）   （b）

图 7.12

作该空间应力状态对应的三向应力圆时,可先按例题 7.5 的方法作出 xy 平面的应力圆,从而找到代表主平面的应力圆上的点 $A(\sigma_1, 0)$ 和 $B(\sigma_2, 0)$,再与已知的 z 向主平面所对应的点 $E(\sigma_3, 0)$ 分别作其他两个平面的应力圆(以 AE 和 BE 为直径),即可得三向应力圆如图7.12b 所示。

7.5 广义胡克定律

单向拉伸或压缩实验中,正应力 σ 与线应变 ε 在线弹性范围内满足拉压胡克定律($\sigma = E\varepsilon$),且横向应变 ε' 与纵向应变 ε 的比值为泊松比系数;扭转实验中,切应力 τ 与切应变 γ 在线弹性范围内也满足剪切胡克定律($\tau = G\gamma$)。本节进一步讨论复杂(空间)应力状态下反映应力与应变关系的广义胡克定律。

授课视频

实验表明,对于各向同性材料,在线弹性范围内和小变形条件下,线应变仅与正应力有关,切应变只与切应力有关。图 7.13a 所示的一般空间应力状态单元体可以看作是三组单向应力(图 7.13b)与三组纯剪切(图 7.13c)的组合,然后运用叠加法,即可得各应力分量同时作用下的应力 — 应变关系。例如,由于 σ_x、σ_y、σ_z 各自单独作用下,在 x 方向引起的线应变分别为

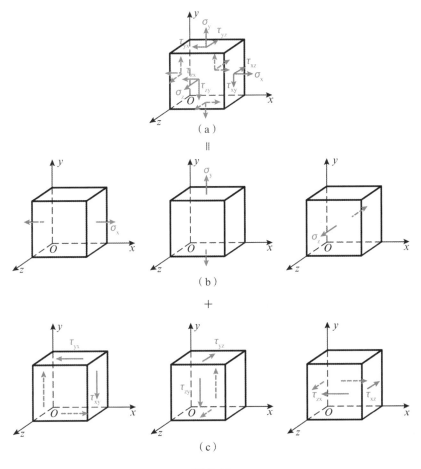

图 7.13

$$\varepsilon'_x = \frac{\sigma_x}{E},\ \varepsilon''_x = -\mu\varepsilon_y = -\mu\frac{\sigma_y}{E},\ \varepsilon'''_x = -\mu\varepsilon_z = -\mu\frac{\sigma_z}{E}$$

由于线应变仅与正应力有关,而与切应力无关。因此,当各应力分量同时作用时,只需叠加以上结果,即可得沿 x 方向的线应变为

$$\varepsilon_x = \varepsilon'_x + \varepsilon''_x + \varepsilon'''_x = \frac{1}{E}\big[\sigma_x - \mu(\sigma_y + \sigma_z)\big]$$

同理,可得沿 y 和 z 方向的线应变 ε_y 和 ε_z 分别为

$$\varepsilon_y = \frac{1}{E}\big[\sigma_y - \mu(\sigma_z + \sigma_x)\big]$$

$$\varepsilon_z = \frac{1}{E}\big[\sigma_z - \mu(\sigma_x + \sigma_y)\big]$$

而切应力与切应变在 xy、yz 和 zx 这三个平面内各自满足

$$\gamma_{xy} = \frac{\tau_{xy}}{G},\ \gamma_{yz} = \frac{\tau_{yz}}{G},\ \gamma_{zx} = \frac{\tau_{zx}}{G}$$

综上,一般空间应力状态下的广义胡克定律表达式为

$$
\begin{cases}
\varepsilon_x = \dfrac{1}{E}\left[\sigma_x - \mu(\sigma_y + \sigma_z)\right] \\[2mm]
\varepsilon_y = \dfrac{1}{E}\left[\sigma_y - \mu(\sigma_z + \sigma_x)\right] \\[2mm]
\varepsilon_z = \dfrac{1}{E}\left[\sigma_z - \mu(\sigma_x + \sigma_y)\right] \\[2mm]
\gamma_{xy} = \dfrac{\tau_{xy}}{G},\ \gamma_{yz} = \dfrac{\tau_{yz}}{G},\ \gamma_{zx} = \dfrac{\tau_{zx}}{G}
\end{cases}
\tag{7.11}
$$

若 $\sigma_z = 0, \tau_{yz} = \tau_{zx} = 0$，单元体演变为平面应力状态，式 (7.11) 将改写为

$$
\begin{cases}
\varepsilon_x = \dfrac{1}{E}(\sigma_x - \mu\sigma_y) \\[2mm]
\varepsilon_y = \dfrac{1}{E}(\sigma_y - \mu\sigma_x) \\[2mm]
\varepsilon_z = -\dfrac{\mu}{E}(\sigma_x + \sigma_y) \\[2mm]
\gamma_{xy} = \dfrac{\tau_{xy}}{G}
\end{cases}
$$

若单元体在某一个方向上没有应变，比如 $\varepsilon_z = 0, \gamma_{yz} = \gamma_{zx} = 0$，则称之为平面应变状态，此时，$\sigma_z = \mu(\sigma_x + \sigma_y)$。对于平面应变状态本书不作讨论，有兴趣的读者可参阅有关资料。

若单元体为主单元体，则式 (7.11) 的表达式将变为

$$
\begin{cases}
\varepsilon_1 = \dfrac{1}{E}\left[\sigma_1 - \mu(\sigma_2 + \sigma_3)\right] \\[2mm]
\varepsilon_2 = \dfrac{1}{E}\left[\sigma_2 - \mu(\sigma_3 + \sigma_1)\right] \\[2mm]
\varepsilon_3 = \dfrac{1}{E}\left[\sigma_3 - \mu(\sigma_1 + \sigma_2)\right]
\end{cases}
\tag{7.12}
$$

式中，ε_1、ε_2 和 ε_3 为主应变，各主应变与其对应的主应力方向一致。由 $\sigma_1 \geqslant \sigma_2 \geqslant \sigma_3$（代数值），可知 $\varepsilon_1 \geqslant \varepsilon_2 \geqslant \varepsilon_3$（代数值）。

对于 $\sigma_3 = 0$ 的二向应力状态，式 (7.12) 可改写为

$$
\begin{cases}
\varepsilon_1 = \dfrac{1}{E}(\sigma_1 - \mu\sigma_2) \\[2mm]
\varepsilon_2 = \dfrac{1}{E}(\sigma_2 - \mu\sigma_1) \\[2mm]
\varepsilon_3 = -\dfrac{\mu}{E}(\sigma_1 + \sigma_2)
\end{cases}
$$

进一步研究单元体体积变化与应力之间的关系。图 7.14 所示主单元体，设其各边长分别为 $\mathrm{d}x$、$\mathrm{d}y$ 和 $\mathrm{d}z$，则单元体变形前的体积为

$$
V = \mathrm{d}x\mathrm{d}y\mathrm{d}z
$$

单元体变形后各边长度将分别变为

$$
(1+\varepsilon_1)\mathrm{d}x、(1+\varepsilon_2)\mathrm{d}y、(1+\varepsilon_3)\mathrm{d}z
$$

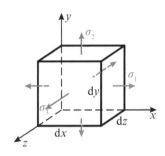

图 7.14

于是,单元体变形后的体积变为

$$V_1 = (1 + \varepsilon_1)\mathrm{d}x(1 + \varepsilon_2)\mathrm{d}y(1 + \varepsilon_3)\mathrm{d}z$$

展开上式,并注意到 ε_1、ε_2 和 ε_3 均为微小量,略去高阶微小量,即可得

$$V_1 = (1 + \varepsilon_1 + \varepsilon_2 + \varepsilon_3)\mathrm{d}x\mathrm{d}y\mathrm{d}z$$

因此,定义单元体的体积应变(简称为体应变)θ 为

$$\theta = \frac{V_1 - V}{V} = \varepsilon_1 + \varepsilon_2 + \varepsilon_3 \tag{7.13}$$

将式(7.12)代入式(7.13),并整理可得

$$\theta = \frac{1 - 2\mu}{E}(\sigma_1 + \sigma_2 + \sigma_3) \tag{7.14}$$

引入平均应力 σ_m(即三个主应力的平均值):

$$\sigma_m = \frac{\sigma_1 + \sigma_2 + \sigma_3}{3}$$

和体积弹性模量 K:

$$K = \frac{E}{3(1 - 2\mu)}$$

由式(7.14)可得体积胡克定律:

$$\theta = \frac{\sigma_m}{K} \tag{7.15}$$

可见,体积应变 θ 与平均应力 σ_m 成正比,类似于线应变 ε 与正应力 σ、切应变 γ 与切应力 τ 的线性关系。另外,从式(7.14)也可以看出,体积应变 θ 与三个主应力之和有关,不论三个主应力如何变化,只要平均应力相同,该单元体的体积将保持不变。

例题 7.7

在一个体积较大的钢块上开有一边长为 50.01mm 的立方形凹座,凹座内放置一边长为 $a = 50$mm 的铜质立方块,如图 7.15a 所示。在铜块上施加均布压力,总压力 $F = 250$kN。假设钢块不变形,已知铜的弹性模量 $E = 100$GPa,泊松比 $\mu = 0.35$。试求铜块的主应力及其体积应变。

解:(1)求主应力

依题意,铜块在 y 方向受到的轴向压应力为

183

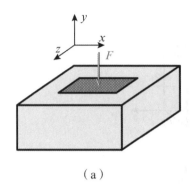
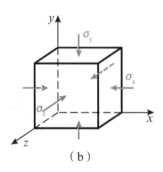

（a）　　　　　　　　　　　　（b）

图 7.15

$$\sigma_y = \frac{F_N}{A} = -\frac{F}{a^2} = -\frac{2.5 \times 10^5 \text{N}}{(50\text{mm})^2} = -100\text{MPa}$$

在压力 F 作用下，铜块将产生横向膨胀。当它胀到塞满凹座后，凹座将对铜块产生 x 和 z 方向的压缩正应力 σ_x 和 σ_z，如图 7.15b 所示。由于不考虑钢块的变形，铜块在 x 和 z 方向只能发生因塞满凹座而引起的线应变，大小为

$$\varepsilon_x = \varepsilon_z = \frac{50.01\text{mm} - 50\text{mm}}{50\text{mm}} = 0.0002$$

由广义胡克定律可得

$$0.0002 = \frac{1}{1 \times 10^5 \text{MPa}}[\sigma_x - 0.35 \times (-100\text{MPa} + \sigma_z)] \tag{a}$$

$$0.0002 = \frac{1}{1 \times 10^5 \text{MPa}}[\sigma_z - 0.35 \times (\sigma_x - 100\text{MPa})] \tag{b}$$

联立求解上述两式，可得

$$\sigma_x = \sigma_z \approx -23.1\text{MPa}$$

注意到，图 7.15b 所示单元体实际上就是主单元体，故铜块的三个主应力分别为

$$\sigma_1 = \sigma_2 = -23.1\text{MPa}, \sigma_3 = -100\text{MPa}$$

（2）求主应变

由公式（7.14）可得铜块的体积应变为

$$\theta = \frac{1 - 2 \times 0.35}{1 \times 10^5 \text{MPa}}[(-23.1\text{MPa}) + (-23.1\text{MPa}) + (-100\text{MPa})] = -4.386 \times 10^{-4}$$

式中，"一"说明铜块体积变小了。

例题 7.8

如图 7.16a 所示，直径 $d = 10\text{mm}$ 的低碳钢拉伸试样在轴向拉力达到 $F = 5\text{kN}$ 时，测得试样中段表面点 K 处与轴向成30°方向的线应变为 $\varepsilon_{30°} = 2.12 \times 10^{-4}$。材料的弹性模量为 $E = 200\text{GPa}$。试求泊松比 μ。

解：依题意，围绕点 K 处取出的单元体如图 7.16b 所示，且横截面方向的正应力为

$$\sigma = \frac{F_N}{A} = \frac{4F}{\pi d^2} = \frac{4 \times 5 \times 10^3 \text{N}}{\pi \times (10\text{mm})^2} \approx 63.7\text{MPa}$$

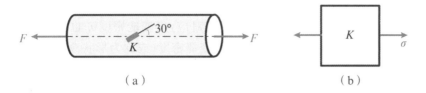

图 7.16

单元体中 $\sigma_x = \sigma$，$\sigma_y = \tau_{xy} = 0$。利用斜截面应力公式(7.1)，计算可得

$$\sigma_{30°} = \frac{63.7\text{MPa} + 0}{2} + \frac{63.7\text{MPa} - 0}{2} \times \cos 60° - 0 \times \sin 60° \approx 47.8\text{MPa}$$

$$\sigma_{120°} = \frac{63.7\text{MPa} + 0}{2} + \frac{63.7\text{MPa} - 0}{2} \times \cos 120° - 0 \times \sin 120° \approx 15.9\text{MPa}$$

由广义胡克定律(7.11)的第一式，有

$$\varepsilon_{30°} = \frac{1}{E}(\sigma_{30°} - \mu\sigma_{120°})$$

故泊松比 μ 为

$$\mu = -\frac{E\varepsilon_{30°} - \sigma_{30°}}{\sigma_{120°}} = -\frac{2 \times 10^5\text{MPa} \times 2.12 \times 10^{-4} - 47.8\text{MPa}}{15.9\text{MPa}} \approx 0.34$$

7.6　复杂应力状态的应变能密度

在外力作用下物体发生弹性变形的同时，其内部也将积蓄应变能。如果不计热能变化等因素影响，根据功能原理，该应变能 V_ε 在数值上等于外力所做的功 W，即 $V_\varepsilon = W$。对于单向拉伸或压缩，在线弹性范围内，单位体积内积蓄的应变能，即应变能密度(或称为应变比能) v_ε 的计算公式为

授课视频

$$v_\varepsilon = \frac{1}{2}\sigma\varepsilon \tag{a}$$

在空间应力状态下，弹性体应变能与外力做功在数值上依然相等，但它只取决于外力和变形的最终值，而与加载的次序无关，否则将违背能量守恒原理。因此，可以假设物体上外力按同一比例由零增加到最终值，从而物体内任一单元体上应力也必然按同一比例同时由零增加到最终值。在线弹性情形下，每一个主应力与相应的主应变之间仍然保持线性关系，因此与每一个主应力相应的应变能密度还是可以按式(a)进行计算。于是，空间应力状态下的应变能密度为

$$v_\varepsilon = \frac{1}{2}\sigma_1\varepsilon_1 + \frac{1}{2}\sigma_2\varepsilon_2 + \frac{1}{2}\sigma_3\varepsilon_3 \tag{b}$$

将主单元体状态下的广义胡克定律，即式(7.12)代入式(b)，整理后可得

$$v_\varepsilon = \frac{1}{2E}[\sigma_1^2 + \sigma_2^2 + \sigma_3^2 - 2\mu(\sigma_1\sigma_2 + \sigma_2\sigma_3 + \sigma_3\sigma_1)] \tag{c}$$

通常单元体上的三个主应力并不相等,因此单元体的变形一方面表现为体积的增加或减小,另一方面则表现为形状的改变。与此相对应,应变能密度v_ε也就可以看成是由体积改变能密度(或称为体积改变比能)v_V和畸变能密度(或称为形状改变比能)v_d这两部分所组成,即

$$v_\varepsilon = v_V + v_d \tag{d}$$

其中,体积改变能密度v_V是指因体积变化而积蓄的应变能密度;畸变能密度v_d是指因形状改变而积蓄的应变能密度。

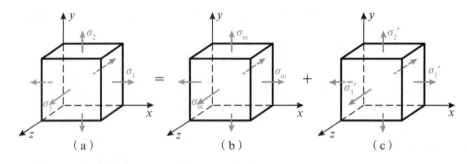

$$\text{图 7.17}$$

根据叠加原理,将图7.17a所示单元体分解为图7.17b单元体和图7.17c单元体的组合。图中,σ_m为平均应力,而

$$\sigma'_1 = \sigma_1 - \sigma_m, \sigma'_2 = \sigma_2 - \sigma_m, \sigma'_3 = \sigma_3 - \sigma_m \tag{e}$$

图7.17b中,由于三个棱边的变形相同,故仅有体积变化而无形状改变,所以只有体积改变能密度v_V。类似于求式(b)的方法,可得

$$v_V = \frac{1}{2}\sigma_m \varepsilon_m + \frac{1}{2}\sigma_m \varepsilon_m + \frac{1}{2}\sigma_m \varepsilon_m = \frac{3}{2}\sigma_m \varepsilon_m \tag{f}$$

由广义胡克定律可知

$$\varepsilon_m = \frac{1}{E}\left[\sigma_m - \mu(\sigma_m + \sigma_m)\right] = \frac{1-2\mu}{E}\sigma_m \tag{g}$$

将式(g)代入式(f),可得

$$v_V = \frac{3(1-2\mu)}{2E}\sigma_m^2 = \frac{1-2\mu}{6E}(\sigma_1 + \sigma_2 + \sigma_3)^2 \tag{7.16}$$

图7.17c中,由式(e)可得$\sigma'_1 + \sigma'_2 + \sigma'_3 = 0$,所以该单元体的体积应变$\theta = 0$,也就是说,它只有形状改变而没有体积变化。于是将式(c)和式(7.16)代入式(d),整理即可得畸变能密度v_d为

$$v_d = \frac{1+\mu}{3E}(\sigma_1^2 + \sigma_2^2 + \sigma_3^2 - \sigma_1\sigma_2 - \sigma_2\sigma_3 - \sigma_3\sigma_1)$$

$$= \frac{1+\mu}{6E}\left[(\sigma_1 - \sigma_2)^2 + (\sigma_2 - \sigma_3)^2 + (\sigma_3 - \sigma_1)^2\right] \tag{7.17}$$

讨论:为何图7.17c中的单元体只有形状改变,而没有体积变化?

利用应变能密度的概念,可推导各向同性材料的弹性常数 E、G 和 μ 之间的关系。对于纯剪切应力状态单元体,其应变能密度类似于式(a)可写为

$$v_\varepsilon = \frac{1}{2}\tau\gamma = \frac{\tau^2}{2G}$$

纯剪切状态单元体的主应力分别为:$\sigma_1 = \tau$,$\sigma_2 = 0$,$\sigma_3 = -\tau$,则由式(c),它的应变能密度又可以写成

$$v_\varepsilon = \frac{(1+\mu)\tau^2}{E}$$

因此,弹性常数 E、G 和 μ 之间应满足

$$G = \frac{E}{2(1+\mu)} \tag{7.18}$$

由例题 7.4 以及式(7.16)和(7.17)可见,纯剪切应力状态单元体的体积改变能密度为零,而畸变能密度不为零,说明它只有形状改变而没有体积变化。

7.7　强度理论概述

研究表明,载荷作用下构件的强度和破坏方式不仅和材料本身的力学性质有关,还与所处的应力状态有关。通常可以把复杂应力状态下的强度失效准则描述为

$$f(\sigma_1,\sigma_2,\sigma_3,c_1,c_2,c_3,\cdots) = 0$$

式中,σ_1、σ_2、σ_3 为应力状态的三个主应力;c_1、c_2、c_3、$\cdots$ 为简单实验测定的材料常数或力学性质参数;而函数 f 的数学形式则是建立强度失效准则的关键。选取函数 f 数学形式的思路通常有两种:

(1)从研究材料强度失效的微观机理出发,考虑材料的成分、微观和细观结构以及杂质和缺陷等影响,并由这些微观或细观参数建立相应的失效准则。

(2)根据尽可能多的宏观实验结果,对材料强度失效的主要力学因素进行假设,建立主要力学参量之间的数学关系,从而确定函数 f 的数学形式,不过多关注材料失效时的微观机制。

利用第一种思路建立的强度理论,因材料微观结构和失效机理的复杂性,其相对普适性和实用性与工程要求仍有较大差距。而第二种思路为近代工程学研究广泛采用,是一种唯象学方法。在前面几章提到的基本变形的强度理论实际上都是基于这种唯象学方法建立起来的。

当材料处于单向应力状态时,其极限应力 σ_u 可利用拉伸与压缩实验来测得。然而,实际构件危险点的应力状态通常不是单向的,而是处于平面或空间应力状态。实现复杂应力状态下的实验要比单向拉伸或压缩困难得多。一个典型的实验是在封闭的薄壁圆筒内施加内压,同时配以轴力和扭矩,由此可以得到不同主应力比的各种实验结果。尽管如此,还是不可能完全复现实际中遇到的各种复杂应力状态。况且,在复杂应力状态中,应力组合

的方式与比值又有各种可能。若像单向拉伸那样,靠实验来确定失效状态,建立强度条件,就必须对各种应力状态一一进行试验,确定失效应力,再建立强度条件,这通常是难以实现的。那么,如何解决这类问题呢?一种可行且常用的方法是:依据部分实验结果,通过推理并作出一定假设,推测材料失效的原因,从而建立相应的强度条件。

复杂应力状态下,因强度不足而引起的失效现象虽然比较复杂,但归纳起来,主要还是这样两种形式:断裂和屈服。同时衡量受力和变形程度的参量主要有应力、应变和应变能密度等。长期以来,人们综合分析了材料的失效现象,并进行了大量的试验和理论研究,对强度失效提出了各种假说,认为材料之所以按某种方式(断裂或屈服)失效,是由应力、应变或应变能密度等因素中的某一因素引起的。根据这类假说,所有应力状态(无论是简单应力状态还是复杂应力状态),引起材料失效的因素是共同的。也就是说,造成材料失效的原因与应力状态无关。因此,利用这类假说,就可以通过单向拉伸或压缩的实验结果,建立复杂应力状态下材料的失效判据,并预测其何时发生破坏,进而建立相应的强度条件。这种经过实验研究和工程实践检验证实了的有关破坏原因的假说称为强度理论。

需要指出的是,既然强度理论是关于材料强度失效原因的一些假说,其正确与否,在何种情况适用,都须经由实践检验。由于实际工程材料的多样性与工况的复杂性,普适于各类材料和各种工况的统一的强度理论是不可能存在的。因此,人们往往针对某些常见的具体情况,提出不同的强度理论。有关强度理论的研究,目前仍在不断丰富和完善中。

7.8 四种常用的强度理论

断裂和屈服是强度失效的两种主要形式。相应的强度理论也分为两类:一类是解释材料断裂失效的强度理论,包括最大拉应力理论和最大伸长线应变理论;另一类是解释材料屈服失效的强度理论,包括最大切应力理论和畸变能密度理论。

授课视频

一、关于脆断的强度理论

1.最大拉应力理论(第一强度理论)

17 世纪,意大利力学家伽利略(G. Galileo)基于对石料等脆性材料拉伸和弯曲破坏现象的观察,已经意识到最大拉应力是导致这些材料破坏的主要力学因素。到 19 世纪,英国的兰金(W. J. M Rankine)正式提出了最大拉应力理论(也称为第一强度理论)。该理论认为:最大拉应力是引起材料断裂的主要因素。即无论材料处于何种应力状态,只要最大拉应力 σ_1 达到与材料性质有关的某一极限值,材料就发生断裂。这也就是说,最大拉应力的这一极限值与材料的应力状态无关,可由单向应力状态确定。脆性材料单向拉伸实验表明,当横截面上的正应力 σ 达到材料的强度极限 σ_b 时发生脆性断裂。而对于单向拉伸,横截面上的正应力就是材料的最大正应力,即 $\sigma_u = \sigma_b$。因此,根据最大拉应力理论,σ_b 就是

所有应力状态下材料发生脆性断裂的共同极限值。于是可得材料发生脆性断裂的准则为

$$\sigma_1 = \sigma_u = \sigma_b \tag{7.19}$$

相应的强度条件为

$$\sigma_1 \leqslant [\sigma] = \frac{\sigma_b}{n_b} \tag{7.20}$$

式中，n_b 为对应的安全因数。

这一理论与均质的脆性材料（如玻璃、石膏以及某些陶瓷等）的实验结果吻合得较好。但它没有考虑其他两个主应力的影响，且无法应用于单向压缩和三向压缩等没有拉应力的状态。

2. 最大伸长线应变理论（第二强度理论）

最大伸长线应变理论，也称为第二强度理论或最大拉应变理论。法国物理学家马略特（E. Mariotte）于 1682 年在对木材拉伸强度的研究中已萌发了最大伸长线应变理论的基本思想，后经圣维南（A. J. C. de Saint-Venant）等人修正并正式提出了这一理论。该理论认为：最大伸长线应变是引起材料断裂的主要因素。即无论材料处于何种应力状态，只要最大伸长线应变 ε_1 达到与材料性质有关的某一极限值，材料就发生断裂。ε_1 的极限值与材料的应力状态无关，可由单向拉伸断裂时的最大伸长线应变来确定。假设单向拉伸直到发生断裂，材料的伸长线应变仍可用胡克定律计算，则拉断时伸长线应变应为 $\varepsilon_u = \dfrac{\sigma_b}{E}$。根据最大伸长线应变理论，$\varepsilon_u$ 就是所有应力状态下材料发生脆性断裂的共同极限值。于是可得材料发生脆性断裂的失效判据为

$$\varepsilon_1 = \varepsilon_u = \frac{\sigma_b}{E} \tag{a}$$

将广义胡克定律[式（7.11）]中的第一项

$$\varepsilon_1 = \frac{1}{E}[\sigma_1 - \mu(\sigma_2 + \sigma_3)]$$

代入式（a），可得其断裂准则为

$$\sigma_1 - \mu(\sigma_2 + \sigma_3) = \sigma_b \tag{7.21}$$

相应的强度条件为

$$\sigma_1 - \mu(\sigma_2 + \sigma_3) \leqslant [\sigma] = \frac{\sigma_b}{n_b} \tag{7.22}$$

式中，n_b 为对应的安全因数。

最大伸长线应变理论能较好地解释石料、混凝土等脆性材料在轴向压缩时出现纵向裂缝的断裂破坏现象。该理论考虑了其他两个主应力的影响，因此在形式上较最大拉应力理论更为完善。按最大伸长线应变理论，二向或三向拉伸状态要比单向拉伸状态安全，但这与实验结果不符，反而与最大拉应力理论接近。总体上，最大伸长线应变理论适用于脆性材料以压应力为主的情形，而最大拉应力理论适用于以拉应力为主的情形。

二、关于屈服的强度理论

1.最大切应力理论(第三强度理论)

最大切应力理论,也称为第三强度理论或特雷斯卡屈服准则。它最早由法国科学家库伦(C. A. de Coulomb)于1773年提出,是关于土体剪断的强度理论;1864年特雷斯卡(H. E. Tresca)通过一系列金属挤压试验研究了屈服条件,将剪断准则发展为屈服准则,提出了金属的最大切应力屈服准则。该理论认为:最大切应力是引起材料屈服的主要因素。即无论材料处于何种应力状态,只要最大切应力 τ_{max} 达到与材料性质有关的某一极限值,材料就发生屈服。也就是说,引起材料屈服的切应力极限值与其应力状态无关,可由单向应力状态确定。在单向拉伸下,当横截面上的正应力达到屈服极限 σ_s 时,材料发生屈服,此刻与轴线成45°的斜截面上的最大切应力为 $\tau_u = \dfrac{\sigma_s}{2}$,可见,$\dfrac{\sigma_s}{2}$ 就是所有应力状态下材料发生塑性屈服的共同极限值。于是可得材料发生塑性屈服的失效判据为

$$\tau_{max} = \tau_u = \frac{\sigma_s}{2} \tag{b}$$

将最大切应力公式(7.10)代入上式,可得其屈服准则为

$$\sigma_1 - \sigma_3 = \sigma_s \tag{7.23}$$

相应的强度条件为

$$\sigma_1 - \sigma_3 \leqslant [\sigma] = \frac{\sigma_s}{n_s} \tag{7.24}$$

式中,n_s 为对应的安全因数。

这一理论较为满意地解释了塑性材料的屈服现象。譬如,低碳钢拉伸时与轴线成45°的方向上出现滑移线,这也是材料内部沿此方向滑移的痕迹,且该方向斜截面上切应力恰好为最大值。这个理论形式简单、概念明确,在机械工程中应用广泛。但它没有考虑中间应力 σ_2 的影响,只适用于拉、压屈服极限相同的材料。在平面应力状态下,与实验结果相比,按此强度理论计算的结果偏于安全。

2.畸变能密度理论(第四强度理论)

畸变能密度理论或形状改变比能理论,也称为第四强度理论或米泽斯屈服准则。它是波兰的胡贝尔(M. T. Huber)于1904年从总应变能理论改进而来的。1913年德国的米泽斯(R. von Mises)、1925年美国的亨奇(H. Hencky)对这一理论作了进一步研究和阐述。该理论认为:畸变能密度是引起材料屈服的主要因素。即无论材料处于何种应力状态,只要畸变能密度 v_d 达到与材料性质有关的某一极限值,材料就发生屈服。畸变能密度 v_d 的极限值与材料的应力状态无关,可由单向应力状态来确定。在单向拉伸状态下,材料发生塑性屈服时,$\sigma_1 = \sigma_s$,$\sigma_2 = \sigma_3 = 0$,其畸变能密度为

$$v_{du} = \frac{1+\mu}{6E}(2\sigma_s^2) \tag{c}$$

根据畸变能密度理论,v_{du} 就是所有应力状态下材料发生塑性屈服的共同极限值。于

是可得材料发生塑性屈服的失效判据为

$$v_d = v_{du} = \frac{1+\mu}{6E}(2\sigma_s^2) \tag{d}$$

将任意状态下的畸变能密度［式(7.17)］代入上式并整理，即得其屈服准则为

$$\sqrt{\frac{1}{2}\left[(\sigma_1-\sigma_2)^2+(\sigma_2-\sigma_3)^2+(\sigma_3-\sigma_1)^2\right]} = \sigma_s \tag{7.25}$$

相应的强度条件为

$$\sqrt{\frac{1}{2}\left[(\sigma_1-\sigma_2)^2+(\sigma_2-\sigma_3)^2+(\sigma_3-\sigma_1)^2\right]} \leqslant [\sigma] = \frac{\sigma_b}{n_b} \tag{7.26}$$

式中，n_b 为对应的安全因数。

在二向应力状态下，这一理论比最大切应力理论更符合实验结果。实验表明，该强度理论与碳素钢和合金钢等韧性材料的塑性屈服实验结果吻合得相当好。其他大量的实验结果也表明，此强度理论能很好地描述铜、镍、铝等大量工程韧性材料的屈服状态。

由于机械、动力行业遇到的载荷往往较不稳定，故更多地采用偏于安全的最大切应力理论，而土建行业的载荷通常相对稳定，所以较多地采用畸变能密度理论。

7.9 强度理论的应用

一、相当应力

综合公式(7.20)、(7.22)、(7.24)和(7.26)，可将四种常用强度理论归纳成以下统一形式

授课视频

$$\sigma_{ri} \leqslant [\sigma] \quad (i=1,2,3,4) \tag{7.27}$$

式中，σ_{ri} 称为相当应力，它是构件危险点处三个主应力按不同的强度理论形成的某种组合，并不是真实存在的应力；$i=1,2,3,4$ 则与第一至第四强度理论相对应。

从式(7.27)的形式上看，这种复杂应力状态下三个主应力的组合 σ_{ri} 与单向拉伸时的拉应力在危险程度上是相当的。

与式(7.20)、(7.22)、(7.24)和(7.26)相对应，四种强度理论的相当应力分别为

$$\begin{cases} \sigma_{r1} = \sigma_1 \\ \sigma_{r2} = \sigma_1 - \mu(\sigma_2+\sigma_3) \\ \sigma_{r3} = \sigma_1 - \sigma_3 \\ \sigma_{r4} = \sqrt{\dfrac{1}{2}\left[(\sigma_1-\sigma_2)^2+(\sigma_2-\sigma_3)^2+(\sigma_3-\sigma_1)^2\right]} \end{cases} \tag{7.28}$$

二、强度理论的选用

有了强度条件，就可对复杂应力状态的构件进行强度分析。然而，工程实际中解决具

体问题时应该选用何种强度理论却是一个比较复杂的问题,需要根据构件的材料种类、受载情况、载荷性质(静载或动载)以及温度等因素综合考虑。一般而言,在常温、静载下,脆性材料通常发生断裂失效(包括拉断和剪断),因此宜选用第一或第二强度理论。而塑性材料通常发生屈服失效,故宜选用第三或第四强度理论,但前者偏于安全,后者偏于经济。

需注意的是,材料强度失效的形式既和材料本身的力学性质有关,也与其所处的应力状态有关。也就是说,同一种材料,在不同的应力状态下,其失效形式也可能不同。因此在选用强度理论时不仅要考虑材料本身的特性,还要注意其应力状态。例如,在三向拉伸状态下,当三个主应力数值接近时,则无论是脆性材料抑或是塑性材料,都将发生断裂形式的失效,故宜选用第一或第二强度理论。而在三向压缩状态下,当三个主应力数值接近时,则无论是脆性材料抑或是塑性材料,都将发生屈服形式的失效,故宜选用第三或第四强度理论。

二、强度理论应用举例

利用式(7.27)进行强度计算,通常可以按以下步骤进行:
(1)根据构件受力与变形特点,判断危险截面和危险点的可能位置;
(2)在危险点上截取单元体,根据构件的受力情况计算单元体上的应力;
(3)利用主应力的计算公式或图解法计算危险点处的三个主应力;
(4)根据材料的类型和应力状态,判断可能发生的破坏现象,选用合适的强度理论,进行校核、尺寸设计或确定许可载荷等强度问题的计算。

例题 7.9

试按第三和第四强度理论寻求塑性材料在单向拉伸时的许用拉应力$[\sigma]$与纯剪切时的许用切应力$[\tau]$之间的关系。

解:如例题 7.4 所分析,纯剪切应力状态下,主应力分别为

$$\sigma_1 = \tau, \sigma_2 = 0, \sigma_3 = -\tau$$

根据第三强度理论,由式(7.24)可知

$$\sigma_1 - \sigma_3 = \tau - (-\tau) = 2\tau \leqslant [\sigma]$$

即

$$\tau \leqslant 0.5[\sigma]$$

根据第 3 章建立的剪切强度条件,又有

$$\tau \leqslant [\tau]$$

因此,按第三强度理论求得的$[\tau]$与$[\sigma]$的关系为

$$[\tau] = 0.5[\sigma]$$

若根据第四强度理论,由式(7.26)则可知

$$\sqrt{\frac{1}{2}\left[(\sigma_1 - \sigma_2)^2 + (\sigma_2 - \sigma_3)^2 + (\sigma_3 - \sigma_1)^2\right]}$$

$$= \sqrt{\frac{1}{2}\left[(\tau - 0)^2 + (0 + \tau)^2 + (-\tau - \tau)^2\right]} = \sqrt{3}\tau \leqslant [\sigma]$$

和剪切强度条件比较,则可得按第四强度理论建立的 $[\tau]$ 与 $[\sigma]$ 的关系为

$$[\tau] = \frac{[\sigma]}{\sqrt{3}} = 0.577[\sigma] \approx 0.6[\sigma]$$

所以,对于拉压屈服极限相同的塑性材料,许用切应力 $[\tau]$ 通常取为许用拉应力 $[\sigma]$ 的 $0.5 \sim 0.6$ 倍。

例题 7.10

由低碳钢制成的蒸汽锅炉如图 7.18a 所示。壁厚 $\delta = 10\text{mm}$,内径 $D = 1000\text{mm}$,许用应力 $[\sigma] = 150\text{MPa}$。试用强度理论确定锅炉可能承受的内压 p。

分析:锅炉受内压后,不仅要产生轴向变形,而且在圆周方向也要发生变形,即圆周周长增加。所以,锅炉在内压作用下,其横截面和纵截面上都将产生应力,其中沿横截面方向的正应力称为轴向应力(或纵向应力),用 σ_n 表示;纵截面上的正应力称为环向应力,用 σ_m 表示,如图 7.18a 所示。由于锅炉壁厚 δ 远小于内径 D,若不考虑端部效应,可认为这两种应力沿容器厚度方向均匀分布,同时可用平均直径近似代替内径。

解:用横截面和纵截面分别将锅炉截开,其受力分别如图 7.18b 和图 7.18c 所示。图 7.18b 中沿 x 方向的等效压力 F_n 为

$$F_n = p \cdot \frac{\pi D^2}{4}$$

由轴向(x 方向)的平衡条件

$$\sum F_x = 0, F_n - \sigma_n \cdot \pi D \delta = 0$$

可得

$$\sigma_n = \frac{pD}{4\delta} \tag{a}$$

图 7.18c 中沿 y 方向的等效压力 F_m 为

$$F_m = p \cdot lD$$

式中,l 为锅炉的长度。

由纵向(y 方向)的平衡条件

$$\sum F_y = 0, F_m - \sigma_m \cdot 2\delta l = 0$$

可得

$$\sigma_m = \frac{pD}{2\delta} \tag{b}$$

上述分析中,仅涉及了锅炉表面的应力状态。实际上,在锅炉内壁,因为内压作用,还存在垂直于内壁的径向压应力,大小等于内压 p。但对于这类薄壁容器,由于 $\delta/D \ll 1$,径向方向的应力与其他两个应力相比小得多,并且自内向外沿壁厚方向逐渐减小,至外壁时为零,故可忽略不计。由此可见,容器壁内应力状态可视为二向应力状态。根据图 7.18a 所示单元体,易知锅炉壁内任一点的主应力分别为

$$\sigma_1 = \frac{pD}{2\delta}, \sigma_2 = \frac{pD}{4\delta}, \sigma_3 = 0$$

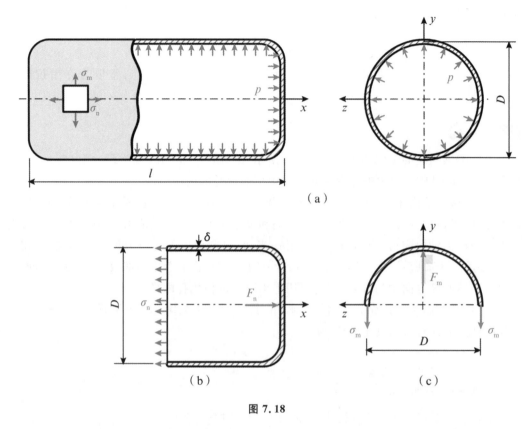

图 7.18

由强度理论可知,低碳钢宜采用第三或第四强度理论分析。若按第三强度理论分析,则由

$$\sigma_{r3} = \sigma_1 - \sigma_3 = \frac{pD}{2\delta} \leqslant [\sigma]$$

可知

$$p \leqslant \frac{2\delta[\sigma]}{D} = \frac{2 \times 10\text{mm} \times 150\text{MPa}}{1000\text{mm}} = 3\text{MPa}$$

若按第四强度理论分析

$$\sigma_{r4} = \sqrt{\frac{1}{2}\left[(\sigma_1 - \sigma_2)^2 + (\sigma_2 - \sigma_3)^2 + (\sigma_3 - \sigma_1)^2\right]} = \frac{\sqrt{3}\,pD}{4\delta} \leqslant [\sigma]$$

可得

$$p \leqslant \frac{4\delta[\sigma]}{\sqrt{3}\,D} = \frac{4 \times 10\text{mm} \times 150\text{MPa}}{\sqrt{3} \times 1000\text{mm}} \approx 3.46\text{MPa}$$

例题 7.11

如图 7.19a 所示,钢制薄壁容器受最大内压时,在容器表面上沿轴线方向和圆周方向贴的一对直角应变片,用应变电测仪测得其读数分别为 $\varepsilon_x = 8.5 \times 10^{-5}$ 和 $\varepsilon_y = 4.22 \times 10^{-4}$。已知钢的弹性模量 $E = 200\text{GPa}$,泊松比 $\mu = 0.32$,许用应力 $[\sigma] = 150\text{MPa}$。试按第

四强度理论校核其强度。

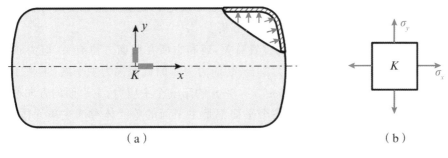

图 7.19

解:围绕点 K 处取出的单元体应力状态如图 7.19b 所示。广义胡克定律(7.11)的第一、二式,可改写为

$$\sigma_x = \frac{E}{1-\mu^2}(\varepsilon_x + \mu\varepsilon_y)$$

$$\sigma_y = \frac{E}{1-\mu^2}(\varepsilon_y + \mu\varepsilon_x)$$

由此可求得该单元体的三个主应力分别为

$$\sigma_1 = \sigma_y = \frac{2\times10^5\,\mathrm{MPa}}{1-0.32^2} \times (4.22\times10^{-4} + 0.32\times8.5\times10^{-5}) \approx 100.1\mathrm{MPa}$$

$$\sigma_2 = \sigma_x = \frac{2\times10^5\,\mathrm{MPa}}{1-0.32^2} \times (8.5\times10^{-5} + 0.32\times4.22\times10^{-4}) = 49\mathrm{MPa}$$

$$\sigma_3 = 0$$

故第四强度理论的相当应力为

$$\sigma_{r4} = \sqrt{\frac{1}{2}\left[(100.1\mathrm{MPa}-49\mathrm{MPa})^2 + (49\mathrm{MPa}-0)^2 + (0-100.1\mathrm{MPa})^2\right]} \approx 86.7\mathrm{MPa}$$

显然,$\sigma_{r4} < [\sigma]$,说明它满足第四强度理论要求。

比较式(a)和(b),理论上环向应力应是轴向应力的两倍,即 $\sigma_y = 2\sigma_x$。但本题计算的结果略有偏差,这可能与电测法读取应变的误差有关。实际应用中,如果这种倍数关系明确了,电测时只需贴一个应变片即可。可见,利用应变电测法进行应变片的粘贴与测定时要注意结合具体的工况来实验。在线弹性范围,电测法可借助广义胡克定律反求其他力学参量,比如例题 7.8 中的泊松比 μ 和本题中的应力。

本章小结

本章重点围绕应力状态与强度理论展开讨论,其中应力状态理论尤其重要,它是学习强度理论的基础,也是进一步学习弹性力学等课程所需的基本知识。通过课程学习,要切实掌握平面应力状态下斜截面上的应力、主应力、主平面方位及最大切应力等的计算,能够用广义胡克定律求解应力与应变关系,理解强度理论的概念并能够根据材料可能发生的失效形式选择合适的强度理论进行强度分析。

(1)一点的应力不仅与其所处的位置有关,还和它所在截面方位有关。应力状态就是研究通过一点所有方向截面上的应力集合。切应力为零的截面称为主平面,主平面上的正应力称为主应力,并按代数值的大小$\sigma_1 \geqslant \sigma_2 \geqslant \sigma_3$约定三个主应力。主平面的方向称为主方向,主方向上的线应变称为主应变,各个平面都是主平面的单元体称为主单元体。单元体应力状态可分为单向应力状态、平面(二向)应力状态和空间(三向)应力状态,一般把单向应力状态和纯剪切应力状态合称为简单应力状态,而把其他应力状态统称为复杂应力状态。

(2)解析法和图解法是求解平面应力状态的两种重要方法。能够正确写出应力分量和方位角是应力状态分析的重要前提。解析法公式烦琐,图解法直观,建议两者并用。应用图解法时,要注意应力圆与单元体之间的"点面对应、同一基准、转向一致、角度成双"的关系,明确应力圆的基本步骤,能够利用应力圆进行斜截面应力、主应力及其主平面方位、最大切应力等的求解。对空间应力状态能够作三向应力圆。

(3)广义胡克定律给出了任意应力状态下应力与应变之间的关系,在求解应力与应变关系的问题时都要采用广义胡克定律及其演化形式。三向等值应力状态只有体积变化,纯剪切应力状态只有形状改变。材料常数 E、G、K 和 μ 之间存在联系,其中只有两个是独立的。

(4)强度理论是关于材料破坏的假说,并认为材料失效的原因与应力状态无关。最大拉应力理论、最大伸长线应变理论、最大切应力理论和畸变能密度理论是四种常用的强度理论,其中前两个用于解释断裂失效,后两个则用于解释屈服失效。各强度理论的强度条件可以用相当应力写成统一形式,相当应力是不同强度理论得出的主应力综合值,表示与复杂应力状态安全程度相当的单轴拉应力。

(5)一般情况下,脆性材料发生脆性断裂,宜采用第一或第二强度理论,塑性材料发生塑性屈服,宜采用第三或第四强度理论。对于三向等拉情况,无论脆性材料还是塑性材料都以断裂形式失效,宜采用第一或第二强度理论;对于三向等压情况,无论塑性材料还是脆性材料都以塑性屈服形式失效,宜采用第三或第四强度理论。可见,材料的失效行为(或模式)与应力状态有关。

(6)复杂应力状态下强度计算一般先围绕危险点截取单元体并求出主应力,再选用适当的强度理论计算相当应力,最后根据强度条件对构件进行强度分析,包括校核、尺寸设计或确定许可载荷等。

表 7.1 本章主要公式及符号梳理

公式	符号
$\sigma_a = \dfrac{\sigma_x + \sigma_y}{2} + \dfrac{\sigma_x - \sigma_y}{2}\cos 2\alpha - \tau_{xy}\sin 2\alpha$	σ_a、τ_a
$\tau_a = \dfrac{\sigma_x - \sigma_y}{2}\sin 2\alpha + \tau_{xy}\cos 2\alpha$	σ_x、σ_y、τ_{xy}
$\tan 2\alpha_0 = \dfrac{-2\tau_{xy}}{\sigma_x - \sigma_y}$	α、α_0
$\left.\begin{array}{l}\sigma_{\max}\\\sigma_{\min}\end{array}\right\} = \dfrac{\sigma_x + \sigma_y}{2} \pm \sqrt{\left(\dfrac{\sigma_x - \sigma_y}{2}\right)^2 + \tau_{xy}{}^2}$	$\sigma_{\max}$、$\sigma_{\min}$
$\left.\begin{array}{l}\tau_{\max}\\\tau_{\min}\end{array}\right\} = \pm\sqrt{\left(\dfrac{\sigma_x - \sigma_y}{2}\right)^2 + \tau_{xy}{}^2}$, $\tau_{\max} = \dfrac{\sigma_1 - \sigma_3}{2}$	$\tau_{\max}$、$\tau_{\min}$
$\begin{cases}\varepsilon_x = \dfrac{1}{E}[\sigma_x - \mu(\sigma_y + \sigma_z)]\\[2mm]\varepsilon_y = \dfrac{1}{E}[\sigma_y - \mu(\sigma_z + \sigma_x)]\\[2mm]\varepsilon_z = \dfrac{1}{E}[\sigma_z - \mu(\sigma_x + \sigma_y)]\\[2mm]\gamma_{xy} = \dfrac{\tau_{xy}}{G},\ \gamma_{yz} = \dfrac{\tau_{yz}}{G},\ \gamma_{zx} = \dfrac{\tau_{zx}}{G}\end{cases}$, $\begin{cases}\varepsilon_x = \dfrac{1}{E}(\sigma_x - \mu\sigma_y)\\[2mm]\varepsilon_y = \dfrac{1}{E}(\sigma_y - \mu\sigma_x)\\[2mm]\varepsilon_z = -\dfrac{\mu}{E}(\sigma_x + \sigma_y)\\[2mm]\gamma_{xy} = \dfrac{\tau_{xy}}{G}\end{cases}$	ε_x、ε_y、ε_z γ_{xy}、γ_{yz}、τ_{zx}
$\begin{cases}\varepsilon_1 = \dfrac{1}{E}[\sigma_1 - \mu(\sigma_2 + \sigma_3)]\\[2mm]\varepsilon_2 = \dfrac{1}{E}[\sigma_2 - \mu(\sigma_3 + \sigma_1)]\\[2mm]\varepsilon_3 = \dfrac{1}{E}[\sigma_3 - \mu(\sigma_1 + \sigma_2)]\end{cases}$, $\begin{cases}\varepsilon_1 = \dfrac{1}{E}(\sigma_1 - \mu\sigma_2)\\[2mm]\varepsilon_2 = \dfrac{1}{E}(\sigma_2 - \mu\sigma_1)\\[2mm]\varepsilon_3 = -\dfrac{\mu}{E}(\sigma_1 + \sigma_2)\end{cases}$	σ_1、σ_2、σ_3 ε_1、ε_2、ε_3
$\theta = \dfrac{1 - 2\mu}{E}(\sigma_1 + \sigma_2 + \sigma_3) = \dfrac{\sigma_m}{K}$	θ
$\sigma_m = \dfrac{\sigma_1 + \sigma_2 + \sigma_3}{3}$, $K = \dfrac{E}{3(1 - 2\mu)}$	σ_m、K
$v_V = 3(1 - 2\mu)/(2E)\ \sigma_m^2 = \dfrac{1 - 2\mu}{6E}(\sigma_1 + \sigma_2 + \sigma_3)^2$	v_V
$v_d = \dfrac{1 + \mu}{6E}[(\sigma_1 - \sigma_2)^2 + (\sigma_2 - \sigma_3)^2 + (\sigma_3 - \sigma_1)^2]$	v_d
$\sigma_{ri} \leqslant [\sigma]$ $(i = 1, 2, 3, 4)$	σ_{ri}
$\begin{cases}\sigma_{r1} = \sigma_1\\[2mm]\sigma_{r2} = \sigma_1 - \mu(\sigma_2 + \sigma_3)\\[2mm]\sigma_{r3} = \sigma_1 - \sigma_3\\[2mm]\sigma_{r4} = \sqrt{\dfrac{1}{2}[(\sigma_1 - \sigma_2)^2 + (\sigma_2 - \sigma_3)^2 + (\sigma_3 - \sigma_1)^2]}\end{cases}$	σ_{r1}、σ_{r2} σ_{r3}、σ_{r4}

【拓展阅读】

"郑玄说"与胡克定律之学术争议

一、争议缘起

胡克定律,也称为弹性定律,是力学弹性理论的一条基本规律,也是材料力学的一个重要内容。它于 1678 年由英国物理学家胡克(R. Hooke,1635—1703)经过多种试验之后以字谜谜底的形式发表。然而,我国著名的力学学者老亮教授在 1986 年发现并提出了"郑玄说",认为"东汉郑玄早于胡克约 1500 年即已发现弹性定律(胡克定律)"。他的这一发现,引起了国内外的关注,得到了刘树勇、李银山等专家的认可,并将其载入《力学词典》及多部学术著作,有学者甚至建议将"胡克定律"改称为"郑玄 — 胡克定律"。但是,仪德刚、朱华满和陶学文等学者却认为郑玄对《考工记》的注释并不能说明郑玄发现了弹性定律。于是,一场关于胡克定律与"郑玄说"的学术争辩由此拉开。

二、胡克定律与"郑玄说"

那么,胡克和郑玄(图 7.20)各自都说了什么?

（a）胡克　　　　　　　　　　　　（b）郑玄

图 7.20

(1) 胡克说

1658 年,胡克为了改进伽利略发明的摆钟,试图用螺旋弹簧替代摆锤,并申请了专利。到 1674 年,由于惠更斯(C. Huygens,1629—1695)制成螺旋弹性的新式钟,胡克怀疑自己的发明被窃取,便于 1675 年与别人合作制成螺旋弹簧钟,并对弹簧的弹性作了周密的研究。1676 年胡克正式公布了他的工作,并在 1678 年撰成论文"论弹性的势",系统地论述了弹性与力的关系。他在总结螺旋弹簧、盘簧、金属丝拉伸和悬臂木梁的实验中说：

> 一分力使弹簧弯曲一个单位，二分力就使它弯曲两个单位，三分力就使它弯曲三个单位，以此类推。如果某一重量（1 盎司或 1 磅）使弹簧伸长某一段距离（1/12 英寸或 1 英寸），则两倍的重量将使它伸长两倍的距离，三倍的重量就使它伸长三倍的距离，以此类推。最后，胡克总结道：综上所述，显然在任何弹性体中自然规律或定律是，把它自己恢复到自然位置的力或能力总是与它所变动的距离或空间成正比，……不仅从上述物体中可以看到这一规律，而且在所有弹性物体中，如金属、木料、石块、干土、毛发、兽角、蚕丝、骨骼、筋、玻璃等等，都是如此。

（2）郑玄说

汉代的郑玄（公元 127—200 年）在注释《考工记》中说：

> （弓）干胜一石，加角而胜二石，被筋而胜三石，引之中三尺。
> 假令弓力胜三石，引之中三尺，弛其弦，以绳摄之，每加物一石，则张一尺。

唐代的贾公彦则进一步疏解说：

> 此言弓未成时，干未有角，称之胜一石；后又按角，胜二石；后更被筋，称之即胜三石。"引之中三尺"者，此据干、角、筋三者具总，称物三石，得三尺。若据初空干时，物一石，亦三尺；更加角，称物二石，亦三尺；又被筋，称物三石，亦三尺。
> 郑又云"假令弓力胜三石、引之中三尺"者，此即三石力弓也。必知弓力三石者，当"弛其弦，以绳摄之"者，谓不张之，别以一条绳系两箫，乃加物一石张一尺，二石张二尺，三石张三尺。

三、问题及讨论

（1）关于我国学者对郑玄与胡克定律的学术争论，你有什么看法？

（2）调研历史上还有哪些比较著名的学术争论？

（3）结合中国力学发展史，谈谈我国有哪些重要的力学贡献？怎样看待中国的力学发展进程？

本章精选测试题

一、判断题(每题 1 分,共 10 分)

题号	1	2	3	4	5	6	7	8	9	10
答案										

(1) 纯弯曲梁上任一点的单元体均为单向应力状态。

(2) 单元体中正应力值最大的截面上,切应力必为零。

(3) 构件上一点处沿某方向的正应力为零,则该方向上的线应变也为零。

(4) 包围一点一定有一个单元体,该单元体各面只有正应力而无切应力。

(5) 纯剪切应力状态单元体的最大正应力与其最大切应力相等,它属于二向应力状态。

(6) 圆轴受扭时,杆内各点都处于纯剪切应力状态。

(7) 三向等拉或等压应力状态单元体只有形状改变而没有体积变化。

(8) 两个二向应力状态叠加后仍然是一个二向应力状态。

(9) 塑性材料制成的杆件,其危险点未必要用第三或第四强度理论所建立的强度条件来校核其强度。

(10) 铸铁水管冬天结冰时会因冰膨胀被胀裂,而管内的冰却不会破坏,这是因为冰的强度比铸铁的强度高。

二、选择题(每题 3 分,共 15 分)

题号	1	2	3	4	5
答案					

(1) 在单元体的主平面上(　　　)。

A. 正应力一定最大 　　　　　　　　B. 切应力一定最大

C. 正应力一定为零 　　　　　　　　D. 切应力一定为零

(2) 如图 7.21 所示,塑性材料在下列应力状态中,状态(　　　)最易发生剪切破坏。

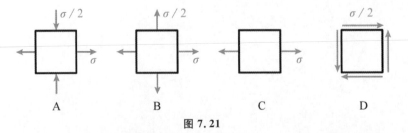

图 7.21

（3）三向应力状态单元体中,若三个主应力相等,即$\sigma_1 = \sigma_2 = \sigma_3 = \sigma$,则其三个主应变都为(   )。其中,$\mu$ 为泊松比,E 为弹性模量。

A. 0

B. $(1-2\mu)\sigma/E$

C. $3(1-2\mu)\sigma/E$

D. $(1-2\mu)\sigma/2E$

（4）关于弹性体受力后某一方向的应力与应变的关系,以下说法正确的是(   )。

A. 有应力未必有应变,有应变也未必有应力

B. 有应力一定有应变,但有应变未必有应力

C. 有应力一定有应变,有应变也一定有应力

D. 有应力未必有应变,但有应变一定有应力

（5）对于二向等拉应力状态,除第(   )强度理论外,其他强度理论的相当应力都相等。

A. 一   B. 二   C. 三   D. 四

三、计算题(可任选 5 题,每题 15 分,共 75 分)

（1）试用单元体表示图 7.22 所示构件中 A、B 点的应力状态,并求出单元体上的应力数值。

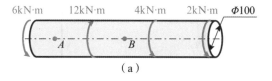

（a）

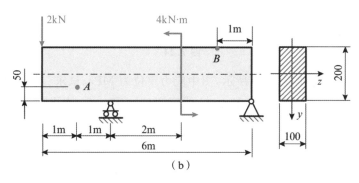

（b）

图 7.22

（2）已知应力状态如图 7.23 所示,图中应力单位为 MPa。试用解析法和图解法求指定斜截面的应力。

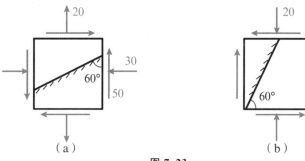

（a）   （b）

图 7.23

（3）已知应力状态如图 7.24 所示，图中应力单位为 MPa。试用解析法和图解法求：1）主应力大小、主平面位置；2）在单元体上绘出主平面位置及主应力方向；3）最大切应力。

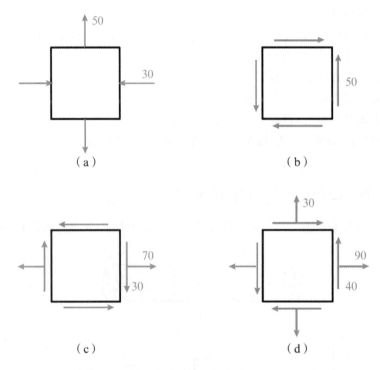

图 7.24

（4）已知应力状态如图 7.25 所示，图中应力单位为 MPa。试求：1）主应力 σ_1、σ_2 和 σ_3；2）最大切应力 τ_{max}；3）主应变 ε_1、ε_2 和 ε_3；4）线应变 ε_x、ε_y 和 ε_z；5）体积应变 θ；6）应变能密度 v_ε 和畸变能密度 v_d；7）四个常用强度理论的相当应力 $\sigma_{ri}(i=1,2,3,4)$。设 $E=200\text{GPa}$，泊松比 $\mu=0.25$。

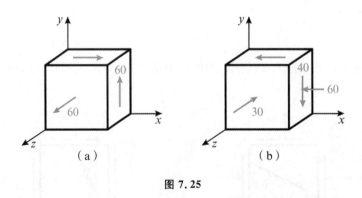

图 7.25

（5）如图 7.26 所示，在一体积较大的钢块上开一个贯穿的凹槽，宽度和深度都为 $a=10\text{mm}$，在槽内紧密而毫无间隙地嵌入一铝质正立方块，各边边长也为 $a=10\text{mm}$。当铝块

受到压力 $F = 4\mathrm{kN}$ 的作用时,假设钢块不变形。已知铝的弹性模量 $E = 70\mathrm{GPa}$,泊松比 $\mu = 0.33$。试求铝块的三个主应力及相应的变形。

(6)图 7.27 所示矩形截面简支梁受均布载荷作用。现在梁的底端 K 点处沿轴线方向贴一应变片,并由应变电测仪测得线应变为 $\varepsilon_{0°} = 2.5 \times 10^{-4}$。已知材料的弹性模量 $E = 200\mathrm{GPa}$,泊松比 $\mu = 0.25$。试求载荷集度 q。

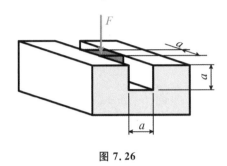

图 7.26

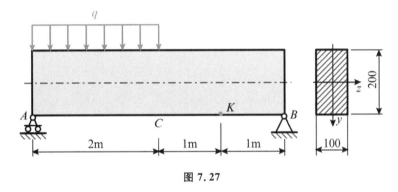

图 7.27

(7)炮筒横截面如图 7.28 所示,在危险点处,$\sigma_t = 75\mathrm{MPa}$,$\sigma_r = -40\mathrm{MPa}$,第三个主应力垂直于图面为拉应力,其大小为 $45\mathrm{MPa}$。试按第三和第四强度理论计算其相当应力。

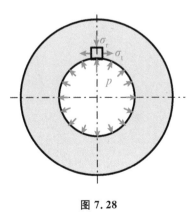

图 7.28

(8)图 7.29 所示两端封闭的铸铁薄壁圆筒,其内径 $D = 250\mathrm{mm}$,壁厚 $\delta = 15\mathrm{mm}$,承受的内压 $p = 6\mathrm{MPa}$,同时两端还受轴向压力 $F = 120\mathrm{kN}$ 作用。已知材料的许用拉应力和

许用压应力分别为$[\sigma_t]=35\text{MPa}$和$[\sigma_c]=120\text{MPa}$,泊松比$\mu=0.25$。试用第二强度理论校核该圆筒的强度。

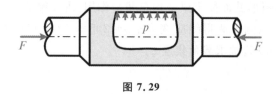

图 7.29

第8章 组合变形

组合变形这一章的研究方法是用应力应变分析和强度理论的内容解决一类新的问题,其分析过程并非"新知识"。组合变形属于复杂受力状态,所以,往往需要对构件的受力从宏观到微观全面分析,寻找危险截面和危险点,并借助危险点的应力应变状态分析和强度理论来求解。

8.1 概述

一、工程实例

工程中除了拉伸(压缩)、剪切、扭转和弯曲这几种基本变形之外,还有很多构件在荷载作用下同时发生两种或两种以上的基本变形。例如大部分的传动轴在齿轮啮合的径向载荷作用下(图8.1a),除了扭转变形之外还会发生弯曲变形,这就是扭弯组合变形。再比如图8.1b中的小型钻床中的立柱,钻头因为钻孔时反向施加的竖向载荷对于立柱的作用效果,让立柱产生了拉伸和弯曲的组合变形形式,也叫拉弯组合变形。

二、处理组合变形的基本方法

组合变形是因为外部载荷种类的多样化而产生的,多种载荷共同作用在构件上的效果可以由各个载荷单独作用在构件上引起的效果进行叠加,这就是叠加原理。叠加原理是求解组合变形问题的重要依据。叠加原理在学习弯曲变形时,查表求解挠度和转角问题中曾经用到过,其成立的前提是:内力、应力、应变、变形等与外力之间呈线性关系。

　　求解组合变形问题的一般方法和求解基本变形的逻辑非常相似,也是遵循"外力 — 内力 — 应力 — 校核"的大致步骤。

　　(1)外力分析:将外力分解、简化,使每个分量能够对应一种基本变形。

　　(2)内力分析:分析每个外力分量对应的基本变形所产生的内力,并确定危险截面和危险点。

　　(3)应力分析:利用叠加原理将基本变形下的应力和变形叠加,画出危险点的应力状态,选择合适的强度理论进行校核。

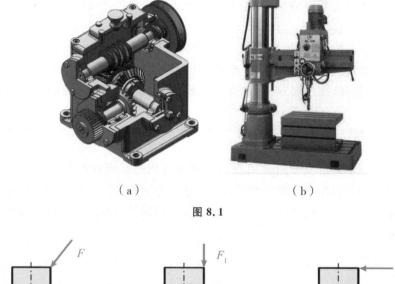

（a）　　　　　　　　（b）

图 8.1

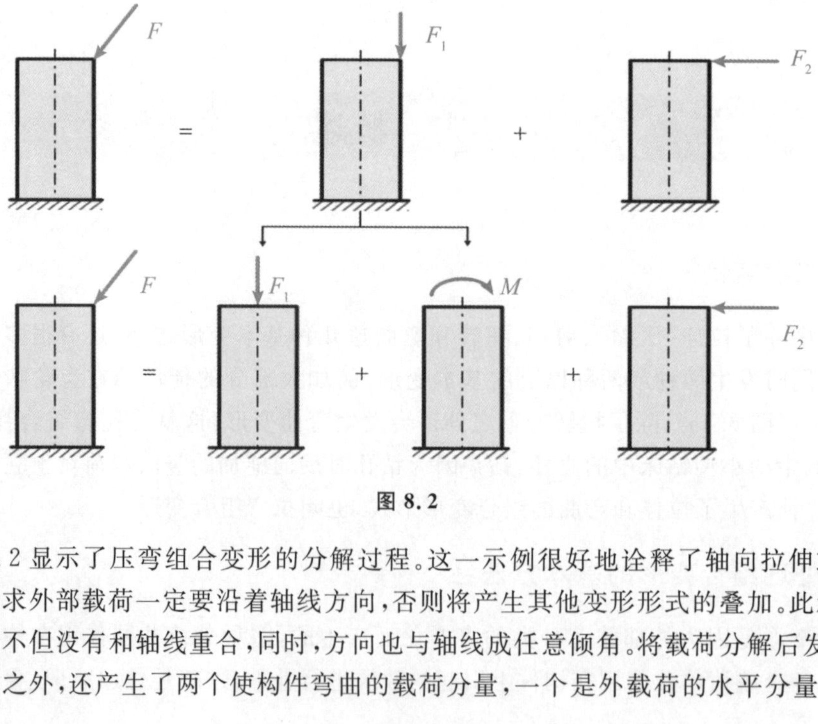

图 8.2

　　图 8.2 显示了压弯组合变形的分解过程。这一示例很好地诠释了轴向拉伸或压缩变形为何要求外部载荷一定要沿着轴线方向,否则将产生其他变形形式的叠加。此示例中的外部载荷不但没有和轴线重合,同时,方向也与轴线成任意倾角。将载荷分解后发现:除了压缩变形之外,还产生了两个使构件弯曲的载荷分量,一个是外载荷的水平分量 F_2,一个

是外载荷的竖直分量 F_1 平移至轴线所产生的附加力偶 M。由叠加原理可知：载荷 F 对构件所产生的效果，等于 F_1 引起构件的压缩、M 引起构件的弯曲以及 F_2 引起构件的弯曲三个变形的效果之和，分别从压缩和弯曲变形中根据内力的分布情况确定危险截面和危险点，综合考虑三种情况画出危险点的应力状态，再根据应力应变状态分析，选择合适的强度理论对其进行校核，最终确定构件的强度是否满足要求。

8.2 拉伸(压缩)与弯曲的组合变形

一、受力与变形分析

如果作用在杆件上的外力除了轴向力之外，还有横向力或者使构件产生弯曲变形的外力偶矩(图 8.3a)，则会产生拉弯或压弯组合变形。轴向力产生拉伸或压缩变形，横向力或外力偶矩产生弯曲变形。

授课视频

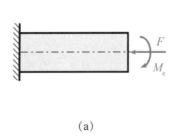
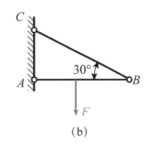

(a)   (b)

图 8.3

讨论：图 8.3b 中的两根杆件分别是什么变形形式？

二、内力分析

根据叠加原理，可将拉(压)弯组合变形分解为拉伸(压缩)变形和弯曲变形两种情况单独研究，弯曲变形的横截面上会产生剪力和弯矩，拉伸(压缩)变形的横截面上会产生轴力(图 8.4a)。但在大多工程实际问题的研究中，弯曲变形时产生的剪力所引起的切应力较小，一般可以不作考虑(图 8.3b)。

三、应力分析

仍然以叠加原理为依据，讨论拉(压)弯组合变形横截面上的应力分布状况。

(1)若单独研究拉伸(压缩)变形，横截面上的轴力对应于均匀分布的拉(压)应力。表达式如下：

$$\sigma' = \pm \frac{F_N}{A}$$

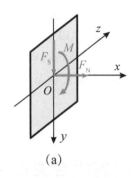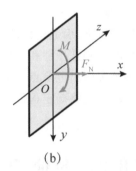

（a）　　　　　　　　　　　（b）

图 8.4

（2）若单独研究弯曲变形，横截面上的弯矩对应于以中性轴为分界线的拉应力和压应力，表达式如下：

$$\sigma'' = \pm \frac{M_z y}{I_z}$$

注意：上述应力表达式中，"+"表示拉应力，"−"表示压应力。

由于两类基本变形在横截面上产生的正应力，方位相同，方向相同或相反，所以横截面上任意一点处的正应力可以由叠加原理直接表示为

$$\sigma = \sigma' + \sigma'' = \pm \frac{F_N}{A} \pm \frac{M_z y}{I_z} \tag{8.1}$$

公式（8.1）中使用正号还是负号取决于两类变形在叠加时正应力方向的实际情况。实际上，如果在拉（压）弯组合变形的危险截面上取危险点研究，会发现其应力状态属于单向应力状态，由式（8.1）计算的应力即为该危险点的极值应力，不管是拉应力极值或压应力极值，均与材料的许用应力比较即可确定危险点强度是否满足条件。

下面以图 8.5 为例，演示拉弯组合变形的分析过程。

（1）依据叠加原理，将外部载荷分解后，分别作出各基本变形的内力图（轴力图和弯矩图）。

（2）分析危险截面，确定危险点的应力。

从内力图来看，拉伸变形的危险截面为杆件的任意截面，弯曲变形的危险截面为杆件的中间部位，由叠加原理得到最终这一拉弯组合变形的危险截面是杆件的中间部位（即 F_1 作用位置）的横截面。

从两种基本变形引起的截面应力分布状态来看，拉伸变形的危险点为杆件任意截面上的任意点，且均受到拉应力作用，弯曲变形的危险点为中间横截面上离中性轴最远的上下边缘处，且上边缘为最大压应力，下边缘为最大拉应力，由叠加原理得到最终这一拉弯组合变形的危险点为杆件中间横截面的下边缘各点，也就是拉应力与拉应力的叠加，最大拉应力为

$$\sigma_{tmax} = \sigma' + \sigma''_{max} = \frac{F_2}{A} + \frac{F_1 l}{4W}$$

讨论：需要作剪力图吗？需要考虑剪力的影响吗？

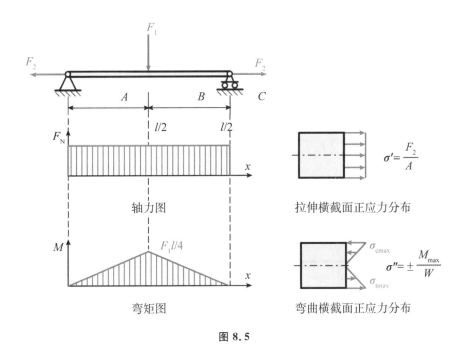

图 8.5

四、强度条件

由于拉弯或压弯组合变形中的危险点处的应力状态仍为单向应力状态,故其强度条件可表示为

$$\sigma_{max} \leqslant [\sigma]$$

如果遇到像铸铁等拉压性质不同的材料时,也就是当材料的许用拉应力和许用压应力不相等时,应分别建立杆件的抗拉和抗压强度条件,即

$$\sigma_{tmax} \leqslant [\sigma_t]$$
$$\sigma_{cmax} \leqslant [\sigma_c]$$

五、应用举例

例题 8.1

悬臂吊车如图 8.6a 所示,横梁 AB 用 20a 工字钢制成。其抗弯刚度 $W_z = 237 cm^3$,横截面面积 $A = 35.5 cm^2$,总荷载 $F = 34 kN$,横梁材料的许用应力为 $[\sigma] = 125 MPa$。试校核横梁 AB 的强度。

解:(1)受力分析求解未知约束力

分析 AB 的受力情况如图 8.6b 所示,列平衡方程如下

$$\sum F_x = 0, F_{Ax} - F_{AB} \cos 30° = 0$$

$$\sum F_y = 0, F_{Ay} - F + F_{AB} \sin 30° = 0$$

$$\sum M_A = 0, F_{AB} \sin 30° \times 2.4 - F \times 1.2 = 0$$

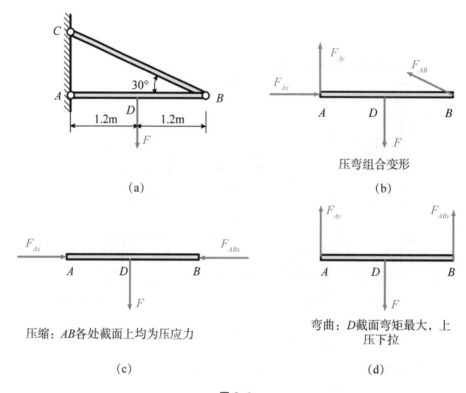

图 8.6

求得：$F_{AB} = F$，$F_{Ax} = 0.866F$，$F_{Ay} = 0.5F$。

从 AB 杆的受力分析图可以看出，AB 杆为平面弯曲与轴向压缩的组合变形形式（图 8.6c、d），且容易看出中间截面为危险截面。由叠加原理可知：轴向压缩在横截面上产生均匀分布的压应力；弯曲变形在横截面上产生上部受压、下部受拉的应力分布状态。所以最大压应力应发生在该截面的上边缘。

（2）压缩正应力

$$\sigma' = -\frac{F_{Ax}}{A} = -\frac{0.866F}{A}$$

（3）最大弯曲正应力

$$\sigma''_{max} = \pm\frac{F_{Ay} \times 1.2}{W} = \pm\frac{0.6F}{W_z}$$

（4）危险点的应力

$$\sigma_{cmax} = \sigma' + \sigma''_{max} = -\frac{0.866F}{A} - \frac{0.6F}{W} = -8.38\text{MPa}$$

显然，该横梁满足强度要求。

例题 8.2

如图 8.7a 所示，正方形截面立柱的中间处开槽后，其截面面积变为原来的一半，分析开槽前后最大压应力的变化。

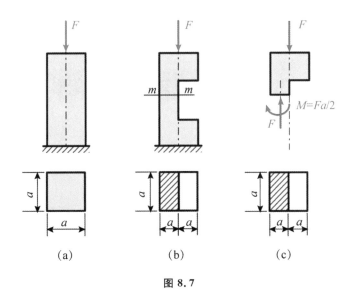

图 8.7

解:(1) 正方形截面立柱

正方形截面立柱在 F 作用下产生的是典型的轴向压缩变形,任意横截面均为危险截面,危险截面上的任意点也都是危险点,危险点的压应力表达式如下:

$$\sigma_{c1} = -\frac{F}{A} = -\frac{F}{4a^2}$$

(2) 截面开槽后的立柱

开槽后的截面变成了整个立柱的最小截面,从开槽处截开截面,并取上部作为研究对象(图 8.7b),受力分析可知,横截面上除了有轴向压力之外,还因开槽处的轴线与外部载荷之间有一定距离$(a/2)$而产生了附加力偶。所以,对于开槽处的横截面来说,在 F 和 M 的共同作用下,产生了压弯组合变形。

开槽处的横截面上因压缩产生的压应力均为

$$\sigma_{cF} = -\frac{F}{A} = -\frac{F}{2a^2}$$

开槽处的横截面上因弯曲所产生的最大压应力在离中性轴最远的右侧边缘,表达式为

$$\sigma_{cM} = -\frac{M}{W} = -\frac{Fa/2}{2a \cdot a^2/6}$$

综合压缩与弯曲所产生的压应力,得到开槽后横截面上的最大压应力表达式为

$$\sigma_{c2} = \sigma_{cF} + \sigma_{cM} = -\frac{2F}{a^2}$$

所以,两种情况下最大应力的比值为

$$\frac{\sigma_{c1}}{\sigma_{c2}} = \frac{-F/4a^2}{-2F/a^2} = \frac{1}{8}$$

看得出来,当横截面变为原来的一半时,最大压应力变为原来的 8 倍。

讨论:开槽处的横截面上因弯曲所产生的最大压应力在离中性轴最远的右侧边缘,其

抗弯截面系数等于多少?为什么不选择开槽处的左侧边缘进行计算?

8.3　弯曲与扭转的组合变形

本节讨论的弯扭组合变形构件仅限圆形截面的等直杆件。

一、受力与变形分析

授课视频

假如作用在杆件上的载荷除了使其扭转的外力偶矩之外,还有使其产生弯曲变形的横向力或外力偶矩,则会产生弯扭组合变形。如图 8.8 所示,两个构件的 *AB* 段均为弯扭组合变形。

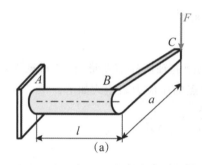
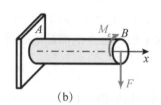

(a)　　　　　　　(b)

图 8.8

讨论:为何图 8.8a 中的构件也是弯扭组合变形?产生弯扭组合变形的是哪一部分?

二、内力分析

依据叠加原理,将弯扭组合变形分解为弯曲变形和扭转变形,如图 8.9 所示。弯曲变形的横截面上会产生剪力和弯矩,扭转变形的横截面上会产生扭矩。由于在大多工程实际问题的研究中,弯曲变形时横截面上产生的剪力所引起的切应力较小,一般可不做考虑。从分解后的两类基本变形的内力图可以发现危险截面在固定端处。

三、应力分析

仍以叠加原理为依据,讨论弯扭组合变形横截面上的应力分布状况。

(1)若单独研究弯曲变形,其横截面上的弯矩对应于以中性轴为分界线的拉应力和压应力,如图 8.9a 所示,表达式如下:

$$\sigma = \frac{M_z y}{I_z}$$

(2)若单独研究扭转变形,其横截面上的扭矩对应于沿半径方向且垂直半径的线性分布的切应力,如图 8.9b 所示,表达式如下:

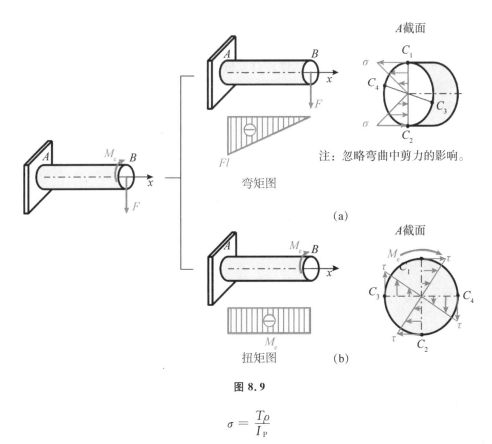

图 8.9

$$\sigma = \frac{T\rho}{I_{\mathrm{P}}}$$

由于正应力和切应力方向不同,不能像拉(压)弯曲组合变形一样直接将应力的值进行代数和叠加,需要借助于单元体的应力状态分析来研究危险点的强度问题。

从图 8.9a 中 A 截面上的应力分布状态来看,危险截面上的最大弯曲正应力 σ 发生在横截面上离中性轴最远的 C_1、C_2 处,从图 8.9b 中 A 截面上的应力分布状态来看,最大扭转切应力 τ 发生在横截面外部边缘的各点处。由叠加原理可以判定,危险截面 A 上的危险点应为 C_1 和 C_2 两点,对于许用拉压应力相同的塑性材料制成的构件来说,这两点的危险程度是相同的,可取其中任一点来研究。这里以 C_1 点为例,其单元体的应力状态如图 8.10a 所示,由于单元体为平面应力状态,可以将单元体继续简化为图 8.10b 所示的平面形式。

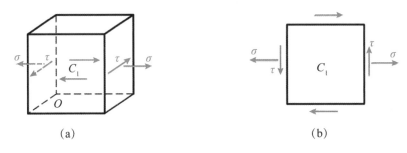

图 8.10

四、强度分析

对于图 8.10b 中的平面状态单元体进行分析,并利用强度理论进行校核。

(1) 主应力计算

由单元体的应力状态可知:$\sigma_x = \sigma$,$\sigma_y = 0$,$\tau_{xy} = -\tau$,代入极值应力公式

$$\begin{matrix}\sigma_{\max}\\\sigma_{\min}\end{matrix} = \frac{\sigma}{2} \pm \sqrt{\left(\frac{\sigma}{2}\right)^2 + \tau^2} = \frac{\sigma}{2} \pm \frac{1}{2}\sqrt{\sigma^2 + 4\tau^2}$$

所以,主应力分别为

$$\sigma_1 = \frac{\sigma}{2} + \frac{1}{2}\sqrt{\sigma^2 + 4\tau^2}, \sigma_2 = 0, \sigma_3 = \frac{\sigma}{2} - \frac{1}{2}\sqrt{\sigma^2 + 4\tau^2}$$

(2) 相当应力计算

根据第三强度理论,计算相当力:

$$\sigma_{r3} = \sigma_1 - \sigma_3 = \sqrt{\sigma^2 + 4\tau^2} \tag{8.2}$$

根据第四强度理论,计算相当应力:

$$\sigma_{r4} = \sqrt{\frac{1}{2}\left[(\sigma_1 - \sigma_2)^2 + (\sigma_2 - \sigma_3)^2 + (\sigma_3 - \sigma_1)^2\right]} = \sqrt{\sigma^2 + 3\tau^2} \tag{8.3}$$

(3) 强度校核

通过对危险点的应力状态分析后,使用第三或第四强度理论计算得到的相当应力应在材料的许用应力范围内,即

$$\sigma_{r3} \leqslant [\sigma]$$

或者

$$\sigma_{r4} \leqslant [\sigma]$$

对于圆形截面杆而言,单元体上的正应力和切应力可以分别表达为

$$\sigma = \frac{My}{I_z} = \frac{M}{W} \tag{a}$$

$$\tau = \frac{T\rho}{I_P} = \frac{T}{W_t} \tag{b}$$

其中

$$W = \frac{\pi D^3}{32}$$

$$W_t = \frac{\pi D^3}{16}$$

所以

$$W_t = 2W \tag{c}$$

将表达式(a)～(c)分别代入公式(8.2)和(8.3),相当应力的表达式还可以表示成为

$$\sigma_{r3} = \frac{\sqrt{M^2 + T^2}}{W} \tag{8.4}$$

$$\sigma_{r4} = \frac{\sqrt{M^2 + 0.75T^2}}{W} \tag{8.5}$$

讨论:为何在弯扭组合变形的强度校核中选择三、四强度理论?

五、应用举例

例题 8.3

如图 8.11a 所示结构,$F_1 = 0.5\text{kN}$,$F_2 = 1\text{kN}$,$[\sigma] = 160\text{MPa}$。

(1)用第三强度理论设计 AB 的直径;

(2)若 AB 杆的直径 $d = 40\text{mm}$,并在 B 端加一水平力,$F_3 = 20\text{kN}$,校核 AB 杆的强度。

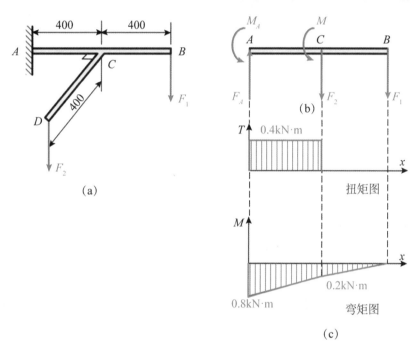

图 8.11

解:(1)设计 AB 杆直径

将 F_2 向 AB 杆的轴线平移后,得到附加力偶矩 $M = 0.4\text{kN} \cdot \text{m}$,如图 8.11b 所示。并对 AB 杆受力分析,列平衡方程如下

$$\sum F_y = 0, F_A - F_2 - F_1 = 0$$

$$\sum M_A = 0, M_A - F_2 \times 0.4 - F_1 \times 0.8 = 0$$

求得:$F_A = 1.5\text{kN}$,$M_A = 0.8\text{kN} \cdot \text{m}$。

分别画出 AB 杆的扭矩图和弯矩图,如图 8.11c 所示。

可以看出:AB 杆上的 AC 段为弯扭组合变形,固定端 A 处截面是危险截面,由于构件为圆形截面,可将最大弯矩和扭矩直接代入公式(8.4),用第三强度理论求解,即

$$T_A = 0.4\text{kN} \cdot \text{m}$$

$$M_A = 0.8 \text{kN} \cdot \text{m}$$

$$\sigma_{r3} = \frac{\sqrt{M^2 + T^2}}{W} = \frac{\sqrt{M_A^2 + T_A^2}}{\dfrac{\pi D^3}{32}} \leqslant [\sigma]$$

可以推出杆件直径为 $D = 38.5 \text{mm}$。

（2）若 B 端增加水平力 F_3 以后，AB 变成了拉伸、弯曲和扭转组合变形（图 8.12），仍然可以由叠加原理想象一下施加载荷 F_3 以后，改变了强度理论公式中的哪个参数？

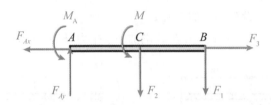

图 8.12

轴向拉力对应于横截面上均匀分布的拉应力，也就是说，横截面上的正应力将变成弯曲和拉伸两种变形时产生的正应力的叠加，即，危险点处单元体上的正应力：

$$\sigma = \frac{F_3}{A} + \frac{M}{W} = 143 \text{MPa}$$

危险点处单元体上的切应力没有发生变化，仍为

$$\tau = \frac{T}{W_t} = 31.8 \text{MPa}$$

由第三强度理论公式（8.2）可得

$$\sigma_{r3} = \sqrt{\sigma^2 + 4\tau^2} = 157 \text{MPa} \leqslant [\sigma]$$

讨论：试取出例题 8.3 中第（2）问中受力构件危险点的单元体，并画出其应力状态。

例题 8.4

图 8.13 为某电机简图，其输出功率为 9kW，转速 $n = 700 \text{r/min}$，带轮的直径 $D = 250 \text{mm}$，主轴外伸部分 AB 段的长度 $l = 120 \text{mm}$，直径 $d = 40 \text{mm}$，材料的许用应力 $[\sigma] = 60 \text{MPa}$，试：

（1）主轴 AB 段是什么组合变形形式？

（2）指出 AB 段的危险截面和危险点的位置；

（3）画出危险点的应力状态；

（4）求出该危险点的主应力；

（5）用第三强度理论校核 AB 段强度。

解：（1）AB 段为弯扭组合变形。

电机转动使轴扭转，带轮上作用的载荷（$2F$ 和 F）使其弯曲。

（2）危险截面在 A 截面。

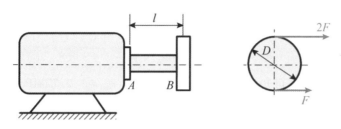

图 8.13

扭转变形使 AB 轴的各个截面上的扭矩相同,且最大切应力发生在任意横截面的外边缘处。弯曲变形使 AB 轴的 A 截面弯矩最大,且最大正应力发生在 A 截面上离中性轴最远的前后两点。

讨论:为何最大弯曲正应力发生在 A 截面上离中性轴最远的前后两点,而不是上下两点?

由传动轴的输出功率和转速可求外力偶矩

$$M_e = 9549 \frac{P}{n} = 9549 \times \frac{9}{700} \text{N} \cdot \text{m} = 122.77 \text{N} \cdot \text{m}$$

由于 AB 段仅受到此外力偶矩作用,所以 A 截面上的最大扭矩也就是 $T_{max} = 122.77\text{N} \cdot \text{m}$。由传动轴的静力平衡关系,可以推出带轮上的载荷 F,即

$$(2F - F) \times \frac{D}{2} = M_e$$

$$F = \frac{2M}{D} = \frac{2 \times 122.77 \text{N} \cdot \text{m}}{0.25 \text{m}} = 982.16 \text{N}$$

则最大弯矩为

$$M_{max} = 3Fl = 3 \times 982.16 \text{N} \times 0.12 \text{m} = 353.58 \text{N} \cdot \text{m}$$

(3)由叠加原理可知危险截面为 A 截面上的前后两点,由于材料的拉压性能相同,可任取其中一点(比如前点 C_1)作为研究对象,画出其单元体的应力状态如图 8.14 所示。

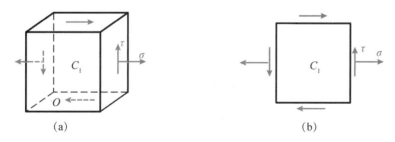

(a) (b)

图 8.14

其中,单元体上的正应力和切应力分别为

$$\sigma = \frac{My}{I_z} = \frac{M}{W} = \frac{353.58 \times 10^3 \text{N} \cdot \text{mm}}{\frac{\pi}{32} \times (40\text{mm})^3} = 56.27 \text{MPa}$$

$$\tau = \frac{T\rho}{I_P} = \frac{T}{W_t} = \frac{122.77 \times 10^3 \, \text{N} \cdot \text{mm}}{\frac{\pi}{16} \times (40\text{mm})^3} = 9.77\text{MPa}$$

（4）求主应力

由单元体的应力状态可知 $\sigma_x = 56.27\text{MPa}$，$\sigma_y = 0$，$\tau_{xy} = -9.77\text{MPa}$，代入极值应力公式（7.4），也就是主应力公式，可得

$$\begin{matrix} \sigma_{\max} \\ \sigma_{\min} \end{matrix} = \frac{\sigma_x + \sigma_y}{2} \pm \sqrt{\left(\frac{\sigma_x - \sigma_y}{2}\right)^2 + \tau_{xy}^2} = \frac{56.77\text{MPa} + 0}{2} \pm \sqrt{\left(\frac{56.77\text{MPa} - 0}{2}\right)^2 + (9.77\text{MPa})^2}$$

$$= \begin{matrix} 57.92\text{MPa} \\ -1.65\text{MPa} \end{matrix}$$

所以，主应力为：$\sigma_1 = 57.92\text{MPa}$，$\sigma_2 = 0$，$\sigma_3 = -1.65\text{MPa}$。

（5）第三强度理论校核

将主应力代入弯扭组合变形的第三强度理论公式（8.2），得到

$$\sigma_{r3} = \sigma_1 - \sigma_3 = 57.92\text{MPa} - (-1.65\text{MPa}) = 59.57\text{MPa} < [\sigma] = 60\text{MPa}$$

可见，强度满足要求。

讨论：尝试以第四强度理论校核例题 8.4 中 AB 段强度，并分析有什么区别。

本章小结

本章重点介绍了轴向拉（压）和弯曲的组合变形，以及弯曲和扭转的组合变形，并在例题中延伸了拉伸、弯曲和扭转的组合变形形式，从中可以看到组合变形是利用了前述的应力应变分析以及强度理论等基本知识来解决复杂工程中的力学问题，但无论构件的受力有多复杂，都可以利用叠加原理进行拆分，判定危险截面和危险点，正确表达危险点的应力状态后，利用强度理论进行校核和计算。

（1）拉伸（压缩）与弯曲组合变形中的应力公式

$$\sigma = \sigma' + \sigma'' = \pm \frac{F_N}{A} \pm \frac{M_z y}{I_z}$$

（2）扭转与弯曲组合变形的危险点的第三、四强度理论校核公式

$$\sigma_{r3} = \sigma_1 - \sigma_3 = \sqrt{\sigma^2 + 4\tau^2}$$

$$\sigma_{r4} = \sqrt{\frac{1}{2}\left[(\sigma_1 - \sigma_2)^2 + (\sigma_2 - \sigma_3)^2 + (\sigma_3 - \sigma_1)^2\right]} = \sqrt{\sigma^2 + 3\tau^2}$$

（3）对于圆形截面来说，第三、四强度理论的表达式

$$\sigma_{r3} = \frac{\sqrt{M^2 + T^2}}{W}$$

$$\sigma_{r4} = \frac{\sqrt{M^2 + 0.75T^2}}{W}$$

【扩展阅读】

世界规模最大的水电站 —— 长江三峡水利枢纽工程

一、水电站

水电站由水力系统、机械系统和电能产生装置等组成,是实现水能到电能转换的水利枢纽工程。为了将水库中的水能有效地转化为电能,水电站需要通过一个水机电系统来实现,该系统主要由压力引水管、水轮机、发电机和尾水管等组成。

三峡水电站(图 8.15)是世界上规模最大的水电站,也是新中国有史以来建设最大型的工程项目,三峡水电站 1992 年获批建设,1994 年正式动工兴建,2003 年 6 月开始蓄水发电,于 2009 年全部完工。三峡大坝坝体为混凝土重力坝,坝轴线长 2309.47m,从右岸非溢流坝段起至左岸非溢流坝段终全长 2335m,坝顶高程 185m,坝顶宽 15m,底部宽度为 124m,最大坝高 181m,正常蓄水位 175m,总库容 393 亿立方米,其中防洪库容 221.5 亿立方米。三峡水电站安装了 32 台单机容量为 70 万千瓦的水电机组,发电总装机容量 2240 万千瓦,年发电量超 1000 亿千瓦时。三峡大坝混凝土体积达 1610 万立方米,是当今世界上已建大坝混凝土量最多、坝体过流孔口最多、泄流量最大的重力坝。

图 8.15

另外,2020 年金沙江金沙水电站首台机组成功投产发电,安装了 4 台单机容量为 140MW 的轴流转桨式水轮发电机组,其转轮直径 10.65m,为在建工程世界第一。

二、水轮机

水轮机(图 8.16)是水电站水电机组中的核心部件,它是把水流的能量转换为旋转机械能的动力机械,属于流体机械中的透平机械。早在公元前 100 年,中国就出现了水轮机的雏形 —— 水轮,用于提灌和驱动粮食加工。20 世纪以来,水电机组一直向高参数、大容量方向发展,目前节能、环保、高效机组已成为发电设备产品的发展方向,譬如拓展水轮机的稳定运行负荷范围;采用环保介质替代润滑剂;双馈型可变速抽水蓄能发电机组;多级抽水蓄能机组水轮机等等。

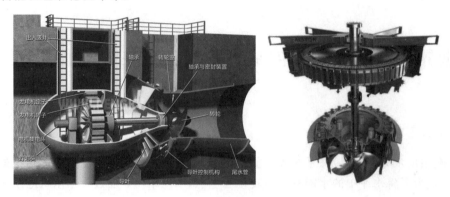

图 8.16

三、组合变形问题

水轮机主轴的力学模型如图 8.17b 所示，假设水轮机组的输出功率为 $P = 37500\text{kW}$，转速 $n = 150\text{r/min}$。已知轴向推力 $F_y = 4800\text{kN}$，转轮重 $W_2 = 390\text{kN}$；主轴的内径 $d = 340\text{mm}$，外径 $D = 750\text{mm}$，自重 $W_1 = 285\text{kN}$。主轴材料为 45 钢，其许用应力为 $[\sigma] = 80\text{MPa}$。试按第四强度理论校核主轴的强度。

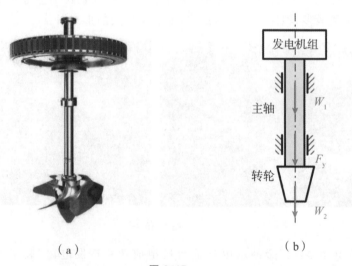

（a）　　　　　　　（b）

图 8.17

四、问题及讨论

（1）尝试发现更多发生组合变形的工程实例。

（2）利用三维软件建立水轮机主轴的三维模型，并利用仿真分析方法（不限仿真分析软件），对模型进行数值模拟。

（3）对比理论计算和数值模拟结果，总结复杂工程中的力学问题的多元解决方法。

（4）尝试分析目前我国水轮机生产制造中的技术难题，浅谈与所学专业之间的关系。

本章精选测试题

一、判断题(每题 1 分,共 10 分)

题号	1	2	3	4	5	6	7	8	9	10
答案										

(1)叠加原理是多个载荷共同作用在构件上的效果等于各个载荷单独作用在构件上的效果之和。

(2)一个杆件某段可能存在拉伸变形,而另一段可能存在压缩变形,则此杆件属于组合变形。

(3)对杆件的拉伸与弯曲组合变形而言,危险点处是单向应力状态。

(4)拉弯组合变形中,应力最大值总是发生在梁的最外层。

(5)传动轴通常采用脆性材料制成,可选用第一或第二强度理论校核强度。

(6)在弯扭组合变形中,危险点的应力状态属于平面应力状态。

(7)悬臂梁杆件自由端作用有一横向力和一扭矩,则梁上两个危险点处单元体的应力状态完全相同。

(8)偏心拉伸的构件会形成弯扭组合变形。

(9)大变形条件下,发生组合变形的构件,其应力计算也可以使用叠加原理。

(10)一般情况下,组合变形构件的强度校核要依据强度理论进行。

二、选择题(每题 3 分,共 15 分)

题号	1	2	3	4	5
答案					

(1)处理组合变形问题的一般步骤是(   )。

A.内力分析 — 外力分析 — 应力分析 — 强度计算

B.应力分析 — 强度计算 — 内力分析 — 外力分析

C.强度计算 — 外力分析 — 内力分析 — 应力分析

D.外力分析 — 内力分析 — 应力分析 — 强度计算

(2)图 8.18 所示平面曲杆,其中 $AB \perp BC$,则 AB 部分的变形为(   )。

A.拉伸与扭转组合变形　　　　　　　B.弯曲与扭转组合变形

C.压缩与弯曲组合变形　　　　　　　D.仅有扭转变形

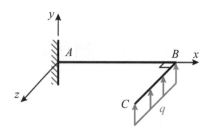

图 8.18

（3）偏心拉伸（压缩）实质上是（　　）组合变形。

A. 两个平面弯曲 　　　　　　　　　　B. 轴向拉伸（压缩）与平面弯曲

C. 轴向拉伸（压缩）与剪切 　　　　　D. 平面弯曲与扭转

（4）图 8.19 所示矩形截面拉杆，中间开有深度为 $h/2$ 的缺口，与不开口的拉杆相比，开口处最大正应力将是不开口杆的（　　）倍。

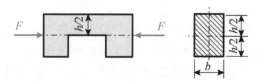

图 8.19

A. 2　　　　　　　　　B. 4　　　　　　　　　C. 8　　　　　　　　　D. 16

（5）三种受压构件如图 8.20 所示，构件 1、2 和 3 中的最大压应力（绝对值）分别为 σ_{max1}、σ_{max2} 和 σ_{max3}，现有下列四种答案，正确的是（　　）。

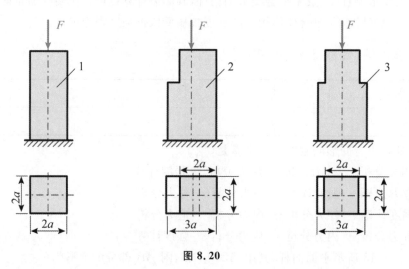

图 8.20

A. $\sigma_{max1} = \sigma_{max2} = \sigma_{max3}$ 　　　　　　　　B. $\sigma_{max1} > \sigma_{max2} = \sigma_{max3}$

C. $\sigma_{max2} > \sigma_{max1} = \sigma_{max3}$ 　　　　　　　　D. $\sigma_{max2} < \sigma_{max1} = \sigma_{max3}$

三、计算题(每题 15 分,共 75 分)

(1) 图 8.21 所示钻床的立柱为铸铁制成,$F = 15\text{kN}$,许用拉应力$[\sigma_t] = 35\text{MPa}$。试确定立柱所需直径 d。

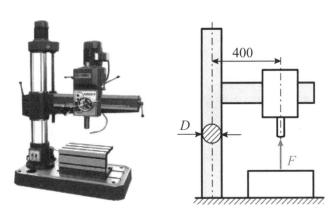

图 8.21

(2) 手摇绞车如图 8.22 所示,轴的直径 $d = 30\text{mm}$,材料为 Q235 钢,$[\sigma] = 80\text{MPa}$。试按第三强度理论,求绞车的最大起吊重量 P。

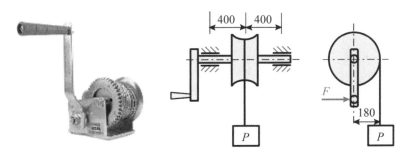

图 8.22

(3) 图 8.23 为某精密磨床砂轮轴的示意图。已知电动机功率 $P = 3\text{kW}$,转子转速 $n = 1400\text{r/min}$,转子重量 $W_1 = 100\text{N}$。砂轮直径 $D = 250\text{mm}$,砂轮重量 $W_2 = 275\text{N}$。磨削力 $F_y : F_z = 3 : 1$,砂轮轴直径 $d = 50\text{mm}$,材料为轴承钢,$[\sigma] = 60\text{MPa}$。

1) 试用单元体表示出危险点的应力状态,并求出主应力和最大切应力。

2) 试用第三强度理论校核轴的强度。

(4) 如图 8.24 所示为某承重结构示意图,CD 杆近似刚性杆,AB 杆为空心杆,外径 $D = 140\text{mm}$,内外径之比 $\alpha = d/D = 0.8$,$[\sigma] = 160\text{MPa}$。试:

1) 分析 AB 杆是什么组合变形形式;

2) 指出 AB 杆的危险截面和危险点的位置;

3) 画出危险点的应力状态;

4) 求出该危险点的主应力;

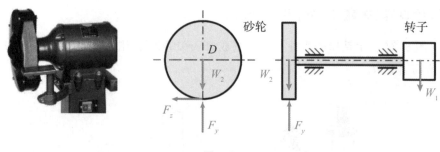

图 8.23

5）用第三强度理论校核 AB 杆强度。

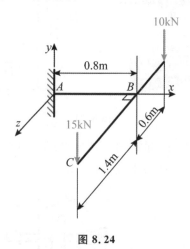

图 8.24

（5）已知一铸铁受压构件如图 8.25 所示，许用拉应力 $[\sigma_t]=35\text{MPa}$，许用压应力 $[\sigma_c]=100\text{MPa}$。试校核该受压构件的强度。

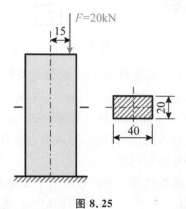

图 8.25

第9章 压杆稳定

压杆稳定与之前的宏观和微观研究方法又有所不同，虽然也是轴向压缩，但因为稳定性问题，导致构件破坏的原因已不再像基本变形中的轴向压缩那样简单，往往材料内部的真实应力远没有达到强度极限就发生了破坏。本章将重点学习压杆稳定的概念、临界压力和临界应力的计算公式、压杆的稳定性计算以及提高压杆稳定性的措施等。

9.1 压杆稳定的概念

图9.1所示是一根长为300mm、横截面尺寸为20mm×1mm、许用应力为$[\sigma] = 192$MPa的轴向受压钢板尺，根据第2章关于轴向拉压杆的强度条件

$$\sigma = \frac{F_N}{A} \leqslant [\sigma]$$

授课视频

可求得其许用压力为3.92kN。然而，试验结果却表明，当所施加的轴向压力达到约40N时，钢板尺就突然发生明显的弯曲变形而丧失承载能力。可见，承受轴向压力的杆件在满足强度条件时，并非一定安全可靠，还可能因为发生突然的弯曲变形而失效。因此，在设计构件承载能力时，除了强度和刚度要求外，还有稳定性要求。

实际上，工程结构中有很多这样类似的受压杆件(图9.2)，机械设备中的活塞杆、千斤顶，输电线塔、起重塔吊等桁架结构中的抗压杆，各类机器中的挺杆、连杆，建筑中的脚手架等，它们的失效往往表现出与强度失效全然不同的性质。

规格：1mm×20mm×300mm

材料许用应力：$[\sigma]$=196MPa

图 9.1

图 9.2

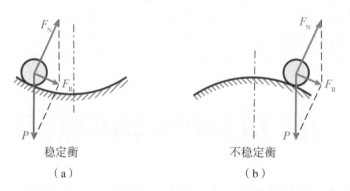

稳定衡
（a）

不稳定衡
（b）

图 9.3

那么，什么是稳定性要求？所谓稳定性要求就是指构件应有足够保持原有平衡形态的能力。如图 9.3 所示，在凹曲面最低点处平衡的小球，受到微小扰动后离开平衡位置，撤去干扰力后，小球经过来回几次滚动，最终仍回到原来的平衡位置，这种平衡状态称为稳定平衡(图 9.3a)。在凸曲面顶点上平衡的小球，受到微小扰动后，在重力作用下会往下滚而不再回到原来的平衡位置，这种平衡状态称为不稳定平衡(图 9.3b)。

压杆平衡的稳定性与此相似，当图 9.4a 所示中心受压细长杆件施加的轴向压力小于某一极限值时，杆件一直保持直线形状的平衡，即使作用微小的侧向干扰力使其暂时发生轻微弯曲，待干扰力解除后，杆仍将恢复直线形状。这表明压杆直线形状的平衡是稳定的，如图 9.4b 所示。当压力增加到某一极限值时，若再用微小的侧向干扰力使其发生轻微弯曲，干扰力解除后，杆件不能恢复原有的直线形状，而是保持曲线形状的平衡。此时，压杆直线形状的平衡是不稳定的,如图 9.4c 所示.把压杆丧失其直线形状的平衡而过渡为曲线平衡的现象,称为丧失稳定,简称失稳,也称为屈曲.把介于稳定平衡与不稳定平衡的状态称为临界状态,其对应的轴向压力称为临界压力或临界力,记为 F_{cr}.

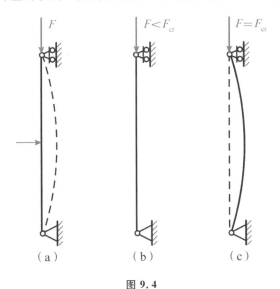

图 9.4

压杆失稳后,压力的微小增加将引起弯曲变形的显著增大,从而丧失承载能力.失稳问题早在 17 世纪就已被提出,但未引起工程界的重视.随着高强度材料如钢材和铝合金的出现,构件的截面尺寸设计越来越小,稳定性问题才引起人们的重视.在 19 世纪末至 20 世纪初,世界各地有多座知名大桥倒塌,经事后调查,它们都是由于某些构件失稳而非强度不足引起的.其中人们提及最多的案例便是加拿大 584m 长的魁北克大桥的稳定性破坏 (图 9.5),被列为 20 世纪十大工程惨剧之一(案例详见本章的扩展阅读).无数工程案例显示了失稳现象的突然性和破坏的彻底性,造成的灾难性后果更为严重,这引起了力学界和工程界的高度重视.因此,对于有可能发生失稳的构件和结构,必须进行稳定计算.

图 9.5

本章只讨论压杆稳定问题,不涉及其他形式的稳定问题,比如板条发生侧向弯曲的失稳(图 9.6)和圆柱形薄壳受均匀外压作用发生的失稳(图 9.7)等,读者们若有兴趣可查阅相关资料自行学习。

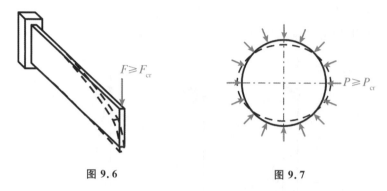

图 9.6　　　　　　　　　　　　　图 9.7

9.2　几种常见约束条件下细长压杆的临界压力

试验表明,压杆的临界压力与杆件的材料、截面的形状与尺寸、几何长度以及两端的约束形式有关,而与施加的轴向压力无关,是压杆自身所"固有"的量。

临界压力是压杆保持稳定的直线平衡形态的最大载荷,也是压杆保持微小弯曲平衡形态的最小载荷。确定临界压力是研究压杆稳定性的关键。但由于杆件的临界压力在直线平衡形态下难以确定,因此分析时往往从微弯平衡形态入手。为便于问题研究与工程应用,对压杆作以下简化:

授课视频

(1) 杆件为理想压杆且处于线弹性体状态;

(2) 不计轴向压缩和剪切引起的变形。

下面以两端球形铰支等截面细长压杆为例,推导其临界压力计算公式。然后再采用对比方法,将其拓展到其他常见约束条件情形,并得到统一的欧拉公式。

一、两端铰支细长压杆的临界压力

对于图 9.8 所示两端球形铰支、长度为 l 的等截面细长压杆,建立图示坐标系。当杆件在压力 F 作用下处于微弯变形时,距离坐标原点 O 为 x 的横截面的挠度为 w,压力 F 对该截面形心产生的弯矩为 M。若压力 F 只取其绝对值,则当挠度 w 为正时,弯矩 M 为负;挠度 w 为负时,弯矩 M 为正,即弯矩 M 与挠度 w 的符号相反,故

$$M = -Fw$$

对微小的弯曲变形,代入挠曲线近似微分方程,可得

$$\frac{\mathrm{d}^2 w}{\mathrm{d} x^2} = \frac{M}{EI} = -\frac{Fw}{EI}$$

引入记号

$$k^2 = \frac{F}{EI} \tag{a}$$

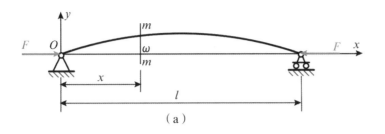

（a）

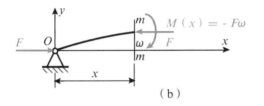

（b）

图 9.8

则

$$\frac{\mathrm{d}^2 w}{\mathrm{d} x^2} + k^2 w = 0$$

其通解为

$$w = A\sin kx + B\cos kx \tag{b}$$

式中，A、B 为积分常数。对于两端铰支的细长压杆，利用其边界条件：

$$w\big|_{x=0} = 0 ; w\big|_{x=l} = 0$$

可知

$$B = 0 \text{ 和 } A\sin kl = 0$$

此时，若 $A = 0$，则 $w \equiv 0$，这与压杆失稳而发生了微小弯曲变形的前提相矛盾。因此，必然要求

$$\sin kl = 0$$

于是，有

$$kl = n\pi (n = 0,1,2,\cdots)$$

将其代入式（a），求出

$$F = \frac{n^2 \pi^2 EI}{l^2}$$

式中，n 为 $0,1,2,\cdots$ 等整数中的任一值。可见，从理论上讲，保持压杆为曲线平衡的压力可有无数个值。然而，若取 $n = 0$，则 $F = 0$，意味着杆件上不受压力，与实际不符；对于其他整数，显然仅当 $n = 1$ 时，才能使压杆取得具有实际意义的最小临界压力，故

$$F_{\mathrm{cr}} = \frac{\pi^2 EI}{l^2} \tag{9.1}$$

这就是两端铰支细长压杆临界压力的计算公式，也称为临界压力的欧拉公式（注：欧拉（L. Euler）在 18 世纪中叶最先用此方法研究了压杆的稳定问题）。两端铰支压杆是实际工程中最为常见的情形，例如，内燃机配气机构中的挺杆、液压装置中的活塞杆、桁架结构

中的受压杆等,通常都可以简化为两端铰支杆。由式(9.1)可见,两端铰支细长压杆的临界压力与抗弯刚度 EI 成正比,而与杆长的平方成反比。

需注意,由于两端都是球铰,允许杆件在任意纵向平面内发生弯曲变形,故压杆的微弯变形必定发生在抗弯能力最小的纵向平面内,因此,式(9.1)中的 I 应是横截面的最小惯性矩。此外,在导出该欧拉公式时,用的是变形后的位置来计算弯矩,而不再使用原始尺寸原理,这是稳定性问题在处理方法上区别于以往强度问题的明显不同之处。

根据以上讨论,当取 $n = 1$ 时,$k = \pi/l$;$x = l/2$ 时,$w = \delta$(δ 为杆件中点的挠度),并注意到 $B = 0$。于是,由式(b)可知

$$w = \delta \sin \frac{\pi x}{l}$$

可见,压杆过渡为曲线平衡后,轴线弯成半波正弦曲线。其中,中点挠度 δ 的值可以是任意微小的位移值,这是因为在上述推导过程中运用了挠曲线的近似微分方程。可以证明,如果采用挠曲线的精确微分方程进行求解,则不会出现中点挠度 δ 值的不确定性问题。

二、其他约束条件下细长压杆的临界压力

工程实际中,压杆除简化为两端铰支(图 9.9a)情形外,还可能有其他约束情况,比如,一端固定而另一端自由(图 9.9b)、两端固定(图 9.9c)、一端固定而另一端铰支(图 9.9d)等。对于这些类型的细长压杆,其临界压力可以仿照前述同样方法导出,它们之间的区别仅在于挠曲线的近似微分方程和相应的边界条件不同,限于篇幅,这里不再一一赘述,有兴趣的读者可以试着推导。

事实上,若采用对比法,以两端铰支压杆的挠曲线为基本情况,将其他约束条件下的挠曲线与其比对,不难得到细长压杆临界压力计算的欧拉公式的普遍形式:

$$F_{\text{cr}} = \frac{\pi^2 EI}{(\mu l)^2} \tag{9.2}$$

式中,μl 称为相当长度,也称为等效长度,它反映了不同压杆屈曲后挠曲线上半波正弦曲线的一段长度(即曲线上两拐点间的距离),即把压杆折算成两端铰支杆的长度;μ 称为长度因数,它反映两端约束的影响,可由屈曲后的半波正弦曲线长度与两端铰支压杆初始屈曲时的半波正弦曲线长度的比值确定。例如,一端固定而另一端自由的细长压杆的微弯屈曲波形如图 9.8b 所示,屈曲波形的半波正弦曲线长度为 $2l$,它的临界压力相当于两端铰支、杆长为 $2l$ 的细长压杆的临界压力,故其长度因数 $\mu = 2$;类似地可推知,两端固定的细长压杆的长度因数 $\mu = 0.5$,一端固定而另一端铰支的细长压杆的长度因数 $\mu = 0.7$。表 9.1 给出了以上四种约束情况下细长压杆临界压力的欧拉公式。由表 9.1 可见,细长压杆的杆端约束越强,其抗弯能力就越大,临界压力也相应越高。

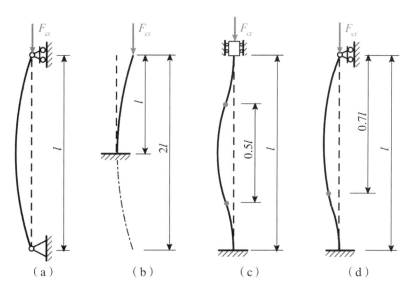

（a）　　　　　（b）　　　　　（c）　　　　　（d）

图 9.9

表 9.1　四种常见约束条件下等截面细长压杆临界压力欧拉公式

约束情况	临界压力欧拉公式	相当长度	长度因数
两端铰支	$F_{cr} = \dfrac{\pi^2 EI}{l^2}$	l	$\mu = 1$
一端固定而另一端自由	$F_{cr} = \dfrac{\pi^2 EI}{(2l)^2}$	$2l$	$\mu = 2$
两端固定	$F_{cr} = \dfrac{\pi^2 EI}{(0.5l)^2}$	$0.5l$	$\mu = 0.5$
一端固定而另一端铰支	$F_{cr} = \dfrac{\pi^2 EI}{(0.7l)^2}$	$0.7l$	$\mu = 0.7$

在应用上述欧拉公式进行临界压力计算时,要注意:

（1）当杆端在各个方向的约束情况相同时（比如球形铰链约束等）,则 I 应取最小的形心主惯性矩;

（2）当杆端在各个方向的约束情况不同时（比如柱形铰链约束等）,则需分别计算杆在不同方向失稳时的临界压力,I 为其相应中性轴的惯性矩。

表 9.1 仅列出了几种典型约束情形,实际问题中压杆的约束可能还有其他形式,对此也可用不同的长度因数 μ 来反映,其值可从有关设计手册或规范中查到。

三、应用举例

例题 9.1

某矩形截面细长压杆如图 9.10 所示,一端固定而另一端自由;截面高度 $h = 6\text{cm}$,宽

度 $b = 3\text{cm}$,杆长 $l = 1.2\text{m}$,材料的弹性模量 $E = 210\text{GPa}$。试计算该压杆的临界压力 F_{cr}。

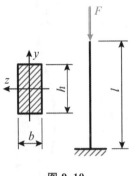

图 9.10

解:根据题意,对于一端固定而另一端自由的细长压杆,其长度因数 $\mu = 2$。矩形截面杆绕 y 轴和 z 轴的形心主惯性分别为

$$I_y = \frac{h\,b^3}{12} = \frac{60\text{mm} \times (30\text{mm})^3}{12} = 1.35 \times 10^5\,\text{mm}^4$$

$$I_z = \frac{b\,h^3}{12} = \frac{30\text{mm} \times (60\text{mm})^3}{12} = 5.4 \times 10^5\,\text{mm}^4$$

显然,$I_y < I_z$,可见该压杆必然绕 y 轴先发生弯曲失稳。因此,用 I_y 代入欧拉公式(9.2)计算其临界压力,可得

$$F_{\text{cr}} = \frac{\pi^2 E I_y}{(\mu l)^2} = \frac{\pi^2 \times 2.1 \times 10^5\,\dfrac{\text{N}}{\text{mm}^2} \times 1.35 \times 10^5\,\text{mm}^4}{(2 \times 1.2 \times 10^3\,\text{mm})^2} = 48577\text{N} \approx 48.6\text{kN}$$

例题 9.2

已知某矩形截面连杆为细长压杆,如图 9.11 所示,其中 $h = 50\text{mm}$,$b = 20\text{mm}$,$l_1 = 1860\text{mm}$,$l_2 = 1780\text{mm}$,材料的弹性模量 $E = 200\text{GPa}$。试计算该连杆的临界压力 F_{cr}。

解:根据该连杆的结构特点,矩形截面杆两端为柱形铰链约束,故按以下两种情况分析:

(1) 绕 z 轴(即发生 xy 平面弯曲)失稳时,杆端约束情况可简化为两端铰支

$$\mu = 1, l = l_1 = 1860\text{mm}, I = I_z = \frac{b\,h^3}{12} = \frac{20\text{mm} \times (50\text{mm})^3}{12} = 208330\,\text{mm}^4$$

代入欧拉公式可得其临界压力为

$$F_{\text{cr}} = \frac{\pi^2 E I}{(\mu l)^2} = \frac{\pi^2 \times 2 \times 10^5\,\dfrac{\text{N}}{\text{mm}^2} \times 208330\text{mm}^4}{(1 \times 1860\text{mm})^2} = 118870\text{N} \approx 118.9\text{kN}$$

(2) 绕 y 轴(即发生 xz 平面弯曲)失稳时,杆端约束情况可简化为两端固定

$$\mu = 0.5, l = l_2 = 1780\text{mm}, I = I_y = \frac{h\,b^3}{12} = 33333\,\text{mm}^4$$

代入欧拉公式可得其临界压力为

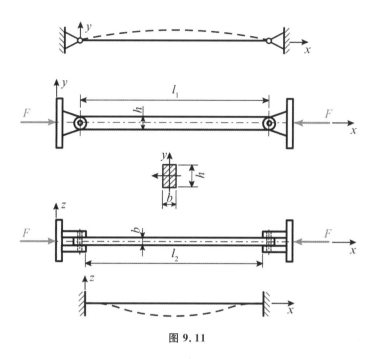

图 9.11

$$F_{cr} = \frac{\pi^2 EI}{(\mu l)^2} = \frac{\pi^2 \times 2 \times 10^5 \ \frac{N}{mm^2} \times 33333 mm^4}{(0.5 \times 1780 mm)^2} = 83067N \approx 83.1kN$$

综上，该连杆的临界压力应取其中较小者，即 $F_{cr} = 83.1kN$。

9.3　欧拉公式的适用范围·经验公式

一、临界应力

用压杆的临界压力 F_{cr} 除以其横截面积 A，即可得压杆的临界应力 σ_{cr} 为

$$\sigma_{cr} = \frac{F_{cr}}{A} = \frac{\pi^2 EI}{(\mu l)^2 A} \tag{9.3}$$

引入惯性半径(也称为回转半径) i：

$$i = \sqrt{\frac{I}{A}} \ \text{或} \ I = A i^2 \tag{9.4}$$

授课视频

对于以下几种常见截面，由该式可得其各自惯性半径分别为：

（1）矩形：

$$i_z = \frac{h}{\sqrt{12}}$$

式中,h 为垂直于中性轴 z 的高度。

（2）实心圆：

$$i = \frac{d}{4}$$

式中,d 为圆的直径。

（3）空心圆：

$$i = \frac{D}{4}\sqrt{1+\alpha^2}$$

式中,D 为圆的外径,α 为内外径之比。

于是,将式(9.4)代入式(9.3)并整理可得

$$\sigma_{cr} = \frac{\pi^2 E}{\left(\dfrac{\mu l}{i}\right)^2}$$

令

$$\lambda = \frac{\mu l}{i} \tag{9.5}$$

则

$$\sigma_{cr} = \frac{\pi^2 E}{\lambda^2} \tag{9.6}$$

这就是细长压杆临界应力计算公式,也是欧拉公式的另一种形式。式中,λ 称为柔度,也称为长细比,是量纲为一的量,它集中反映了约束情况、杆长、截面形状与尺寸等因素对压杆临界应力σ_{cr} 的综合影响。式(9.6)表明,细长压杆的临界应力与柔度的平方成反比,柔度越大临界应力越小。

二、欧拉公式的适用范围

欧拉公式推导过程中涉及挠曲线近似微分方程的应用,而该近似微分方程又是建立在胡克定律的基础之上,因此,只有材料在线弹性范围内,即满足$\sigma_{cr} \leqslant \sigma_p$ 时,欧拉公式方可适用。于是,由式(9.6)可知

$$\frac{\pi^2 E}{\lambda^2} \leqslant \sigma_p$$

或写成

$$\lambda \geqslant \pi\sqrt{\frac{E}{\sigma_p}} \tag{9.7}$$

定义特征柔度：

$$\lambda_1 = \pi\sqrt{\frac{E}{\sigma_p}} \tag{9.8}$$

则式(9.7)改写为

$$\lambda \geqslant \lambda_1 \tag{9.9}$$

这就是欧拉公式(9.2)或(9.6)适用的范围。通常把满足式(9.9)的压杆称为大柔度杆,亦

称为细长压杆。

由式(9.8)和式(9.9)可见，λ_1 是能够应用欧拉公式的最小柔度值，故也称为压杆的极限柔度，其值取决于材料的力学性能，并随材料而异。例如，对于用 Q235 钢制成的压杆，弹性模量 $E = 206\text{GPa}$，比例极限 $\sigma_p = 200\text{MPa}$，特征柔度 $\lambda_1 \approx 100$，故只当 $\lambda \geqslant 100$ 时，才能使用欧拉公式计算。

根据上述分析，对于 $\lambda < \lambda_1$ 的非细长压杆，欧拉公式就不再适应，其临界应力已超过材料的比例极限，属于非弹性稳定问题。这类压杆的临界应力可通过解析方法求得，但通常采用建立在试验与分析基础上的经验公式来进行计算。常用的经验公式有直线公式和抛物线公式，这里只介绍直线公式：

$$\sigma_{cr} = a - b\lambda \tag{9.10}$$

式中，a 和 b 为与材料力学性质有关的常数，单位为 MPa。表 9.2 列出了一些常用材料的 a 和 b 的数值。

表 9.2　几种常见材料的直线公式系数 a 和 b 以及特征柔度 λ_1 和 λ_2

材料	a/MPa	b/MPa	λ_1	λ_2
Q235 钢，$\sigma_s = 235\text{MPa}$	304	1.12	100	61.4
优质碳钢，$\sigma_s = 306\text{MPa}$	460	2.57	100	60
硅钢，$\sigma_s = 353\text{MPa}$	577	3.74	100	60
铬钼钢	980	5.3	55	40
铸铁	332	1.45	80	
硬铝	372	2.14	50	
木材	39	0.2	50	

对于 $\lambda < \lambda_1$ 的压杆不能使用欧拉公式，但这也不意味着所有 $\lambda < \lambda_1$ 的压杆就都可以使用经验公式(9.10)进行计算。实际上，当 λ 小于某一数值时，压杆的失效主要是因为应力达到屈服极限（塑性材料）或强度极限（脆性材料）所引起的，属于强度问题。因此，对于塑性材料，由直线公式(9.10)计算的应力需满足 $\sigma_{cr} \leqslant \sigma_s$，即

$$a - b\lambda \leqslant \sigma_s$$

或写成

$$\lambda \leqslant \frac{a - \sigma_s}{b} \tag{9.11}$$

类似地，引入特征柔度

$$\lambda_2 = \frac{a - \sigma_s}{b} \tag{9.12}$$

它是用直线公式的最小柔度。由此可见，当且仅当 $\lambda_1 \geqslant \lambda \geqslant \lambda_2$ 时，上述直线经验公式才成立。把满足这一条件的压杆称为中柔度杆或中长压杆。

对于 $\lambda < \lambda_2$ 的小柔度杆或粗短杆，则按压缩强度准则进行计算，即

$$\sigma_{cr} = \frac{F}{A} \leqslant \sigma_s \tag{9.13}$$

对于脆性材料,则只要用σ_b代替上述各式中的σ_s即可。

三、临界应力总图

综上所述,根据柔度的不同,压杆可分为三类:

(1) 大柔度杆(或细长压杆):$\lambda \geqslant \lambda_1$,按$\sigma_{cr} = \dfrac{\pi^2 E}{\lambda^2}$(欧拉公式)计算临界应力;

(2) 中柔度杆(或中长压杆):$\lambda_1 \geqslant \lambda \geqslant \lambda_2$,按$\sigma_{cr} = a - b\lambda$(直线公式)计算临界应力;

(3) 小柔度杆(或粗短杆):$\lambda < \lambda_2$,按$\sigma_{cr} = \sigma_s$(属于压缩强度问题)计算临界应力。

若以柔度λ为横坐标,临界应力σ_{cr}为纵坐标,将上述各类压杆的临界应力σ_{cr}和柔度λ的关系曲线绘制成图即可得全面反映大、中和小柔度杆的临界应力σ_{cr}随柔度λ变化情况的临界应力总图,如图9.12所示。

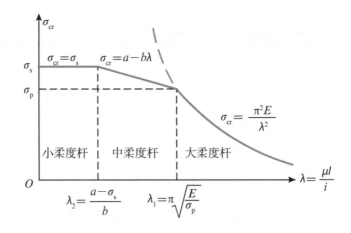

图 9.12

由图可见,小柔度杆的临界应力σ_{cr}与柔度λ无关,它属于第2章提到的轴向压缩强度问题,不存在压杆失稳问题,而中、大柔度杆的临界应力σ_{cr}则随着柔度λ的增加而减小,因此存在压杆稳定性问题。所以,计算时需要首先根据压杆的柔度值λ和特征柔度λ_1和λ_2来判断它属于哪一类压杆,然后再选用相应的公式计算临界应力σ_{cr},最后乘以横截面面积即可得临界压力F_{cr}。

9.4　压杆的稳定性计算

为保证压杆具有足够的稳定性,必须对其进行稳定性计算。对于承受轴向工作压力F的压杆,其稳定性失效的判据是

$$F = F_{cr}$$

若要确保压杆工作时不失稳,其稳定性条件应满足:

$$F \leq \frac{F_{cr}}{n_{st}} \qquad (9.14)$$

也就是压杆承受的实际工作压力 F 应不超过其临界压力 F_{cr},并且具有一定的安全余度(或称安全储备)。式中,n_{st} 为规定的稳定安全因数。若令临界压力 F_{cr} 与工作压力 F 之比为压杆的工作安全因数 n,则式(9.14)可改写为

$$n = \frac{F_{cr}}{F} \geq n_{st} \qquad (9.15)$$

若压杆的实际工作横截面上的应力为 $\sigma = F/A$,则上式还可以改写为压杆稳定性条件的另一形式,即

$$n = \frac{\sigma_{cr}}{\sigma} \geq n_{st} \qquad (9.16)$$

利用式(9.15)和式(9.16)对压杆进行稳定性计算的这种方法称为安全因数法。

稳定安全因数 n_{st} 的取值除了考虑强度安全因数之外,还要考虑实际压杆总是存在诸如初弯曲、压力偏心、材料不均匀和支座缺陷等因素。这些因素将使压杆的临界应力显著降低,并且压杆的柔度越大,影响也越大。但同样的这些因素对压杆强度的影响就没那么明显了。因此,稳定安全因数 n_{st} 通常要高于强度安全因数,并随柔度而变化。稳定安全因数 n_{st} 一般可在相关设计手册或规范中查到,在习题中常作为已知条件给出。

稳定性校核、截面尺寸设计和确定许可载荷是压杆稳定性计算的三类基本问题,其一般解题步骤为:

(1) 根据压杆的实际尺寸及约束情况,计算出压杆各弯曲平面的柔度 λ,从而确定最大柔度 λ_{max}。

(2) 根据 λ_{max} 确定计算压杆临界应力 σ_{cr} 的适用公式,并计算出临界应力 σ_{cr} 和临界压力 F_{cr}。

(3) 利用式(9.15)或(9.16)进行稳定性计算。

例题 9.3

某空气压缩机的活塞杆由 45 钢制成,已知材料的屈服应力 $\sigma_s = 350\text{MPa}$,比例极限 $\sigma_p = 280\text{MPa}$,弹性模量 $E = 210\text{GPa}$,直线公式的系数 $a = 461\text{MPa}$,$b = 2.568\text{MPa}$,长度 $l = 703\text{mm}$,直径 $d = 45\text{mm}$。最大工作压力 $F_{max} = 41.6\text{kN}$。规定稳定安全因数为 $n_{st} = 8 \sim 10$。试校核该活塞杆的稳定性。

解:(1) 计算柔度

根据材料的力学性质,由式(9.8)和(9.12)可得

$$\lambda_1 = \pi \sqrt{\frac{E}{\sigma_p}} = \pi \sqrt{\frac{2.1 \times 10^5 \text{MPa}}{280\text{MPa}}} \approx 86, \lambda_2 = \frac{a - \sigma_s}{b} = \frac{461\text{MPa} - 350\text{MPa}}{2.568\text{MPa}} \approx 43.2$$

对于实心圆截面杆,其回转半径为

$$i = \frac{d}{4} = \frac{45\text{mm}}{4} = 11.25\text{mm}$$

活塞杆可简化为两端铰支情形，故取 $\mu = 1$，于是由式（9.5）可得柔度

$$\lambda = \frac{\mu l}{i} = \frac{1 \times 703\text{mm}}{11.25\text{mm}} \approx 62.5$$

显然，$\lambda_1 \geqslant \lambda \geqslant \lambda_2$，为中柔度杆，应选用直线公式进行临界应力计算。

（2）计算临界应力和临界压力

利用直线公式（9.10），求得临界应力为

$$\sigma_{\text{cr}} = a - b\lambda = 461\text{MPa} - 2.568\text{MPa} \times 62.5 \approx 301\text{MPa}$$

进而可得临界压力为

$$F_{\text{cr}} = A\sigma_{\text{cr}} = \frac{\pi d^2 \sigma_{\text{cr}}}{4} = \frac{\pi \times (45\text{mm})^2}{4} \times 301\frac{\text{N}}{\text{mm}^2} \approx 478\text{kN}$$

（3）校核活塞杆的稳定性

计算得活塞杆的工作安全因数为

$$n = \frac{F_{\text{cr}}}{F} = \frac{478\text{kN}}{41.6\text{kN}} \approx 11.5 > n_{\text{st}}$$

可见，该活塞杆满足稳定性要求。

例题 9.4

如图 9.13a 所示支架中，杆 CD 的外径 $D = 48\text{mm}$，内径 $d = 36\text{mm}$，两端为球铰链约束，材料为 Q235 钢，$E = 206\text{GPa}$，$\sigma_{\text{p}} = 200\text{MPa}$，稳定安全因数 $n_{\text{st}} = 3.2$。设杆 AB 为刚性杆。试根据其稳定性条件确定载荷 F 的最大许可值。

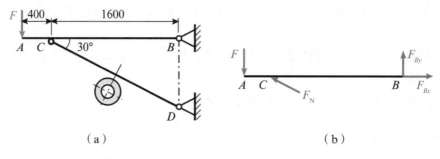

图 9.13

解：（1）求压杆 CD 的内力

取杆 AB 为研究对象，受力分析如图 9.13b 所示。列平衡方程：

$$\sum M_B = 0, 2000F - 1600F_N \sin 30° = 0$$

可得

$$F_N = 2.5F$$

（2）计算压杆 CD 的柔度

根据材料的力学性质，由式（9.8）可得

$$\lambda_1 = \pi\sqrt{\frac{E}{\sigma_{\text{p}}}} = \pi\sqrt{\frac{2.06 \times 10^5\text{MPa}}{200\text{MPa}}} \approx 100$$

对于空心圆截面杆,惯性半径为

$$i = \frac{D}{4}\sqrt{1+\alpha^2} = \frac{\sqrt{d^2+D^2}}{4} = \frac{\sqrt{(36\text{mm})^2+(48\text{mm})^2}}{4} = 15\text{mm}$$

压杆 CD 为两端铰支情形,故 $\mu = 1$;从该结构的几何关系可求得压杆 CD 的长度为

$$l = \frac{l_{BC}}{\cos 30°} = \frac{1600\text{mm}}{\cos 30°} = 1848\text{mm}$$

于是,由式(9.5)可得柔度

$$\lambda = \frac{\mu l}{i} = \frac{1 \times 1848\text{mm}}{15\text{mm}} \approx 123.2$$

显然,$\lambda \geqslant \lambda_1$,为大柔度杆,应选用欧拉公式进行临界应力计算。

(3) 计算杆 CD 的临界压力

利用欧拉公式(9.2),求得临界压力为

$$F_{\text{cr}} = \frac{\pi^2 EI}{(\mu l)^2} = \frac{\pi^2 E \frac{\pi}{64}(D^4-d^4)}{(\mu l)^2}$$

$$= \frac{\pi^2 \times 2.06 \times 10^5 \frac{\text{N}}{\text{mm}^2} \times \frac{\pi}{64} \times \left[(48\text{mm})^4 - (36\text{mm})^4\right]}{(1 \times 1848\text{mm})^2} \approx 106\text{kN}$$

(4) 确定支架的许可载荷

利用压杆稳定性条件(9.15)

$$n = \frac{F_{\text{cr}}}{F_{\text{N}}} = \frac{F_{\text{cr}}}{2.5F} \geqslant n_{\text{st}}$$

可得

$$F \leqslant \frac{F_{\text{cr}}}{2.5\, n_{\text{st}}} = \frac{106\text{kN}}{2.5 \times 3.2} = 13.25\text{kN}$$

综上,该支架的最大许可载荷$[F] = 13.25\text{kN}$。

9.5 提高压杆稳定性的措施

提高压杆稳定性的关键,在于提高压杆的临界压力或临界应力,而压杆的临界压力或临界应力又与压杆的柔度以及材料的性质等有关。其中,柔度综合反映了压杆的截面形状、长度和约束条件等因素的影响。因此,可以从改变柔度或材料方面来讨论如何提高压杆的稳定性。

一、选择合理的截面形状

临界应力总图9.12表明,柔度 λ 越大,临界应力越小,压杆越易发生失稳。由 $\lambda = \mu l/i$ $= \mu l \sqrt{\dfrac{A}{I}}$ 可见,在其他条件不变的情况下,要减小压杆的柔度 λ,应尽可能地增大截面的

惯性半径 i 或惯性矩 I。例如,在保持截面面积 A 相同的前提下,尽可能把材料放在离开截面形心较远的地方,以取得较大的惯性半径 i 或惯性矩 I,从这个角度看,采用空心截面比实心截面更合理,但也要注意,设计中不可片面地为取得较大的 I 和 i,而无限制地减小其壁厚,这将使其因变成薄壁管件而引起局部失稳,发生局部折皱的危险。同时,压杆的截面形状应使压杆各纵向平面内的柔度相等或接近相等,即压杆在任一纵向平面内的稳定性相同,也就是采用所谓的等稳定性设计。如果压杆在各纵向平面内的相当长度 μl 相同,就应使其截面对任一形心轴的惯性半径 i 相等或接近相等。比如,采用圆形、环形或正方形等截面形状,它们在任一纵向平面内的柔度 λ 都相等或接近相等,从而在任一纵向平面内有相等或接近相等的稳定性。相反地,如果某些压杆在不同的纵向平面内其相当长度 μl 不相同,例如,发动机的连杆,在摆动平面内,两端简化为铰支座,$\mu_1 = 1$;而在垂直于摆动平面的平面内,两端简化为固定端,$\mu_2 = 0.5$。由此就要求连杆截面对两个形心主惯性轴 x 和 y 有不同的 i_x 和 i_y,以使得在两个主惯性平面内的柔度接近相等:

$$\lambda_1 = \frac{\mu_1\, l_1}{i_x} \text{ 和} \lambda_2 = \frac{\mu_2\, l_2}{i_y}$$

如此,连杆在两个主惯性平面内才可以有接近相等的稳定性。

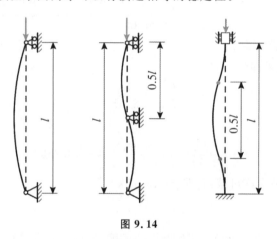

图 9.14

二、改变压杆的约束条件

由 $\lambda = \mu l / i$ 还可以看到,柔度 λ 与相当长度 μl 成正比。可见,要使压杆的柔度 λ 减小,就应尽量减小压杆的长度 l。若因工况限制而不能减小杆长 l,则可通过在压杆中间增加约束或改善杆端约束来提高压杆的稳定性。例如,对于长为 l、两端铰支的压杆,其相当长度和临界压力分别为

$$\mu l = l, F_{cr} = \frac{\pi^2 EI}{l^2}$$

当跨中增加一个铰支座,或把两端改为固定端约束(图 9.14),则其相当长度和临界压力分别变为

$$\mu l = \frac{l}{2}, F_{cr} = \frac{4\pi^2 EI}{l^2}$$

即临界压力变为原来的 4 倍。一般说来，增加压杆的约束条件，使其更不容易发生弯曲变形，可以提高压杆的稳定性。

三、合理选择材料

对于大柔度杆，其临界应力与材料的弹性模量 E 成正比，所以钢制压杆要比铜、铝或铸铁制压杆的临界压力高，但由于各种钢材的弹性模量 E 大致相等，因此选用优质钢材或低碳钢并无多大区别。对于中柔度杆，由临界应力总图可见，材料的屈服极限 σ_s 和比例极限 σ_p 越高，其临界应力就越大，所以选用优质钢材可提高压杆的稳定性。至于小柔度杆，本就属于强度问题，选用强度高的优质钢材，优越性自然更加明显。

本章小结

本章重点讨论了压杆的稳定性问题，在理解压杆稳定概念的基础上，明确压杆的相当长度、长度因数、柔度、临界压力和临界应力等概念，要求能够计算柔度并判断压杆的类型，然后选用相应的公式计算压杆的临界应力和临界压力，熟练掌握压杆的稳定性计算。

（1）柔度，也称为长细比，它综合反映了压杆两端约束情况、杆长、截面形状和尺寸对临界应力的影响。按其大小，压杆可区分为：① 大柔度杆（$\lambda \geqslant \lambda_1$），应用欧拉公式计算临界应力；② 中柔度杆（$\lambda_1 \geqslant \lambda \geqslant \lambda_2$），应用直线公式计算临界应力；③ 小柔度杆（$\lambda < \lambda_2$），属强度问题，应用强度条件计算临界应力。其中特征柔度 λ_1 和 λ_2 只与材料的力学性质有关，随材料不同而变化。

（2）与强度条件类似，校核、尺寸设计和确定许可载荷同样是压杆稳定性条件计算的三类基本问题。进行压杆稳定性分析时，要首先根据压杆的实际尺寸及约束情况计算出压杆各弯曲平面的柔度，以确定最大柔度；然后根据最大柔度选择相应的公式计算出临界应力和临界压力；最后运用稳定性条件进行相应的稳定性计算。

（3）综合考虑临界应力总图和柔度对临界应力的影响，截面形状的合理选择、约束条件的改善以及材料的适当选择等是提高压杆稳定性的几种重要措施，请读者们试结合工程实际进行探讨与应用。

【扩展阅读】

一枚戒指背后的悲惨故事

一、工程师之戒

有一枚戒指,你无法轻易衡量它的"质量"。世界上有一批志同道合的人拥有它,他们有着不同的肤色,年龄各异,当某天他们在街角相遇,相同的戒指会让他们相视一笑,它代表着工程师的荣誉和使命,它的名字叫"Iron Ring"(工程师之戒,图 9.15)。

图 9.15

在北美国家,许多顶尖大学工程系的学生在毕业的那天都会被校方授予这样一枚戒指,以提醒他们要谨记自己身上肩负的责任,要恪守工程师的操守。

这一枚外观看起来很普通的戒指,却被誉为"世界上最昂贵的戒指",原来它来源于两次刻骨铭心的悲惨事故 —— 世界建桥史上著名的魁北克大桥坍塌事故。

二、魁北克大桥坍塌事故

魁北克大桥横跨加拿大圣劳伦斯河,为铆接钢桁架悬臂梁桥。迄今为止仍旧保持着世界第一的悬臂梁桥跨径纪录。但是大桥的建设却充满了曲折。1900 年,魁北克铁路桥梁公司聘请了美国著名桥梁建筑师特奥多罗·库珀(Theodore Cooper)任顾问工程师。当时,由凤凰桥梁公司提出了悬臂桥方案,库珀对这一方案非常赞赏,认为设计十分新颖,而且是"最好又最便宜的方案"。

库珀经过勘探工作,在"最佳、最省"的设计前提下,建议将原先预设的桥长 487.4m 的主跨加大到 548.6m,这样不但可以降低成本,还可以将工期缩短至少一年。这也使魁北克大桥成为当时世界上跨度最大的桥梁。

魁北克大桥于 1900 年 10 月 2 日正式开工,按合同约定需在 1908 年底竣工。然而,在 1907 年 6 月中旬,施工中发现了杆件挠度问题,并且后来变形的弦杆越来越多,其间有工程师通过计算向库珀表示了担忧,但库珀和团队未予足够重视。到了 8 月 27 日,挠度问题日益严重,这才决定暂停施工。库珀等人开始意识到问题的严重性并着手去现场解决,紧急发出了暂时不要向大桥加载的电报,但就在电报发往魁北克途中时,施工方因顶不住各方压力又恢复施工,结果第二天悲剧就发生了。

1907 年 8 月 29 日,当时正值下午五点半,收工哨声响起,工人们正从桁架上向岸边走去,突然一声巨响,南端锚跨的下弦杆在重压下弯曲变形,荷载继续传递牵动了整个结构的南端部分,从而导致南端的整个锚跨及悬臂跨,以及已部分完工的中间悬吊跨,共重 19700 多吨的钢材垮了下来(图 9.16)。当时在桥上作业的 86 名工人或是被弯曲的钢筋压死,或是落水淹死,共有 75 人罹难,仅 11 人获救。

图 9.16

面对如此严重事故,加拿大政府及时分析调查事故原因,却又不甘心于失败,于是在 1913 年于原桥墩上重新建桥,桥的主要受压构件的截面面积的设计比原来增加了一倍以上,但很不幸的是,在 1916 年 9 月,由于悬臂安装过程中一个锚固支撑构件断裂,桥梁中间整个 5200 多吨重的悬吊跨再次落入河中(图 9.17),导致 13 名工人丧生。魁北克大桥发生了第二次断桥。

图 9.17

直到 1922 年,魁北克大桥才最终得以竣工(图 9.18)。为纪念建造这座大桥带来的惨痛教训,在库珀的牵头下,加拿大的七大工程学院一起出钱将建桥过程中倒塌的残骸全部买下,并决定把这些亲历过事故的钢材打造成一枚枚戒指,发给每年从工程系毕业的学生。这一枚枚戒指就成为后来在工程界闻名的"工程师之戒",戒指外表面上下各有 10 个刻面,形如残骸般扭曲的钢条形状。

图 9.18

三、问题及讨论

（1）请结合上述材料，谈谈魁北克大桥坍塌事故的教训和"工程师之戒"的意义与启示。

（2）魁北克大桥坍塌事故是一起典型的构件失稳案例。构件失稳造成的事故往往是灾难性的。请查阅资料，调研工程中还有哪些影响较大的构件失稳案例。

本章精选测试题

一、判断题(每题 1 分,共 10 分)

题号	1	2	3	4	5	6	7	8	9	10
答案										

(1)外界干扰力的影响是压杆失稳的主要原因。

(2)由于强度不足或由于失稳而使构件不能正常工作,两者之间的本质区别在于:前者构件的平衡是稳定的,而后者构件的平衡是不稳定的。

(3)同种材料制成的压杆,其柔度 λ 越大则越易发生失稳。

(4)对于轴向受压杆件而言,因其横截面上的正应力均匀分布,故可不必考虑横截面的合理形状问题。

(5)如果两根压杆的材料、长度、截面面积和约束条件都相同,那么它们的临界压力 F_{cr} 也一定相同。

(6)若压杆的长度缩短一半,其临界压力 F_{cr} 可相应提高为原来的两倍。

(7)压杆的临界应力 σ_{cr} 值与所用材料的弹性模量 E 成正比。

(8)压杆的临界压力(或临界应力)与作用载荷大小无关。

(9)随着压杆柔度 λ 的减小,其临界压力 F_{cr} 随之增大。

(10)采用高强度碳钢替代普通碳钢便可提高压杆的临界压力。

二、选择题(每题 3 分,共 15 分)

题号	1	2	3	4	5
答案					

(1)图示长方形截面压杆,$b/h = 1/2$(图 9.19a),若将 b 改为 h 后(图 9.19b)仍为细长杆,则其临界压力将变为原来的(   )倍。

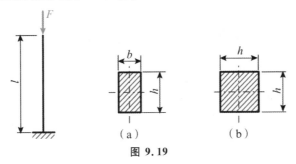

图 9.19

A. 2　　　　　　　　B. 4　　　　　　　　C. 8　　　　　　　　D. 16

（2）图 9.20 所示四根压杆的材料、截面均相同，它们在纸面内发生失稳的先后顺序应为（　　）。

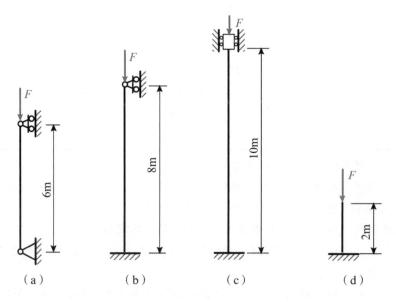

图 9.20

A.（a）—（b）—（c）—（d）　　　　　　B.（d）—（a）—（b）—（c）

C.（b）—（d）—（d）—（a）　　　　　　D.（c）—（d）—（a）—（b）

（3）若将细长压杆的长度因数 μ 增加一倍，则其临界压力 F_{cr} 将变为原来的（　　）倍。

A. 1/4　　　　　　　B. 1/2　　　　　　　C. 1　　　　　　　D. 4

（4）对于正方形截面杆，若横截面边长 a 和杆长 l 成比例增加，则其长细比（即柔度）将（　　）。

A. 成比例增加　　　　　　　　　　　B. 按 $(l/a)^2$ 变化

C. 保持不变　　　　　　　　　　　　D. 按 $(a/l)^2$ 变化

（5）在压杆稳定性计算中，如果用欧拉公式计算得到压杆的临界压力为 F_{cr}，但实际上压杆属于中柔度杆，那么下列说法正确的是（　　）。

A. 压杆的实际临界压力大于 F_{cr}，是偏于安全的

B. 压杆的实际临界压力大于 F_{cr}，是偏于不安全的

C. 压杆的实际临界压力小于 F_{cr}，是偏于不安全的

D. 压杆的实际临界压力也等于 F_{cr}，并不影响压杆的临界压力值

三、计算题（每题 15 分，共 75 分）

（1）两端固定的矩形截面细长压杆，其横截面尺寸为宽度 $b=40\text{mm}$，高度 $h=80\text{mm}$，材料的弹性模量 $E=200\text{GPa}$，比例极限 $\sigma_p=200\text{MPa}$。试求该压杆的临界压力适用于欧拉公式时的最小长度。

（2）图 9.21 所示为五根直径 $d = 60\text{mm}$ 的圆形钢杆组成边长为 $a = 1.2\text{m}$ 的正方形结构，已知材料为 Q235 钢，弹性模量 $E = 200\text{GPa}$，比例极限 $\sigma_\text{p} = 200\text{MPa}$，屈服极限 $\sigma_\text{s} = 235\text{MPa}$。试求该结构的许可载荷 $[F]$。

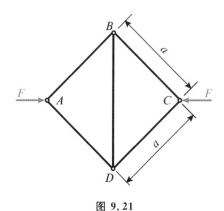

图 9.21

（3）在图 9.22 所示铰接杆系 ABC 中，AB 和 BC 皆为细长压杆，且截面相同，材料一样。若因在 ABC 平面内失稳而破坏，$AB \perp BC$，外力 F 与 AB 之间的夹角为 $\theta(0 < \theta < \pi/2)$，试确定 F 为最大值时的 θ 角。

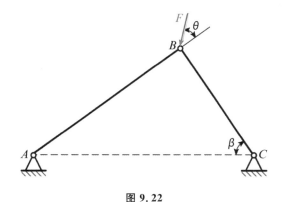

图 9.22

（4）图 9.23 所示结构是由 Q235 钢杆组成。AB 杆为两端铰支的正方形截面杆，边长 $a = 80\text{mm}$；BC 杆为一端固定而另一端铰支的圆截面杆，直径 $d = 80\text{mm}$，AB 和 BC 两杆可各自独立发生弯曲、互不影响。已知长度 $l = 3\text{m}$，稳定安全因数 $n_\text{st} = 3$，材料的弹性模量 $E = 200\text{GPa}$。试求此结构的最大安全载荷 $[F]$。

（5）图 9.24 所示梁杆结构，材料均为 Q235 钢。水平放置的矩形截面梁 AB 的宽度 $b = 100\text{mm}$，高度 $h = 150\text{mm}$，竖直圆杆 AC 杆的直径为 $d = 40\text{mm}$。已知：$E = 200\text{GPa}$，$\sigma_\text{p} = 200\text{MPa}$，$\sigma_\text{s} = 235\text{MPa}$，$a = 1\text{m}$，强度安全因数 $n = 2$，稳定安全因数 $n_\text{st} = 3$，施加的外力 $F = 5\text{kN}$。试校核该结构的安全性。

本课程内容的全部复习与总结视频（2 个）

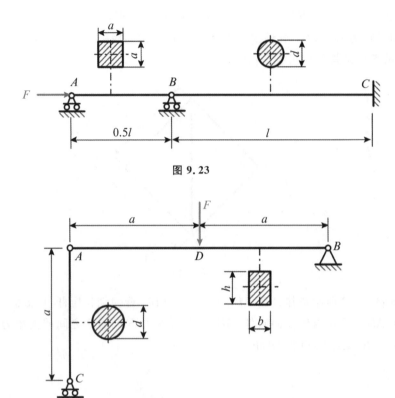

图 9.23

图 9.24

附录 I　平面图形的几何性质

　　杆件的应力与变形,不仅与外力的作用方式、大小以及杆件的尺寸有关,还与其截面几何性质有关。研究杆件的承载能力问题,都要涉及与截面形状和尺寸有关的一些几何量,譬如:静矩、形心、极惯性矩、惯性矩、惯性积、回转半径、主惯性轴等概念,一般称这些几何量为"平面图形的几何性质"。平面图形的几何性质在扭转、弯曲等章节中已有涉及,这里将把这些知识点集中起来统一介绍。

授课视频

I.1　静矩与形心

　　图 I.1 所示任意平面图形的面积为 A,在图示坐标系中,在坐标(y,z)处截取微面积 dA。平面图形的静矩和形心分别介绍如下。

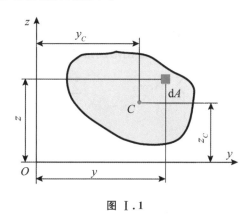

图 I.1

一、静矩

　　定义平面图形对 y 轴和 z 轴的静矩分别为

$$S_y = \int_A z\,dA, \quad S_z = \int_A y\,dA \tag{I.1}$$

可见,静矩S_y和S_z是平面图形分别对 y 轴和 z 轴的一次矩,量纲均为长度的3次方,其值可正可负也可为零。

二、形心

确定平面图形形心 C 坐标的公式为

$$y_C = \frac{\int_A y \, \mathrm{d}A}{A}, \ z_C = \frac{\int_A z \, \mathrm{d}A}{A} \tag{a}$$

由公式（ I.1），式（a）可改写为

$$y_C = \frac{S_z}{A}, \ z_C = \frac{S_y}{A} \tag{I.2}$$

可见,把平面图形对 z 轴和 y 轴的静矩除以图形的面积 A,即得平面图形的形心坐标 y_C 和 z_C。式（ I.2）还可以另写成

$$S_z = A y_C, \ S_y = A z_C \tag{I.3}$$

这说明,平面图形对 z 轴和 y 轴的静矩 S_z 和 S_y,分别等于图形面积 A 与其形心坐标 y_C 和 z_C 的乘积。

由式（ I.2）和式（ I.3）可知,当静矩 $S_y = 0$ 和 $S_z = 0$ 时, $y_C = 0$ 和 $z_C = 0$,反之亦然。可见,当截面对某轴的静矩为零时,该轴必过图形形心。相反地,当某轴过图形的形心时,图形对该轴的静矩等于零。

如果一个平面图形是由几个简单平面图形（比如矩形、圆形、三角形等）组合而成,则称之为组合平面图形。根据静矩的定义,组合平面图形对某轴的静矩,等于各组成部分对同一轴的静矩之代数和,即

$$S_z = \sum_{i=1}^{n} A_i y_{Ci}, \ S_y = \sum_{i=1}^{n} A_i z_{Ci} \tag{b}$$

式中, y_{Ci}、z_{Ci} 和 A_i 分别为任一组合部分的形心坐标和面积。n 表示有 n 个组成部分。

将式（b）代入式（ I.2）,可得组合平面图形的形心坐标计算公式为

$$y_C = \frac{\sum_{i=1}^{n} A_i y_{Ci}}{A}, \ z_C = \frac{\sum_{i=1}^{n} A_i z_{Ci}}{A} \tag{I.4}$$

三、应用举例

例题 I.1

试求图 I.2 中半径为 R 的四分之一圆在图示坐标系下的静矩 S_y 和 S_z,并确定该图形的形心坐标。

解:如图 I.2 所示,取平行于 y 轴的狭长条作为微面积 $\mathrm{d}A$,则

$$\mathrm{d}A = y \mathrm{d}z = \sqrt{R^2 - z^2} \, \mathrm{d}z$$

由式（ I.1）,可知

$$S_y = \int_A z \, \mathrm{d}A = \int_0^R z \sqrt{R^2 - z^2} \, \mathrm{d}z = \frac{1}{3} R^3$$

而

$$A = \frac{\pi R^2}{4}$$

于是，根据式（I.2）可得

$$z_C = \frac{S_y}{A} = \frac{\frac{1}{3} R^3}{\frac{\pi R^2}{4}} = \frac{4R}{3\pi}$$

若将 z 轴和 y 轴互调，图形的几何性质相同。因此

$$S_z = S_y = \frac{1}{3} R^3, y_C = z_C = \frac{4R}{3\pi}$$

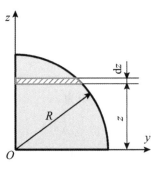

图 I.2

例题 I.2

试确定图 I.3 所示 T 形截面的形心坐标。尺寸如图，单位为 mm。

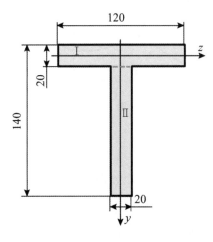

图 I.3

解：将 T 形截面看成由两个矩形 I 和 II 所组成，考虑到图形的对称性，建立参考坐标系如图 I.3 所示。该截面的形心 C 必然在 y 轴上。由图可知 $A_1 = A_2 = 20\text{mm} \times 120\text{mm} = 2.4 \times 10^3 \text{ mm}^2$，$y_{C1} = 0\text{mm}$，$y_{C2} = 70\text{mm}$，式中，$A_1$、$A_2$ 分别为矩形 I 和 II 的面积；y_{C1}、y_{C2}

分别为矩形 Ⅰ 和 Ⅱ 各自形心的 y 坐标。

于是,由式(Ⅰ.4)可得 T 形截面的形心 C 在 y 轴的坐标为

$$y_C = \frac{A_1\ y_{C1} + A_2\ y_{C2}}{A_1 + A_2} = \frac{2.4 \times 10^3\ \mathrm{mm}^2 \times 0\mathrm{mm} + 2.4 \times 10^3\ \mathrm{mm}^2 \times 70\mathrm{mm}}{2.4 \times 10^3\ \mathrm{mm}^2 + 2.4 \times 10^3\ \mathrm{mm}^2} = 35\mathrm{mm}$$

综上,形心 C 的坐标为 $(35,0)$。

Ⅰ.2　极惯性矩、惯性矩和惯性积

图 Ⅰ.4 所示任意平面图形的面积为 A,在图示坐标系下,于坐标 (y,z) 处截取微面积 $\mathrm{d}A$。下面在此基础上分别给出极惯性矩、惯性矩、惯性半径和惯性积的定义。

一、极惯性矩

定义平面图形对坐标原点 O 的极惯性矩为

$$I_P = \int_A \rho^2\,\mathrm{d}A \qquad\qquad (Ⅰ.5)$$

式中,ρ 表示微面积 $\mathrm{d}A$ 到坐标原点 O 的距离。极惯性矩 I_P 其实是平面图形对坐标原点的二次矩。

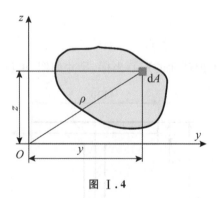

图 Ⅰ.4

二、惯性矩与惯性半径

定义平面图形对 y 轴和 z 轴的惯性矩分别为

$$I_y = \int_A z^2\,\mathrm{d}A,\quad I_z = \int_A y^2\,\mathrm{d}A \qquad\qquad (Ⅰ.6)$$

可见,惯性矩 I_y 和 I_z 是平面图形分别对 y 轴和 z 轴的二次矩。它们与极惯性矩 I_P 一样恒为正值,量纲均为长度的 4 次方。

有时候,惯性矩 I_y 和 I_z 也写成

$$I_y = i_y^2 \cdot A,\quad I_z = i_z^2 \cdot A \qquad\qquad (a)$$

或改写为

$$i_y = \sqrt{\frac{I_y}{A}}, \quad I_z = \sqrt{\frac{I_z}{A}} \qquad (\text{I}.7)$$

式中，i_y 和 i_z 分别称为平面图形对 y 轴和 z 轴的惯性半径或回转半径，其量纲即为长度。

由图 I.4 可见，$\rho^2 = y^2 + z^2$，于是

$$I_P = \int_A \rho^2 \, dA = \int_A (y^2 + z^2) \, dA = \int_A y^2 \, dA + \int_A z^2 \, dA$$

也就是极惯性矩 I_P 与惯性矩 I_y 和 I_z 存在以下关系

$$I_P = I_y + I_z \qquad (\text{I}.8)$$

这表明，平面图形对任意两个相互垂直轴的惯性矩之和，等于它对该两轴交点的极惯性矩。

三、惯性积

定义平面图形对 y 轴和 z 轴的惯性积为

$$I_{yz} = \int_A yz \, dA \qquad (\text{I}.9)$$

惯性积 I_{yz} 是平面图形对相互正交的 y 轴和 z 轴的二次矩。它的量纲也是长度的 4 次方，其值可正可负亦可以为零。使惯性积 I_{yz} 等于零的任一对正交的 y 轴和 z 轴，称为主惯性轴，简称主轴。

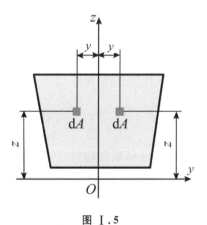

图 I.5

可以证明，若平面图形具有对称轴，且该轴同时为正交坐标轴的其中一个，则平面图形对这对正交坐标轴的惯性积必为零。例如，图 I.5 所示平面图形关于坐标轴 z 轴对称，在 z 轴两侧对称位置各取一微面积 dA。根据式（I.9），在 y 和 z 坐标均为正的第一象限内，该微面积对这对正交坐标轴的惯性积为正；而 y 坐标为负 z 坐标为正的第二象限内，该微面积对这对正交坐标轴的惯性积为负。由于这两个微面积的 z 坐标相同，而 y 坐标大小相等但符号相反。故它们在积分中将相互抵消，即

$$I_{yz} = \int_A yz \, dA = \int_{A_1} yz \, dA - \int_{A_2} yz \, dA = \int_{A_1} (yz - yz) \, dA = 0$$

式中，A_1、A_2 分别为平面图形在第一和第二象限内的面积，由于对称性，显然 $A_1 = A_2$；A 为平面图形的总面积。

四、应用举例

例题 I.3

试求直径为 d 的实心圆截面(图 I.6a)和外径为 D、内外径之比为 α 的空心圆截面(图 I.6b)对圆心 O 的极惯性矩 I_P、惯性矩 I_y 和 I_z,以及其惯性半径 i_y 和 i_z。

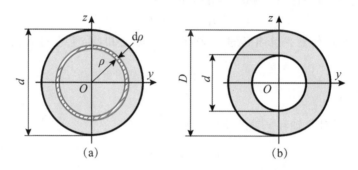

图 I.6

解:(1)实心圆截面

如图 I.6a 所示,取宽度为 $d\rho$ 的环形区域作为微面积,则 $dA = 2\pi\rho d\rho$。于是,由式(I.5)可得实心圆截面对圆心 O 的极惯性矩为

$$I_P = \int_A \rho^2 dA = \int_0^{\frac{d}{2}} \rho^2 \cdot 2\pi\rho d\rho = \frac{\pi d^4}{32}$$

由于圆截面关于过圆心的任意直径对称,故 $I_y = I_z$。于是利用式(I.8)可得截面对 y 轴和 z 轴的惯性矩 I_y 和 I_z 均为

$$I_y = I_z = \frac{I_P}{2} = \frac{\pi d^4}{64}$$

由式(I.7)可得其对 y 轴和 z 轴的回转半径均为

$$i_y = i_z = \sqrt{\frac{I_y}{A}} = \sqrt{\frac{\frac{\pi d^4}{64}}{\frac{\pi d^2}{4}}} = \frac{d}{4}$$

(2)空心圆截面的极惯性矩

可采用组合法,将空心圆截面看作是由直径为 D 的圆截面挖去直径为 d 的圆截面所得,因此空心圆截面对圆心 O 的极惯性矩为

$$I_P = I_{P外} - I_{P内} = \frac{\pi D^4}{32} - \frac{\pi d^4}{32} = \frac{\pi D^4}{32}(1 - \alpha^4)$$

与实心圆截面相似,截面对 y 轴和 z 轴的惯性矩 I_y 和 I_z 均为

$$I_y = I_z = \frac{I_P}{2} = \frac{\pi D^4}{64}(1 - \alpha^4)$$

式中,内外径之比 $\alpha = d/D$,也称为空心率。

再由式(I.7)可得其对 y 轴和 z 轴的回转半径均为

$$i_y = i_z = \sqrt{\frac{I_y}{A}} = \sqrt{\frac{\dfrac{\pi D^4}{64}(1-\alpha^4)}{\dfrac{\pi D^2}{4}(1-\alpha^2)}} = \frac{D}{4}\sqrt{(1+\alpha^2)}$$

例题Ⅰ.4

试计算图 Ⅰ.7 所示直角三角形截面对其直角边 y 轴和 z 轴的惯性矩I_y、I_z 和惯性半径i_y、i_z 以及惯性积I_{yz}。

解：如图 Ⅰ.7 所示，取平行于 y 轴的狭长条作为微面积 $\mathrm{d}A$，则

$$\mathrm{d}A = y\mathrm{d}z = \frac{b}{h}(h-z)\mathrm{d}z$$

由式（Ⅰ.6），可知直角三矩形截面对 y 轴的惯性矩为

$$I_y = \int_A z^2 \mathrm{d}A = \int_0^h z^2 \frac{b}{h}(h-z)\mathrm{d}z = \frac{bh^3}{12}$$

将 b 和 h 对调，则可得直角三矩形截面对 z 轴的惯性矩为

$$I_z = \int_A y^2 \mathrm{d}A = \int_0^b y^2 \frac{h}{b}(b-y)\mathrm{d}y = \frac{hb^3}{12}$$

又截面面积为

$$A = \frac{bh}{2}$$

于是，由式（Ⅰ.7）可得直角三矩形截面对 y 轴和 z 轴的回转半径

$$i_y = \sqrt{\frac{I_y}{A}} = \sqrt{\frac{\dfrac{bh^3}{12}}{\dfrac{bh}{2}}} = \frac{h}{\sqrt{6}}, \quad i_z = \sqrt{\frac{\dfrac{hb^3}{12}}{\dfrac{bh}{2}}} = \frac{b}{\sqrt{6}}$$

由式（Ⅰ.9），可知直角三矩形截面对 y 轴和 z 轴的惯性积为

$$I_{yz} = \int_A yz\,\mathrm{d}A = \int_A y^2 z\mathrm{d}z = \int_0^h \left[\frac{b}{h}(h-z)\right]^2 z\mathrm{d}z = \frac{b^2 h^2}{12}$$

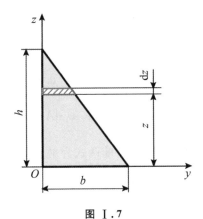

图 Ⅰ.7

Ⅰ.3　平行移轴公式

图 1.8 所示平面图形中，C 为形心，y_C 和 z_C 是过形心 C 的坐标轴，它们分别与 y 轴和 z 轴平行，且距离各为 a 和 b。记平面图形对 y_C 和 z_C 的惯性矩和惯性积分别为

$$I_{y_C} = \int_A z_C{}^2 \mathrm{d}A , \quad I_{z_C} = \int_A y_C{}^2 \mathrm{d}A , \quad I_{y_C z_C} = \int_A y_C z_C \mathrm{d}A \tag{a}$$

由前述已知

$$I_y = \int_A z^2 \mathrm{d}A , \quad I_z = \int_A y^2 \mathrm{d}A , \quad I_{yz} = \int_A yz \mathrm{d}A \tag{b}$$

它们之间满足平行移轴公式：

$$I_y = I_{y_C} + a^2 A$$
$$I_z = I_{z_C} + b^2 A$$
$$I_{yz} = I_{y_C z_C} + abA \tag{Ⅰ.10}$$

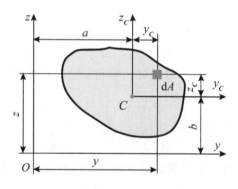

图 Ⅰ.8

证明：由图 Ⅰ.8 可知 $y = y_C + b , z = z_C + a$，代入式(b)，得

$$I_y = \int_A z^2 \mathrm{d}A = \int_A (z_C + a)^2 \mathrm{d}A = \int_A z_C{}^2 \mathrm{d}A + 2a\int_A z_C \mathrm{d}A + a^2\int_A \mathrm{d}A$$

$$I_z = \int_A y^2 \mathrm{d}A = \int_A (y_C + b)^2 \mathrm{d}A = \int_A y_C{}^2 \mathrm{d}A + 2b\int_A y_C \mathrm{d}A + b^2\int_A \mathrm{d}A$$

$$I_{yz} = \int_A yz \mathrm{d}A = \int_A (y_C + b)(z_C + a)\mathrm{d}A = \int_A y_C z_C \mathrm{d}A + a\int_A y_C \mathrm{d}A + b\int_A z_C \mathrm{d}A + ab\int_A \mathrm{d}A$$

且：$\int_A y_C \mathrm{d}A = 0 , \int_A z_C \mathrm{d}A = 0 , \int_A \mathrm{d}A = A$，前两式为平面图形过形心轴 y_C 和 z_C 的静矩，其值都为零。于是式(Ⅰ.10)得证。

应用平行移轴公式(Ⅰ.10)即可根据平面图形对其形心轴的惯性矩或惯性积来计算该图形对于与形心轴平行的任意坐标轴的惯性矩或惯性积。但使用时需注意：

(1) 两平行轴中应有一轴过形心，否则公式(Ⅰ.10)不成立；

（2）由于a^2A和b^2A都始终非负，故平面图形对一系列平行轴的惯性矩中，过形心轴的惯性矩最小；

（3）两坐标轴间必须平行，否则需先利用下一节介绍的转轴公式进行转换，然后再用此公式计算；

（4）计算惯性积时，a和b实际是形心C在yOz坐标系中的坐标值，所以a和b是有正负之分的。

例题 I.5

试求例题 I.1中四分之一圆截面对y_1轴的惯性矩。

解：如图 I.9所示，由例题 I.1已求得四分之一圆截面形心C的坐标$z_C = \dfrac{4R}{3\pi}$。在此基础上先求出截面对y轴的惯性矩为

$$I_y = \int_A z^2 \mathrm{d}A = \int_0^R z^2 \sqrt{R^2 - z^2}\,\mathrm{d}z = \frac{\pi R^4}{16}$$

于是利用平行移轴公式（I.10），可得截面对形心轴y_C的惯性矩为

$$I_{y_C} = I_y - z_C^2 A = \frac{\pi R^4}{16} - \left(\frac{4R}{3\pi}\right)^2 \times \frac{\pi R^2}{4} = \frac{\pi R^4}{16} - \frac{4R^4}{9\pi}$$

再次利用平行移轴公式（I.10），即得截面对y_1轴的惯性矩为

$$I_{y_1} = I_{y_C} + \left(\frac{R}{2}\right)^2 A = \frac{\pi R^4}{16} - \frac{4R^4}{9\pi} + \left(\frac{R}{2}\right)^2 \times \frac{\pi R^2}{4} = \frac{\pi R^4}{8} - \frac{4R^4}{9\pi}$$

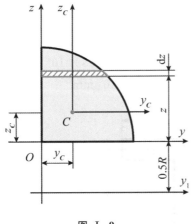

图 I.9

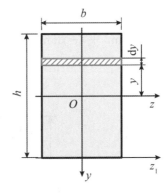

图 I.10

例题 I.6

试求图 I.10所示宽为b、高为h的矩形截面对z_1轴的惯性矩I_{z_1}。

解：在图 I.10所示坐标系下，矩形截面关于y轴和z轴都对称，故点O为其形心。取平行于z轴的狭长条作为微面积$\mathrm{d}A$，则

$$\mathrm{d}A = b\mathrm{d}y$$

由式（I.6）可得矩形截面对z轴的惯性矩为

$$I_z = \int_A y^2 \, \mathrm{d}A = \int_{-\frac{h}{2}}^{\frac{h}{2}} by^2 \, \mathrm{d}y = \frac{bh^3}{12}$$

相应地,还可以求出

$$I_y = \frac{hb^3}{12}, \quad i_y = \frac{b}{\sqrt{12}}, \quad i_z = \frac{h}{\sqrt{12}}$$

再利用平行移轴公式（I.13）,可得矩形截面对 z_1 轴的惯性矩 I_{z_1} 为

$$I_{z_1} = I_z + \left(\frac{h}{2}\right)^2 A = \frac{bh^3}{12} + \left(\frac{h}{2}\right)^2 \times bh = \frac{bh^3}{3}$$

例题 I.7

试求例题 I.2 中 T 形截面的形心主惯性矩。

解：由例题 I.2 已求得 T 形截面形心 C 的坐标为 $(35,0)$,故建立形心主轴如图 I.11 所示。矩形 I 和 II 对各自截面形心的惯性矩分别为

$$I_{z_{C1}} = \frac{120\text{mm} \times (20\text{mm})^3}{12} = 8 \times 10^4 \text{ mm}^4, \quad I_{z_{C2}} = \frac{20\text{mm} \times (120\text{mm})^3}{12} = 2.88 \times 10^6 \text{ mm}^4$$

$$I_{y_{C1}} = I_{y_1} = \frac{20\text{mm} \times (120\text{mm})^3}{12} = 2.88 \times 10^6 \text{ mm}^4$$

$$I_{y_{C2}} = I_{y_2} = \frac{120\text{mm} \times (20\text{mm})^3}{12} = 8 \times 10^4 \text{ mm}^4$$

利用组合法,可得 T 形截面对形心主轴 y_C（由于对称性,y_C 与 y 轴重合）的主惯性矩为

$$I_{y_C} = I_{y_{C1}} + I_{y_{C2}} = 2.88 \times 10^6 \text{ mm}^4 + 8 \times 10^4 \text{ mm}^4 = 2.96 \times 10^6 \text{ mm}^4$$

再利用平行移轴公式（I.10）,可得 T 形截面对形心主轴 z_C 的主惯性矩为

$$I_{z_C} = (I_{z_{C1}} + b_1^2 A_1) + (I_{z_{C2}} + b_2^2 A_2)$$

$$= (8 \times 10^4 \text{ mm}^4 + (-35\text{mm})^2 \times 2.4 \times 10^3 \text{ mm}^2) + (2.88 \times 10^6 \text{ mm}^4 + (35\text{mm})^2$$

$$\times 2.4 \times 10^3 \text{ mm}^2) = 1.0065 \times 10^7 \text{ mm}^4$$

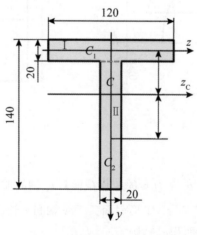

图 I.11

I.4 转轴公式与主惯性轴

对于图 I.12 所示任意平面图形,已知

$$I_y = \int_A z^2 \mathrm{d}A,\ I_z = \int_A y^2 \mathrm{d}A,\ I_{yz} = \int_A yz \mathrm{d}A$$

现将 yOz 坐标系绕点 O 旋转 α 角,且规定逆时针转向 α 角为正;反之为负。旋转后的新坐标系为 y_1Oz_1,并记平面图形对 y_1 和 z_1 的惯性矩及惯性积分别为

$$I_{y_1} = \int_A z_1{}^2 \mathrm{d}A,\ I_{z_1} = \int_A y_1{}^2 \mathrm{d}A,\ I_{y_1 z_1} = \int_A y_1 z_1 \mathrm{d}A \tag{a}$$

则平面图形对 y、z 轴和对 y_1、z_1 轴的惯性矩及惯性积之间满足下述转轴公式:

$$I_{y_1} = \frac{I_y + I_z}{2} + \frac{I_y - I_z}{2}\cos 2\alpha - I_{yz}\sin 2\alpha$$

$$I_{z_1} = \frac{I_y + I_z}{2} - \frac{I_y - I_z}{2}\cos 2\alpha + I_{yz}\sin 2\alpha \tag{I.11}$$

$$I_{y_1 z_1} = \frac{I_y - I_z}{2}\sin 2\alpha + I_{yz}\cos 2\alpha$$

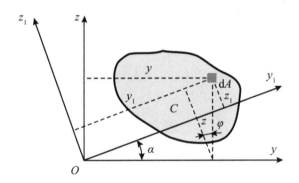

图 I.12

证明:由图 I.12 所示的几何关系可知,微面积 $\mathrm{d}A$ 在新旧坐标系的坐标 (y_1, z_1) 和 (y, z) 之间满足

$$y_1 = y\cos\alpha + z\sin\alpha$$

$$z_1 = z\cos\alpha - y\sin\alpha$$

将其代入式(a)第一式,可得

$$I_{y_1} = \int_A z_1{}^2 \mathrm{d}A = \int_A (z\cos\alpha - y\sin\alpha)^2 \mathrm{d}A$$

$$= \cos^2\alpha \int_A z^2 \mathrm{d}A + \sin^2\alpha \int_A y^2 \mathrm{d}A - 2\sin\alpha\cos\alpha \int_A yz \mathrm{d}A$$

$$= \cos^2\alpha \cdot I_y + \sin^2\alpha \cdot I_z - 2\sin\alpha\cos\alpha \cdot I_{yz}$$

注意到

$$\cos^2\alpha = \frac{1+\cos2\alpha}{2}, \sin^2\alpha = \frac{1-\cos2\alpha}{2}, 2\sin\alpha\cos\alpha = \sin2\alpha$$

于是得到式（I.11）中的第一式。同理,可证式（I.11）的其他两式也成立。

由式（I.11）可见,I_{y_1}、I_{z_1} 和 $I_{y_1z_1}$ 均为旋转角 α 的函数。将式（I.11）中的第一式对 α 求一阶导,并令在 $\alpha = \alpha_0$ 处该导数为零,即

$$\frac{dI_{y_1}}{d\alpha}\bigg|_{\alpha=\alpha_0} = -2\left(\frac{I_y-I_z}{2}\sin2\alpha_0 + I_{yz}\cos2\alpha_0\right) = 0 \qquad (b)$$

由此可得

$$\tan2\alpha_0 = -\frac{2I_{yz}}{I_y-I_z} \qquad (I.12)$$

由式（I.12）可得两个相差90°的角度 α_0,从而确定一对正交的 y_0 和 z_0 坐标轴,平面图形对这其中一轴的惯性矩为最大,而对另一轴的惯性矩为最小。另外注意到,式(b)中的括号项表明,此时

$$I_{y_0z_0} = \frac{I_y-I_z}{2}\sin2\alpha_0 + I_{yz}\cos2\alpha_0 = 0$$

即,截面对 y_0 和 z_0 这对正交坐标轴的惯性积为零。因此,y_0 轴和 z_0 轴为主惯性轴。相应地,平面图形对主轴 y_0 轴和 z_0 轴的惯性矩称为主惯性矩。

综上所述,平面图形对过点 O 的所有轴而言,对主轴的两个主惯性矩均为极值,其中一个为最大值而另一个则为最小值。

对式（I.12）作三角函数变换,并代入式（I.11）即可得主惯性矩计算公式为

$$I_{max} = \frac{I_y+I_z}{2} + \frac{\sqrt{(I_y-I_z)^2+4I_{yz}^2}}{2}$$
$$I_{min} = \frac{I_y+I_z}{2} - \frac{\sqrt{(I_y-I_z)^2+4I_{yz}^2}}{2} \qquad (I.13)$$

由式（I.8）、式（I.11）和式（I.13）可见

$$I_y + I_z = I_{y_1} + I_{z_1} = I_{max} + I_{min} = I_P \qquad (I.14)$$

这表明,平面图形对过同一点的任意一对正交轴的惯性矩之和为一常数,其值也等于该界面对该点的极惯性矩。

此外,如果主轴通过平面图形的形心,则称之为形心主惯性轴,简称形心主轴。把平面图形对形心主轴的惯性矩,称为形心主惯性矩。平面图形形心主惯性轴与杆件轴线所确定的平面称为形心主惯性平面。这些概念在杆件弯曲理论分析中有着很重要的意义。

对于具有对称轴的截面,其惯性积为零,而对称轴又必然通过截面形心,因此截面的对称轴就是形心主轴,它与杆件轴线所确定的纵向对称面即为形心主惯性平面。因此,关于形心主轴,有以下几个重要结论:

(1)若平面图形有一根对称轴,则该轴必是形心主轴之一,而另一个形心主轴过形心且与该对称轴垂直。

(2)若平面图形有两根对称轴,则这两轴即为形心主轴。

（3）若平面图形有两根及以上对称轴，则任一对称轴都是形心主轴，且截面对任一形心主轴的惯性矩都相等。

例题 I.8

试确定图 I.13 所示图形的形心主惯性轴的位置，并计算形心主惯性矩。

解：将图 I.13 所示组合平面图形看作由矩形 I、II 和 III 所组成。在图示坐标系下，各矩形的形心坐标分别为 $C_1(60,90)$、$C_2(0,0)$ 和 $C_3(-60,-90)$，面积分别为

$$A_1 = A_3 = 100\text{mm} \times 20\text{mm} = 2 \times 10^3 \text{ mm}^2, A_2 = 200\text{mm} \times 20\text{mm} = 4 \times 10^3 \text{ mm}^2$$

矩形 I、II 和 III 对各自截面形心的惯性矩分别为

$$I_{y_{C1}} = I_{y_{C3}} = \frac{100\text{mm} \times (20\text{mm})^3}{12} \approx 6.667 \times 10^4 \text{ mm}^4$$

$$I_{y_{C2}} = \frac{20\text{mm} \times (200\text{mm})^3}{12} \approx 1.333 \times 10^7 \text{ mm}^4$$

$$I_{z_{C1}} = I_{z_{C3}} = \frac{20\text{mm} \times (100\text{mm})^3}{12} \approx 1.667 \times 10^6 \text{ mm}^4$$

$$I_{z_{C2}} = \frac{200\text{mm} \times (20\text{mm})^3}{12} \approx 1.333 \times 10^5 \text{ mm}^4$$

$$I_{y_{C1}z_{C1}} = I_{y_{C2}z_{C2}} = I_{y_{C3}z_{C3}} = 0$$

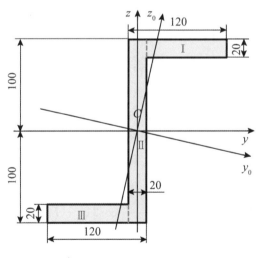

图 I.13

（1）确定组合平面图形的形心

由式（I.4）可得组合平面图形的形心在 y 轴和 z 轴的坐标分别为

$$y_C = \frac{A_1 y_{C1} + A_2 y_{C2} + A_3 y_{C3}}{A_1 + A_2 + A_3}$$

$$= \frac{2 \times 10^3 \text{ mm}^2 \times 60\text{mm} + 4 \times 10^3 \text{ mm}^2 \times 0 + 2 \times 10^3 \text{ mm}^2 \times (-60\text{mm})}{2 \times 10^3 \text{ mm}^2 + 4 \times 10^3 \text{ mm}^2 + 2 \times 10^3 \text{ mm}^2} = 0$$

$$z_C = \frac{A_1 z_{C1} + A_2 z_{C2} + A_3 z_{C3}}{A_1 + A_2 + A_3}$$

$$= \frac{2 \times 10^3 \ \text{mm}^2 \times 90 \text{mm} + 4 \times 10^3 \ \text{mm}^2 \times 0 + 2 \times 10^3 \ \text{mm}^2 \times (-90 \text{mm})}{2 \times 10^3 \ \text{mm}^2 + 4 \times 10^3 \ \text{mm}^2 + 2 \times 10^3 \ \text{mm}^2} = 0$$

可见,该组合平面图形的形心 C 恰好在坐标原点上,这从对称性上也可直观判断。

(2) 求组合平面图形对形心轴 y 轴和 z 轴的惯性矩 I_y、I_z 和惯性积 I_{yz}

由平行移轴公式(Ⅰ.10),可得该组合平面图形的惯性矩 I_y、I_z 和惯性积 I_{yz} 分别为

$$I_y = (I_{y_{C1}} + a_1^2 A_1) + (I_{y_{C2}} + a_2^2 A_2) + (I_{y_{C2}} + a_2^2 A_2) = 2(I_{y_{C1}} + a_1^2 A_1) + (I_{y_{C2}} + a_2^2 A_2)$$
$$= 2 \times (6.667 \times 10^4 \ \text{mm}^4 + (90 \text{mm})^2 \times 2 \times 10^3 \ \text{mm}^2)$$
$$+ (1.333 \times 10^7 \ \text{mm}^4 + 0^2 \times 4 \times 10^3 \ \text{mm}^2) \approx 4.586 \times 10^7 \ \text{mm}^4$$

$$I_z = (I_{z_{C1}} + b_1^2 A_1) + (I_{z_{C2}} + b_2^2 A_2) + (I_{z_{C2}} + b_2^2 A_2)$$
$$= 2(I_{z_{C1}} + b_1^2 A_1) + (I_{z_{C2}} + b_2^2 A_2)$$
$$= 2 \times (1.667 \times 10^6 \ \text{mm}^4 + (60 \text{mm})^2 \times 2 \times 10^3 \ \text{mm}^2)$$
$$+ (1.333 \times 10^5 \ \text{mm}^4 + 0^2 \times 4 \times 10^3 \ \text{mm}^2) \approx 1.787 \times 10^7 \ \text{mm}^4$$

$$I_{yz} = (I_{y_{C1}z_{C1}} + a_1 b_1 A_1) + (I_{y_{C2}z_{C2}} + a_2 b_2 A_2) + (I_{y_{C3}z_{C3}} + a_3 b_3 A_3)$$
$$= a_1 b_1 A_1 + a_2 b_2 A_2 + a_3 b_3 A_3$$
$$= 90 \text{mm} \times 60 \text{mm} \times 2 \times 10^3 \ \text{mm}^2 + (-90 \text{mm}) \times (-60 \text{mm}) \times 2 \times 10^3 \ \text{mm}^2$$
$$+ 0 \times 0 \times 4 \times 10^3 \ \text{mm}^2 \approx 1.08 \times 10^7 \ \text{mm}^4$$

式中,各平行轴之间的间距:$a_1 = -a_3 = -90 \text{mm}$,$a_2 = 0$;$b_1 = -b_3 = -60 \text{mm}$,$b_2 = 0$。

(3) 求组合平面图形对 y_0 轴和 z_0 轴的主惯性矩 I_{y_0} 和 I_{z_0}

将上述计算结果代入式(Ⅰ.12),即得

$$\tan 2\alpha_0 = -\frac{2 I_{yz}}{I_y - I_z} = -\frac{2 \times 1.08 \times 10^7 \ \text{mm}^4}{4.586 \times 10^7 \ \text{mm}^4 - 1.787 \times 10^7 \ \text{mm}^4} \approx -0.772$$

从而可知

$$2\alpha_0 \approx -37.65° \ \text{或} \ 142.35°$$

$$\alpha_0 \approx -18.83° \ \text{或} \ 71.17°$$

α_0 的这两个值分别确定了形心主惯性轴 y_0 和 z_0 的位置。于是,将 $2\alpha_0 \approx -37.65°$ 代入式 (Ⅰ.16) 的前两式,可得该组合平面图形对 y_0 轴和 z_0 轴的主惯性矩分别为

$$I_{y_0} = \frac{I_y + I_z}{2} + \frac{I_y - I_z}{2} \cos 2\alpha_0 - I_{yz} \sin 2\alpha_0$$

$$= \frac{4.586 \times 10^7 \ \text{mm}^4 + 1.787 \times 10^7 \ \text{mm}^4}{2} + \frac{4.586 \times 10^7 \ \text{mm}^4 - 1.787 \times 10^7 \ \text{mm}^4}{2} \times \cos(-37.65°)$$

$$-1.08 \times 10^7 \ \text{mm}^4 \times \sin(-37.65°) \approx 4.954 \times 10^7 \ \text{mm}^4$$

$$I_{z_0} = \frac{I_y + I_z}{2} - \frac{I_y - I_z}{2} \cos 2\alpha_0 + I_{yz} \sin 2\alpha_0$$

$$= \frac{4.586 \times 10^7 \ \text{mm}^4 + 1.787 \times 10^7 \ \text{mm}^4}{2} - \frac{4.586 \times 10^7 \ \text{mm}^4 - 1.787 \times 10^7 \ \text{mm}^4}{2} \times \cos(-37.65°) +$$

$$1.08 \times 10^7 \ \text{mm}^4 \times \sin(-37.65°) \approx 1.419 \times 10^7 \ \text{mm}^4$$

也可直接将已求得的 I_y、I_z 和惯性积 I_{yz} 代入式(Ⅰ.13),同样可得该组合平面图形对 y_0 轴和 z_0 轴的主惯性矩分别为

$$I_{y_0} = \frac{I_y + I_z}{2} + \frac{\sqrt{(I_y - I_z)^2 + 4I_{yz}^2}}{2} = \frac{4.586 \times 10^7 \text{ mm}^4 + 1.787 \times 10^7 \text{ mm}^4}{2} +$$

$$\frac{\sqrt{(4.586 \times 10^7 \text{ mm}^4 - 1.787 \times 10^7 \text{ mm}^4)^2 + 4 \times (1.08 \times 10^7 \text{ mm}^4)^2}}{2}$$

$$\approx 4.954 \times 10^7 \text{ mm}^4$$

$$I_{z_0} = \frac{I_y + I_z}{2} - \frac{\sqrt{(I_y - I_z)^2 + 4I_{yz}^2}}{2} = \frac{4.586 \times 10^7 \text{ mm}^4 + 1.787 \times 10^7 \text{ mm}^4}{2} -$$

$$\frac{\sqrt{(4.586 \times 10^7 \text{ mm}^4 - 1.787 \times 10^7 \text{ mm}^4)^2 + 4 \times (1.08 \times 10^7 \text{ mm}^4)^2}}{2} \approx 1.419 \times 10^7 \text{ mm}^4$$

若 $I_y > I_z$，则由式（I.12）求出的两个角度 α_0 中，主惯性轴方位角 α_0 的绝对值较小的那个对应于最大主惯性矩，而另一个对应于最小主惯性矩。例如本题中，$\alpha_0 \approx -18.83°$ 对应于 $I_{\max} = I_{y_0} \approx 4.954 \times 10^7 \text{ mm}^4$，将坐标系 yOz 绕 O 轴顺时针转动 18.83° 即得主惯性坐标系 y_0Oz_0，如图 I.13 所示。

精选测试题

一、判断题(每题 1 分,共 10 分)

题号	1	2	3	4	5	6	7	8	9	10
答案										

(1) 任意横截面对形心轴的静矩等于零。

(2) 静矩等于零的轴一定是对称轴。

(3) 若某轴过图形的形心,则图形对该轴的静矩等于零。

(4) 组合图形对某一轴的静矩等于各组成图形对同一轴静矩的矢量和。

(5) 图形对任一对正交轴的惯性矩之和,恒等于图形对两轴交点的极惯性矩。

(6) 若一对正交轴中有一根是图形的对称轴,则该轴为图形的形心主轴。

(7) 有一定面积的图形对任一轴的惯性矩必不为零。

(8) 若一对正交坐标轴中,其中有一轴为图形的对称轴,则图形对该轴的惯性积为零。

(9) 在一组相互平行的轴中,图形对形心轴的惯性矩最大。

(10) 图形在任一点只有一对主惯性轴。

二、选择题(每题 3 分,共 15 分)

题号	1	2	3	4	5			
答案								

(1) 图形对于其对称轴的( )。

A. 静矩为零而惯性矩不为零　　　　B. 静矩和惯性矩都不为零

C. 静矩不为零但惯性矩为零　　　　D. 静矩和惯性矩都等于零

(2) 外径为 D,内外径之比为 α 的空心圆对其形心轴的惯性半径为( )。

A. $D/4$　　　　　　　　　　　　B. $D\sqrt{1+\alpha^2}/4$

C. $D\sqrt{1+\alpha^2}/2$　　　　　　　D. $D\sqrt{1-\alpha^2}/4$

(3) 对于某一平面图形,以下说法错误的是( )。

A. 静矩的值恒为正

B. 静矩的量纲是长度的三次方

C. 若该平面图形的面积 A 是由 A_1 和 A_2 两部分所组成,则整个图形面积 A 对某轴的静矩等于 A_1 和 A_2 这两部分面积分别对该轴的静矩之和

D. 平面图形对通过形心的所有形心轴的静矩都等于零

(4) 在平面图形的几何性质中,(   ) 的值可正可负也可为零。

A. 静矩和惯性积   B. 惯性矩和惯性积

C. 静矩和惯性矩   D. 极惯性矩和惯性矩

(5) 以下说法错误的是(   )。

A. 平面图形的惯性矩不可能为负

B. 平面图形的极惯性矩、惯性矩和惯性积的量纲均为长度的四次方,它们的值恒为正

C. 惯性积有可能为零

D. 平面图形的惯性矩是对坐标系中某一轴而言的,对不同的坐标轴往往有不同的值

(6) 任意图形,若对某一正交坐标轴的惯性积为零,则这一对坐标轴一定是该图形的

(   )。

A. 主轴   B. 形心主轴   C. 形心轴   D. 对称轴

三、计算题(每题 15 分,共 75 分)

(1) 试确定图 Ⅰ.14 所示组合平面图形的形心。

(2) 试确定图 Ⅰ.15 所示梯形截面的形心,并求其对底边的静矩。

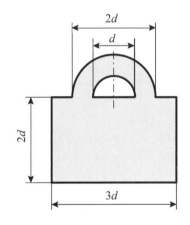
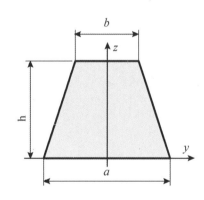

图 Ⅰ.14   图 Ⅰ.15

(3) 试确定图 Ⅰ.16 所示各截面对 y 和 z 轴的惯性矩及其惯性半径。

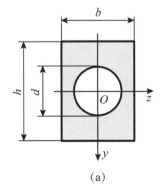
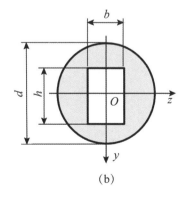

(a)   (b)

图 Ⅰ.16

（4）试确定图 I.17 所示 U 形槽截面对其底边的惯性矩。

（5）如图 I.18 所示，在圆形内挖去一个与其外圆周内切的小圆，试求该图形的形心主轴及其形心主惯性矩。

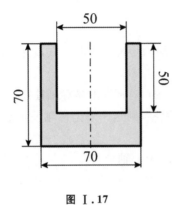

图 I.17　　　　　　　图 I.18

附录 Ⅱ　实　　验

Ⅱ.1　拉伸实验

　　拉伸实验是目前应用最广泛的强度实验。它为土木工程设计、机械制造及其他各种工业部门提供可靠的材料强度数据,便于合理地使用材料,保证结构物或机器及其杆件或零件的强度。拉伸实验能显示金属材料从变形到破坏全过程的力学特征。

一、实验目的

(1) 测定低碳钢的强度指标(σ_s、σ_b)和塑性指标(δ、ψ);

(2) 测定铸铁的强度极限σ_b;

(3) 观察拉伸实验过程中的各种现象,绘制拉伸曲线(F-Δl 曲线);

(4) 比较低碳钢与铸铁的力学特性。

二、实验设备

(1) 微机控制电子式万能材料试验机;

(2) 游标卡尺;

(3) 钢直尺。

三、实验试件

试件为哑铃型圆柱试件,如图 Ⅱ.1 所示。

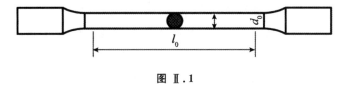

图 Ⅱ.1

试件中段用于测量拉伸变形,其长度l_0称为"标距"。两端较粗部分为夹持部分,安装于试验机夹头中,以便夹紧试件。

实验表明,试件的尺寸和形状对材料的塑性性质影响很大,为了能正确地比较材料力学性能,国家对试件的尺寸和形状都作了标准化规定。直径 $d_0 = 10\text{mm}$,标距 $l_0 = 100\text{mm}(l_0 = 10d_0)$ 或 $l_0 = 50\text{mm}(l_0 = 5d_0)$ 的圆截面试件称为"标准试件"。如因原料尺寸限制或其他原因不能采用标准试件时,可以用"比例试件"。

四、实验原理

材料力学性能 σ_s、σ_b 和 δ、ψ 是由拉伸破坏试验来测定的。

实验时,利用试验机可绘出低碳钢拉伸曲线(图 Ⅱ.2)和铸铁拉伸曲线(图 Ⅱ.3)。应该指出,试验机所绘出的拉伸变形包含了整个试件的伸长(不是标距部分的伸长,如果要测定标距部分的变形,需要引伸计等特殊设备)和夹钳与试件间的滑动等。试件开始受力时,夹持部分在夹板内滑动较大,所以绘出的拉伸曲线最初为一段曲线。

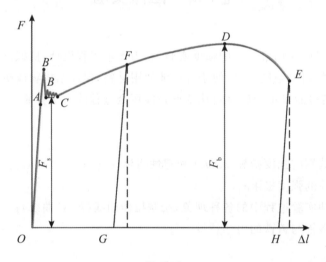

图 Ⅱ.2

对于低碳钢材料,由图 Ⅱ.2 所示曲线中发现 OA 段为直线,说明 F 正比于 Δl,此阶段称为弹性阶段。屈服阶段($B - C$)常呈锯齿形,表示载荷基本不变,变形增加很快,材料失去抵抗变形能力,这时产生两个屈服点。其中,B' 为上屈服点,它受变形大小和试件等因素影响;B 点为下屈服点。下屈服点比较稳定,所以工程上均以下屈服点对应的载荷作为屈服载荷。测定屈服载荷 F_s 时,必须缓慢而均匀地加载,同时还要注意观察力值的波动情况,并应用 $\sigma_s = F_s / A_0$(A_0 为试件变形前的横截面面积)计算屈服极限。

屈服阶段终了后,要使试件继续变形,就必须增加载荷。当材料进入强化阶段,如果在此阶段某点卸载到零,则会得到一条卸载曲线 FG,并发现它与弹性阶段的直线基本平行。当重新加载时,加载曲线基本与卸载曲线重合,剩余段曲线基本与未经卸载的曲线相同,这就是冷作硬化现象。当载荷达到强度载荷 F_b 后,在试件的某一局部发生显著变形,载荷逐渐减小,力值显示回落,此时可应用公式 $\sigma_b = F_b / A_0$ 计算出强度极限。

对于铸铁试件,在变形极小时就达到最大载荷而突然发生断裂(图 Ⅱ.3),曲线图不分阶段,

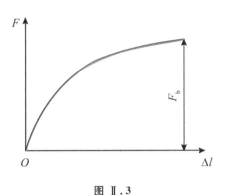

图Ⅱ.3

断裂试样也不存在颈缩现象。所以,只需测出强度载荷 F_b 即可,可应用公式 $\sigma_b = F_b / A_0$ 计算铸铁的强度极限 σ_b。

五、实验步骤

(1) 试件准备　在低碳钢试件的标距长度内($l_0 = 100\text{mm}$ 或 $l_0 = 50\text{mm}$)沿长度方向用划线器每隔 10mm 画一圆周线,将标距 10 等分或 5 等分,用来为断口位置的补偿作准备。

(2) 尺寸测量　用游标卡尺在标距线附近及中间各取一截面,每个截面沿互相垂直的两个方向各测量一次直径取平均值,取这三个截面的最小值 d_0 作为计算横截面 A_0 的依据。

(3) 量程选择　根据试件横截面面积和材料的大致强度极限 σ_b 值,估算出实验所需的最大载荷 F_b,并由此选择好适当的量程。

(4) 安装试件　先将试件安装在上夹头上,调节下夹头使之移动到合适位置,再把试件下端夹在下夹头中夹紧。缓慢加载,观察力值波动情况,以检查试件是否已夹牢,如有打滑则需重新安装。

(5) 实验加载　开动试验机使试件缓慢匀速加载,随时观察力值变化情况及拉伸过程中的各种物理现象。对低碳钢试件,当力值显示不动或倒退时,说明材料开始屈服,记录屈服载荷 F_s。再继续加载,直至试件断裂后停机,并由计算机记录最大载荷 F_b。对铸铁试件,拉断后记下最大载荷 F_b。

(6) 低碳钢断后长度和断口直径的测量　试件拉断后,取下试件,观察断口。若断口到邻近标距端点的距离大于 $l_0/3$,则将断裂试件的两端对齐、靠紧,用游标卡尺测出低碳钢试件断裂后的标距长度 l_1 及断口处的最小直径 d_1(一般从相互垂直方向测量两次后取平均值)。若断口到邻近标距点的距离小于 $l_0/3$,则必须经过折算,将断口移中。利用移位法(图Ⅱ.4)进行测量。

(7) 现场整理　实验完毕,仪器设备恢复原状,清理现场,经指导教师允许后方可离开。

移位法:

(1) 试验前将原始标距(l_0)均分为 10 等分(以 10 等分为例)。

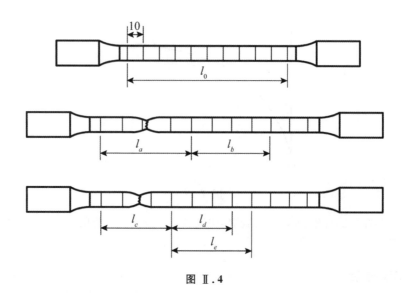

图Ⅱ.4

（2）试验后，若断口到邻近标距端点的距离小于$l_0/3$（约第1至第3格内），则取合适长度将断口置于中间（如图Ⅱ.4(b)取4格、图Ⅱ.4(c)取3格），将此长度量好（如图Ⅱ.4(b)量l_a、图Ⅱ.4(c)量l_c）。

（3）以总格数10格减去已量取的格数，剩余格数以奇偶数分两种情况量取计算：

① 如图Ⅱ.4(b)，将断口置于中间的长度为4格，将两截断掉的试样拼好量取此4格长度l_a，剩余格数为6格，则在紧邻此4格位置取剩余格数的一半（3格）量取长度l_b，断后长度为$l_1 = l_a + 2 \times l_b$。

② 如图Ⅱ.4(c)，将断口置于中间的长度为3格，将两截断掉的试样拼好量取此3格长度l_c，剩余格数为7格，则在紧邻此3格位置取剩余格数减一的一半（3格）量取长度l_d，取剩余格数加一的一半（4格）量取长度l_e，断后长度为$l_1 = l_c + l_d + l_e$。

六、结果处理

（1）根据测得的屈服载荷F_s和最大载荷F_b，计算屈服极限σ_s和强度极限σ_b。铸铁不存在屈服阶段故只计算强度极限σ_b，即

$$\sigma_s = F_s / A_0 \qquad (Ⅱ.1)$$

$$\sigma_b = F_b / A_0 \qquad (Ⅱ.2)$$

式中，A_0为试件的横截面面积。

（2）根据拉伸前后试件的标距长度和横截面面积，计算出低碳钢的断后延伸率δ和断面收缩率ψ，即

$$\delta = \frac{l_1 - l_0}{l_0} \times 100\% \qquad (Ⅱ.3)$$

$$\psi = \frac{A_1 - A_0}{A_0} \times 100\% \qquad (Ⅱ.4)$$

式中，A_1为试件颈缩处的横截面面积。

（3）画出试件的破坏形状图，并分析其破坏原因。

（4）按规定格式写出实验报告。报告中各类表格、曲线、装置简图和原始数据应齐全。

Ⅱ.2 压缩实验

一、实验目的

(1) 测定压缩时低碳钢的屈服极限σ_s和铸铁的强度极限σ_b。

(2) 观察两种材料在压缩时的变形和破坏现象,进行比较并分析原因。

二、实验设备

(1) 微机控制电子式万能材料试验机;

(2) 游标卡尺。

三、实验试件

低碳钢和铸铁等金属材料的试件一般制作成圆柱形,如图 Ⅱ.5 所示。

当试件被压缩时,上下两端面与试验机压盘之间产生很大的摩擦力,如图 Ⅱ.6 所示,这些摩擦力阻碍试件上部和下部的横向变形,导致测得的抗压强度比实际偏高;当试件的高度相对增加时,摩擦力对试件中部的影响将有所减少。因此试件的抗压能力与试件的高度h_0和直径d_0的比值有关,可见,实验条件对压缩实验的结果存在一定的影响,但也不能仅为了减小摩擦力影响而无限地增加试件高度,过高的试件在压缩时会发生弯曲,所以,金属材料的压缩试件一般规定为 $1 \leqslant h_0/d_0 \leqslant 3$。

四、实验原理

对低碳钢材料,在承受压缩静载时,起初变形较小,力值显示均匀增加,当超过比例载荷后,变形虽有增加,力值显示却在小范围波动,这表明材料已达到屈服,此时的载荷即为F_s。若屈服阶段出现多次力值回落,取第一次回落之后的最小载荷为屈服载荷。需要指出的是,力值的阶段性变化趋势远不及拉伸时明显,所以在确定屈服载荷F_s时要仔细观察。屈服阶段结束后,塑性变形迅速增加,试件截面面积也随之增大,而使试件承受的载荷也随之增加,$F-\Delta l$ 曲线继续上升,如图 Ⅱ.7 所示。此时试件被压缩成鼓形,最后压成饼形而不破裂,其强度极限无法测定。

铸铁试件在受压达到最大载荷F_b时,突然发生破裂,此时力值显示迅速回落,由计算机记录F_b值。铸铁试件破坏后表面出现与试件横截面大约成 $45° \sim 55°$ 的倾斜断裂面,这是由于脆性材料的抗剪强度低于抗压强度,使试件被剪断,如图 Ⅱ.8 所示。

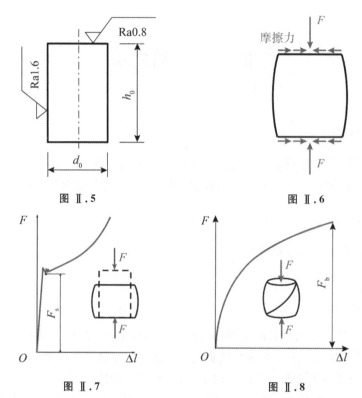

图Ⅱ.5   图Ⅱ.6

图Ⅱ.7   图Ⅱ.8

与拉伸实验类似,材料压缩时的力与变形关系曲线可以反映材料受压时的力学性能。一般地,低碳钢材料的弹性阶段、屈服阶段与拉伸大致相同,所以弹性模量 E 和屈服极限 σ_s 与拉伸时大致相等。而铸铁受压时却与拉伸时有明显的差别,压缩时曲线上虽然没有屈服阶段,但曲线明显变弯,断裂时有明显的塑性变形,且压缩强度极限远大于拉伸时的强度极限 σ_b。

由于压缩时试件与压盘间摩擦力的影响,除了限制 h_0/d_0 的范围之外,还应在压缩试件两端面涂以润滑剂,以减小摩擦力的影响。并且,试件两端面稍有不平行时,利用试验机上球形垫板自动调节,可保证压力通过试件的轴线。

五、实验步骤

(1)尺寸测量 用游标卡尺在试件中点处两个互相垂直的方向各测量直径 d_0,取其算术平均值,并测量试件高度 h_0。

(2)量程选择 根据估计的最大载荷选择量程。

(3)安装试件 将试件放在试验机压盘的中心处。

(4)实验加载 开动试验机,当试件与上压盘接近时,应减慢活动平台上升的速度,以免发生碰撞。实验开始后,要控制加载速度,使载荷缓慢且均匀增加。对低碳钢试件要及时正确地读出屈服载荷 F_s。过了屈服阶段后,继续加载,试件会越压越扁,截面面积会越来越大,曲线会持续上升,因而无法测出强度极限。对铸铁试件,加载至试件破坏为止,读出破坏载荷 F_b。

（5）现场整理 实验完毕，仪器设备恢复原状，清理现场，经指导教师允许后方可离开。

六、结果处理

（1）根据实验记录，利用$\sigma_s = F_s / A_0$计算出低碳钢压缩实验的屈服极限σ_s，利用$\sigma_b = F_b / A_0$计算出铸铁压缩实验的强度极限σ_b（式中A_0为试件的横截面面积）。

（2）画出试件的破坏形状图，并分析其破坏原因。

（3）按规定格式写出实验报告。报告中各类表格、曲线、装置简图和原始数据应齐全。

Ⅱ.3　扭转实验

一、实验目的

（1）观察低碳钢和铸铁在扭转时的变形现象和破坏形式。

（2）测定扭转时低碳钢的剪切屈服极限τ_s和剪切强度极限τ_b。

（3）测定扭转时铸铁的剪切强度极限τ_b。

二、实验设备

（1）扭转试验机；

（2）游标卡尺。

三、实验原理

圆柱形试件在扭转时，外表面上任一点处于纯剪切应力状态。纯剪切应力状态属于二向应力状态，两个主应力的绝对值相等，与轴线成45°角，由此可以分析低碳钢和铸铁扭转时的破坏原因。由于低碳钢的抗剪强度低于抗拉强度，试件横截面上的最大剪应力引起沿横截面剪断破坏；而铸铁的抗拉强度低于抗剪强度，试件将沿着与轴线成45°的螺旋截面，因拉应力达到最大而破坏。

在低碳钢试件受扭过程中，由设备上的绘图软件可得到$T\text{-}\varphi$曲线，$T\text{-}\varphi$曲线也叫扭转曲线图，如图Ⅱ.9所示。图中起始直线段OA表示T与φ成比例，另外，截面上的剪应力是线性分布的，如图Ⅱ.10(a)所示。当截面外圆周处的剪应力达到了材料的剪切屈服极限τ_s时，对应的扭矩为T_p。但由于这时截面内部的剪应力小于τ_s，故试件仍具有承载能力，$T\text{-}\varphi$曲线呈继续上升的趋势。扭矩超过T_p后，截面上的剪应力分布不再是线性的，而是在截面上出现了一个环状塑性区，如图Ⅱ.10(b)所示，并且随着T的增长，塑性区逐步向中心扩展，$T\text{-}\varphi$曲线稍微上升，直至B点趋于平坦，当截面上各点几乎完全屈服时，扭矩显示几乎不动或回落至最小值即为屈服扭矩T_s，如图Ⅱ.10(c)所示。

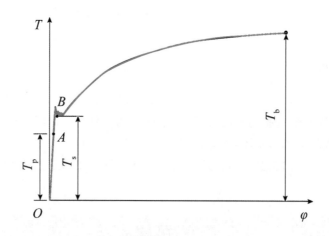

图 Ⅱ.9

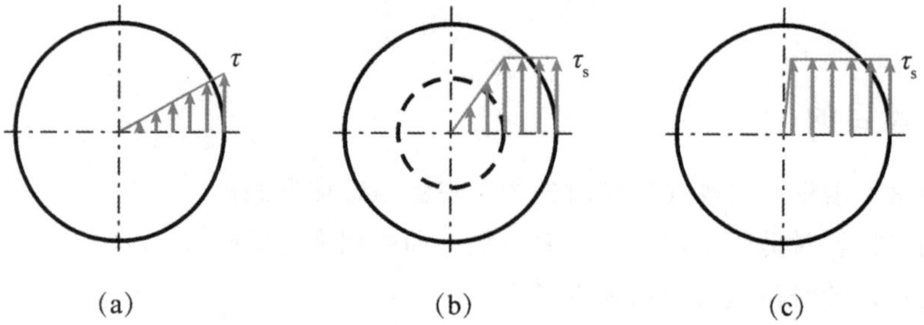

图 Ⅱ.10

根据静力平衡条件,可求得 T_s 与 τ_s 的关系为

$$T_s = \int_A \rho\, \tau_s \mathrm{d}A \qquad (\text{Ⅱ}.5)$$

将式中 dA 用环状面积元 $2\pi\rho\mathrm{d}\rho$ 表示,则有

$$T_s = \int_0^{d/2} 2\pi\tau_s\, \rho^2\, \mathrm{d}\rho = \frac{\pi d^3 \tau_s}{12} = \frac{4\, W_t\, \tau_s}{3} \qquad (\text{Ⅱ}.6)$$

故剪切屈服极限为

$$\tau_s = \frac{3\, T_s}{4\, W_t} \qquad (\text{Ⅱ}.7)$$

式中,$W_t = \pi d^3/16$ 是实心圆试件的抗扭截面系数。

继续施加荷载,试件将继续变形,材料进一步强化。从图 Ⅱ.9 可见,当扭矩超过 T_s 后,φ 增加很快,而 T 增加很小,BC 呈一条较为平缓的上升曲线。在 C 点时,试件被剪断,由设备软件中可读出最大扭矩 T_b。进而可得剪切强度极限为

$$\tau_b = \frac{3\, T_b}{4\, W_t} \qquad (\text{Ⅱ}.8)$$

铸铁材料的 $T\text{-}\varphi$ 曲线如图 Ⅱ.11 所示,从开始受扭直到破坏,近似为一直线,故近似地按弹性应力公式计算:

$$\tau_b = T_b / W_t \qquad (\text{Ⅱ}.9)$$

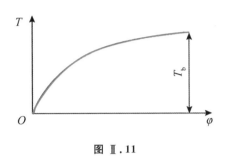

图 Ⅱ.11

四、实验步骤

（1）尺寸测量　取三个截面位置测量试件直径d_0，每个截面相互垂直的方向测两次后取其平均值。同时在低碳钢试件表面画上两条纵向线和两条圆周线，以便观察扭转变形。

（2）量程选择　根据剪切强度τ_b估计最大扭矩T_b，并选择合适的量程。

（3）安装试件　操作扭转试验机，使两夹头对正，将扭转试件两端夹入两个夹头中。

（4）实验加载　将试验机软件中的扭矩和扭转角度清零，启动扭转试验机。试验机加载过程中设备软件会根据扭矩T和扭转角度φ绘出T-φ曲线图。低碳钢试件扭转过程中要及时正确地读出屈服载荷T_s，试件扭转断裂时记录最大扭矩T_b。

（5）现场整理　实验完毕，仪器设备恢复原状，清理现场，检查实验记录是否齐全，经指导教师允许后方可离开。

五、结果处理

（1）计算低碳钢材料的两种扭转强度指标，即

屈服极限：$\tau_s = 3\,T_s/4\,W_t$

强度极限：$\tau_b = 3\,T_b/4\,W_t$

（2）计算铸铁材料的强度极限：

强度极限：$\tau_b = T_b/W_t$

（3）画出两种材料的扭转曲线及断口草图，说明其特征并分析其破坏原因。

（4）按规定格式写出实验报告。报告中各类表格、曲线、装置简图和原始数据应齐全。

Ⅱ.4　电测法的基本原理

电阻应变测量方法是将应变转换成电信号进行测量的方法，简称电测法。电测法的基本原理是：将电阻应变计（简称应变计）粘贴在被测构件的表面，当构件发生变形时，应变计随着构件一起变形，应变计的电阻值将发生相应的变化，通过电阻应变测量仪器（简称

电阻应变仪),可测量出应变计中电阻值的变化,并换算成应变值,或输出与应变成正比的模拟电信号(电压或电流),用记录仪记录下来,也可用计算机按预定的要求进行数据处理,得到所需要的应变或应力值。其工作过程如下所示:

应变 — 电阻变化 — 电压(或电流)变化 — 放大 — 记录 — 数据处理

电测法灵敏度高,应变计重量轻、体积小且可在高(低)温、高压等特殊环境下使用,测量过程中的输出量为电信号,便于实现自动化和数字化,并能进行远距离测量及无线遥测。

一、电阻应变计的构造和类型

电阻应变计的构造很简单,把一根很细的具有高电阻率的金属丝在制片机上按图Ⅱ.12所示排绕后,用胶水黏结在两片薄纸之间,再焊上较粗的引出线,成为早期常用的丝绕式应变计。应变计一般由敏感栅(即金属丝)、黏结剂、基底、引出线和覆盖层五部分组成。

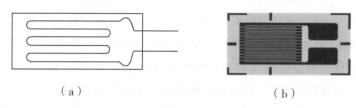

（a）　　　　　　　　　　　（b）

图Ⅱ.12

常用的应变计有丝绕式应变计(图 Ⅱ.12a)、短接线式应变计和箔式应变计(图Ⅱ.12b)等。它们均属于单轴式应变计,即一个基底上只有一个敏感栅,用于测量沿栅轴方向的应变。若在同一基底上按一定角度布置了几个敏感栅(图Ⅱ.13),则可测量同一点沿几个敏感栅栅轴方向的应变,因而称为多轴应变计,俗称应变花。应变花主要用于测量平面应力状态下一点的主应变和主方向。

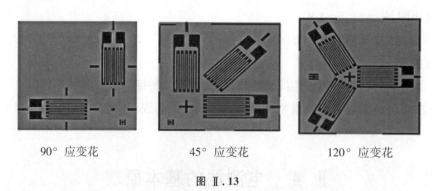

90° 应变花　　　　　　45° 应变花　　　　　　120° 应变花

图Ⅱ.13

二、电阻应变计的灵敏系数

在用应变计进行应变测量时,需要对应变计中的金属丝加上一定的电压。为了防止电流过大,产生发热和熔断等现象,要求金属丝有一定的长度,以获得较大的初始电阻值。但在测量构件的应变时，又要求尽可能缩短应变计的长度，以测得"一点"的真实应变。因此，应变计中的金属丝一般做成如图 Ⅱ.12 所示的栅状，称为敏感栅。粘贴在构件上的应变计，其金属丝的电阻值随着构件的变形而发生变化的现象，称为电阻应变现象。在一定的变形范围内，金属丝的电阻变化率与应变成线性关系。当应变计安装在处于单向应力状态的试件表面，并使敏感栅的栅轴方向与应力方向一致时，应变计电阻值的变化率 $\Delta R/R$ 与敏感栅栅轴方向的应变 ϵ 成正比，即

$$\frac{\Delta R}{R} = K\epsilon \qquad\qquad (\text{Ⅱ}.10)$$

式中：R 为应变计的原始电阻值；ΔR 为应变计电阻值的改变量；K 称为应变计的灵敏系数。应变计的灵敏系数一般由制造厂家通过实验测定，这一步骤称为应变计的标定。在实际应用时，可根据需要选用不同灵敏系数的应变计。

三、电阻应变计的粘贴和防护

常温应变计通常采用黏结剂粘贴在构件的表面。粘贴应变计是测量准备工作中最重要的一个环节。在测量中，构件表面的变形通过黏结层传递给应变计。显然，只有黏结层均匀、牢固、不产生蠕滑，才能保证应变计如实地再现构件表面的变形。应变计的粘贴由手工操作，一般按如下步骤进行：

（1）检查、分选应变计。

（2）处理构件的测点表面。

（3）粘贴应变计。

（4）加热烘干、固化。

（5）检查应变计的电阻值，测量绝缘电阻。

（6）引出导线。

实际测量中，应变计可能处于多种环境中，有时需要对粘贴好的应变计采取相应的防护措施，以保证其安全可靠。一般在应变计粘贴完成后，根据需要可用石蜡、纯凡士林、环氧树脂等对应变计的表面进行涂覆保护。

四、电阻应变计的测量电路

在使用应变计测量应变时，必须用适当的办法测量其电阻值的微小变化。为此，一般是把应变计接入相应电路，让其电阻值的变化对电路产生控制作用，使电路输出一个能模拟该电阻值变化的信号，只要对这个电信号进行相应的处理即可。常规电测法使用的测量电路叫作应变电桥，它是以应变计作为其部分或全部桥臂的四臂电桥，应变电桥能把应变计电阻值的微小变化转化成输出电压的变化。在此，仅以直流电压电桥为例加以说明。

（1）电桥的输出电压与应变的关系

应变电桥的电路如图 Ⅱ.14 所示，它是以应变计或电阻元件作为电桥桥臂。可取 R_1 为应变计、R_1 和 R_2 为应变计或 $R_1 \sim R_4$ 均为应变计等几种形式。A、C 和 B、D 分别为电桥的

输入端和输出端。

根据电工学原理,可导出当输入端加有电压U_1时,电桥的输出电压为

$$U_0 = \frac{R_1 R_3 - R_2 R_4}{(R_1 + R_2)(R_3 + R_4)} U_1 \qquad (\text{II}.11)$$

当$U_0 = 0$时,电桥处于平衡状态。因此,电桥的平衡条件为$R_1 R_3 = R_2 R_4$。当处于平衡的电桥中各桥臂的电阻值分别有ΔR_1、ΔR_2、ΔR_3 和ΔR_4 的变化时,可近似地求得电桥的输出电压为

$$U_0 \approx \frac{U_1}{4}\left(\frac{\Delta R_1}{R_1} - \frac{\Delta R_2}{R_2} + \frac{\Delta R_3}{R_3} - \frac{\Delta R_4}{R_4}\right) \qquad (\text{II}.12)$$

由此可见,应变电桥有一个重要的性质:相邻两桥臂的电阻变化率是相减的关系,而相对两桥臂的电阻变化率是相加的关系,也称为"相邻相减、相对相加"。对于平衡电桥,如果相邻两桥臂的电阻变化率大小相等、符号相同,或相对两桥臂的电阻变化率大小相等、符号相反,则电桥将不会改变其平衡状态,即保持$U_0 = 0$。

如果电桥的四个桥臂均接入相同的应变计,则有

$$U_0 = \frac{KU_1}{4}(\varepsilon_1 - \varepsilon_2 + \varepsilon_3 - \varepsilon_4) \qquad (\text{II}.13)$$

式中,$\varepsilon_1 \sim \varepsilon_4$ 分别为接入电桥四个桥臂的应变计的应变值。

(2) 温度效应的补偿

贴有应变计的构件总是处在某一温度场中。若敏感栅材料的线膨胀系数与构件材料的线膨胀系数不相等,则当温度发生变化时,由于敏感栅与构件的伸长(或缩短)量不相等,在敏感栅上就会受到附加的拉伸(或压缩),从而会引起敏感栅电阻值的变化,这种现象称为温度效应。敏感栅电阻值随温度的变化率可近似地看作与温度成正比。温度的变化对电桥的输出电压影响很大,严重时,每升温1℃,电阻应变计中可产生几十微应变。显然,这些都是非被测(虚假)的应变,必须设法排除。排除温度效应的措施,称为温度补偿。

根据电桥的性质,温度补偿并不困难。只要用一个应变计作为温度补偿片,将它粘贴在一块与被测构件材料相同但不受力的试件上。将此试件和被测构件放在一起,使它们处于同一温度场中。使工作片(粘贴在被测构件上的应变片)与温度补偿片处于相邻的桥臂,如图 II.15 所示。因为工作片和温度补偿片的温度始终相同,所以它们因温度变化所引起的电阻值的变化也相同,又因为它们粘贴在相同材料上,温度变化产生的热胀冷缩效应也相同,当它们处于电桥相邻的两臂,温度效应产生的虚假应变即可抵消掉,使电桥的输出电压为需要的工作应变。

注意,工作片和温度补偿片的电阻值、灵敏系数以及电阻温度系数应相同,分别粘贴在构件上和不受力的试件上,以保证它们因温度变化所引起的应变计电阻值的变化相同。

(3) 三种桥路接法

应变计感受的是构件表面某点的拉应变或压应变。在有些情况下,该应变可能与多种内力(比如轴力和弯矩)有关。有时,只需测量出与某种内力所对应的应变,而要把与其他内力所对应的应变从总应变中排除掉。显然,应变计本身不会分辨各种应变成分,但是只

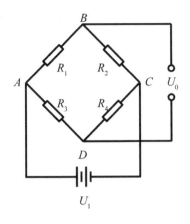

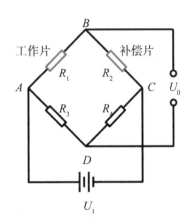

图 Ⅱ.14   图 Ⅱ.15

要合理地选择粘贴应变计的位置和方向,并把应变计合理地接入电桥,就能利用电桥的性质,从比较复杂的组合应变中测量出指定的应变。

应变计在电桥中的接法常有以下三种形式:

1) 半桥单臂接法

如图 Ⅱ.15 所示,将一个工作片和一个温度补偿片分别接入两个相邻桥臂,另两个桥臂接固定电阻。如果工作片的应变为 ε,则电桥的输出电压为

$$U_0 = \frac{KU_1}{4}\varepsilon \qquad\qquad (\text{Ⅱ}.14)$$

2) 半桥双臂接法

如图 Ⅱ.16 所示,将两个工作片接入电桥的两个相邻桥臂,另两个桥臂接固定电阻,两个工作片同时互为温度补偿片。如果工作片的应变分别为 ε_1 和 ε_2,则电桥的输出电压为

$$U_0 = \frac{KU_1}{4}(\varepsilon_1 - \varepsilon_2)$$

若 $\varepsilon_1 = -\varepsilon_2 = \varepsilon$,则电桥的输出电压为

$$U_0 = \frac{KU_1}{2}\varepsilon \qquad\qquad (\text{Ⅱ}.15)$$

即为半桥单臂接法的两倍。

3) 全桥接法

如图 Ⅱ.17 所示,电桥的四个桥臂全部接入工作片,如果工作片的应变分别为 ε_1、ε_2、ε_3 和 ε_4,则电桥的输出电压为

$$U_0 = \frac{KU_1}{4}(\varepsilon_1 - \varepsilon_2 + \varepsilon_3 - \varepsilon_4)$$

若 $\varepsilon_1 = -\varepsilon_2 = \varepsilon_3 = -\varepsilon_4 = \varepsilon$,$\varepsilon_1 = -\varepsilon_2 = \varepsilon_3 = -\varepsilon_4 = \varepsilon$ 则电桥的输出电压为

$$U_0 = KU_1\varepsilon \qquad\qquad (\text{Ⅱ}.16)$$

即为半桥单臂接法的四倍。

注意:接入同一电桥各桥臂的应变计(工作片或温度补偿片)的电阻值、灵敏系数和电阻温度系数均应相同。

应变计在构件上的布置可根据具体情况灵活采取各种不同的方法。感兴趣的读者可参考有关资料。

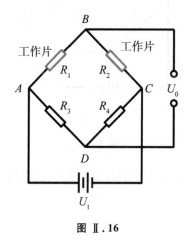

图Ⅱ.16

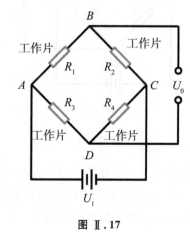

图Ⅱ.17

参考文献

[1] 刘鸿文. 材料力学(Ⅰ)[M]. 6版. 北京:高等教育出版社,2017.

[2] 范钦珊,王晶. 材料力学[M]. 北京:中国铁道出版社,2016.

[3] 原方. 材料力学[M]. 北京:高等教育出版社,2017.

[4] 古滨. 材料力学[M]. 北京:北京理工大学出版社,2021.

[5] 邓总白,陶阳. 材料力学[M]. 北京:中国铁道出版社,2021.

[6] 苏振超. 材料力学[M]. 北京:清华大学出版社,2016.

[7] 于月民. 材料力学案例教材[M]. 北京:中国电力出版社,2013.

[8] 李锋. 材料力学案例:教学与学习参考[M]. 北京:科学出版社,2011.

[9] 陈乃立,陈倩. 材料力学学习指导书[M]. 北京:高等教育出版社,2004.

[10] 刘鸿文,吕荣坤. 材料力学实验[M]. 4版. 北京:高等教育出版社,2017.